电气线路互联系统(EWIS) 设计实践指南

达索析统(上海)信息技术有限公司　组编

主编　颜学专　郑党党

副主编　温宏宇　王晓红

参编　王雨辰　郝广鑫　陈海峰　闫安　李欢　龙娟　张冉　安亚宁　陈伟

机械工业出版社

本书目标是为国内航空 EWIS 设计相关的 IT 支持及业务设计人员提供一套系统性的常识性技术材料，将 EWIS 设计相关知识进行串联，引导从业者从全局角度开展 EWIS 相关项目的规划，制定统一且有效的设计标准，并依靠先进的 EWIS 设计平台，逐步实现飞机结构与系统的并行发图。

本书内容基于国内通用设计流程，并参考其他文献中的先进经验，定义电气集成设计、EWIS 综合设计以及线束安装与制造的完整业务流程，基于达索系统 3DEXPERIENCE 平台，总结出完整体系的设计方法与基于模型的电气系统设计标准建议，使之能够引导从业者掌握一种标准化、规范化的 EWIS 设计思想，进而指导从业者使用先进方法，开展高质量的 EWIS 设计工作。

图书在版编目（CIP）数据

电气线路互联系统（EWIS）设计实践指南/达索析统（上海）信息技术有限公司组编；颜学专，郑党党主编 . —北京：机械工业出版社，2023. 10

ISBN 978-7-111-73530-4

Ⅰ. ①电… Ⅱ. ①达… ②颜… ③郑… Ⅲ. ①飞机 - 电子线路 - 设计 - 指南 Ⅳ. ①V271 - 62

中国国家版本馆 CIP 数据核字（2023）第 132230 号

机械工业出版社（北京市百万庄大街 22 号 邮政编码 100037）
策划编辑：林 桢 责任编辑：林 桢
责任校对：郑 婕 王 延 责任印制：邓 博
北京盛通数码印刷有限公司印刷
2024 年 1 月第 1 版第 1 次印刷
184mm×260mm · 23 印张 · 630 千字
标准书号：ISBN 978-7-111-73530-4
定价：149.00 元

电话服务 网络服务
客服电话：010 - 88361066 机 工 官 网：www.cmpbook.com
　　　　　010 - 88379833 机 工 官 博：weibo.com/cmp1952
　　　　　010 - 68326294 金 书 网：www.golden - book.com
封底无防伪标均为盗版 机工教育服务网：www.cmpedu.com

序　言

达索系统自1981年成立以来，始终将创新作为自身发展的DNA，致力于实现产品、自然和生命的和谐发展。作为全球领先的3D技术及3D体验解决方案的领导者，达索系统在引领行业变革、推动技术发展的同时，于全球范围内积累了极为丰富的案例和心得。我们希望通过这些案例、心得，与中国企业和工程师们分享技术创新对行业发展的重要影响，助力中国企业实现可持续发展，并推动一流人才的培养。

随着现代航空器系统复杂度的日益提高，航空电气工程的设计、安装与生产面临着更加严峻的挑战。长期以来航空器的电气工程研发一直存在周期紧张、多专业和上下游一体化，以及适航安全性等问题，亟须构建一套全新的端到端的方法与流程，并借助基于模型的协同平台，从整体系统的层面进行统一定义，以期突破技术瓶颈、打破产业困境，推动航空电气工程技术和产业不断向前发展。在此背景下，达索系统组织了经验丰富的CATIA软件的工程师、航空行业院所及合作伙伴企业的技术专家，通过引入航空电气工程行业流程和最佳实践，并在航空器研发领导企业实际应用，整理出版了本书，希望能为航空和相关行业的用户及相关读者提供参考与指导。

不同于传统的电气工程类书籍，本书全面融合了方法、技术、流程，结合3DEXPERIENCE数字化平台赋能业务，构建了全新的电气工程综合研发与管理体系。本书创造性地阐述了基于模型的系统工程（MBSE）理论框架、需求－功能－逻辑－物理（即RFLP）数据架构、基于模型的定义（MBD）标准要求、数字样机表达及虚拟孪生体验、系统全生命周期管理要素、系统与结构多专业高效协同的方法及最佳实践，力求将飞机电气线路互联系统（EWIS）的设计研发水平提升到新的高度。

本书兼顾理论、工程应用与训练，不仅适合初次接触航空器电气工程的读者学习基础知识，也适合系统设计工程师、电气研发设计工程师、电气安装与制造工程师等阅读和参考。此外，对于项目管理、构型管理、信息化、数字化和管理创新等部门相关人员，以及企业的相关管理人员，也可以从书中了解新趋势、新理念、新方法、新技术和新平台。

达索系统本着"在中国、为中国、与中国在一起"的信念，根植中国市场，积极探索符合中国企业发展特色的技术创新，并携手中国企业在数字化浪潮下共同发展，期望本书可以提供连接虚拟世界和现实世界的新纽带，解决电气工程长期存在的业务难题，为社会创造更大价值，为业界输送更多符合时代需求的高级人才，从而为推动产业转型和中国创新力量的壮大贡献一份力量。

达索系统大中华区总裁

前　言

电气线路互联系统（EWIS）是构成飞机航电、飞控、机电多个主要系统电气连接的物理载体，具有总体规模大、关联复杂度高、安装与维护难度大等特点。飞机 EWIS 的制造质量高度依赖有效可控的方案、工程设计与设计管理。20 世纪末，计算机辅助设计（CAD）技术在飞机三维设计领域实现了基于模型的定义（MBD）的设计革新，并应用于全球主要飞机型号。但长期以来，如何确保飞机 EWIS 研发与制造质量，是 MBD 应用存在的问题，也导致方案、设计与制造不一致的问题频发。究其根本原因，是由于飞机 EWIS 不仅基于三维空间开展工程设计，其端到端设计全流程必须高度依赖基于模型的系统工程（MBSE）及一体化技术的支撑。

2012 年，达索系统在三维产品全生命周期（3D PLM）成功应用的基础上，变革性地研发了三维体验平台（3DEXPERIENCE），将飞机 EWIS 研发与制造应用推到了新的高度。其中关键的技术变革是创造性地构建了需求 - 功能 - 逻辑 - 物理（即 RFLP）数据架构，支撑并打通了飞机研发 MBSE 全流程的数据连通性，使之成为飞机 EWIS 创新应用的基础。基于新的数据架构，飞机 EWIS 的研发摆脱了长期以来多种设计工具孤岛式的状态，彻底解决了飞机 EWIS 工程应用中各类 MBD 相关的难题。在提升设计效率的同时，大幅度提高了设计与制造的质量，进一步保障了飞机型号创新与研发，使飞机结构与系统的同步发图成为可能。

本书的创作得益于 3DEXPERIENCE 在相关型号 EWIS 验证与应用的过程。其所积累的方法、流程与工作经验，结合了飞机 EWIS 相关业务标准、规范与规则，并将其整合进 RFLP 数据架构形成的业务及工作流程中。本书的内容可帮助从业者掌握一种标准化、规范化的 EWIS 设计思想，进而指导从业者使用先进方法，开展高质量的 EWIS 设计工作。本书主要内容包括：①飞机 EWIS 设计业务流程；②基于 3DEXPERIENCE 的 EWIS 设计平台搭建；③基于 3DEXPERIENCE 的 EWIS 设计最佳实践。

本书由达索系统技术咨询部、航空工业第一飞机设计研究院统筹组织编写，由颜学专、郑党党担任主编，温宏宇、王晓红担任副主编，其他参与编写工作的人员有：王雨辰、郝广鑫、陈海峰、闫安、李欢、龙娟、张冉、安亚宁、陈伟。全书由刘看旺、刘俊堂、周小波、李婷、屈卫刚、高澎、张雪刚、唐磊、杨芃、丁岩、王刚指导审阅，由李隽萱团队组织策划。

由于时间及水平所限，作者团队虽勤勉谨慎，但纰漏与不当之处在所难免，恳请读者能够谅解并予以指正，也希望能以本书为载体与广大飞机、汽车电气工程领域的读者就深度技术应用进行交流与合作。

特别感谢航空工业第一飞机设计研究院、西安安托电脑网络系统集成有限公司、上海江达科技发展有限公司在相关应用领域的专业指导与宝贵建议；感谢机械工业出版社的所有工作人员为本书的出版所付出的辛勤劳动；感谢达索系统教育发展部及公司领导对本书及系列书籍策划的支持及关注。

目　　录

第4部分 EWIS 模型状态控制

第5部分 3DE 平台支持下的 EWIS 设计实践

第1部分 引 论

设计是为构建有意义的秩序而付出的有意识的直觉上的努力。对于机械产品，设计阶段决定了整个产品生命周期成本的 70% 以上，但所需现金流出仅占 5% 左右[1]。因此设计过程是产品生命周期的一个重要环节，对产品的质量、成本和交期有着至关重要的影响[2]。

第1章 电气线路互联系统

电气线路互联系统（Electrical Wiring Interconnection System，EWIS）为安装在飞机任何区域的各种线缆、端接器件、布线器件组合构成的系统，用于在两个或多个端接点之间传输电能（包括数据和信号）[3]。

1.1 EWIS 技术应用背景

航空电气工程是基于线束实现的电气制造与安装工程，线束作为一种预制于制造工厂的柔性成品装配件，具有较高的模块化与可靠性；线束的电气组件与电缆选型以及大多数的接线工艺，在线束制造厂完成；线束的安装与敷设随同整机的设备安装工艺在总装制造车间实现。

这种工艺解耦的电装模式，适合于飞机、汽车、工业装备在总装制造车间的快速规模化生产，但对产品的设计工作提出了更高的要求。同时随着现代航空器工程规模与复杂程度日益提高，以及电子电气技术不断发展，航空电气工程的设计、安装与生产环节面临日益严峻的压力。

相比其他工业产品的电气工程，航空电气工程的设计与制造工程具有以下特点：

（1）电气工程总体规模大：全机系统、设备及其电气接口数量规模巨大，中大型飞机的电气接口及其参数总量可达百万级规模；全机导线数量可达十万级规模，电气组件使用量可达数千级规模；全机线束数量可达数百级规模。

（2）电气工程复杂度高：飞机多电/全电技术成为发展趋势，先进的电子技术与电气技术高度结合，体现为多系统综合集成的特点，增大了线束模块化解耦设计的难度。同时随着规模增大，电气相关系统与飞机其他系统、结构、环境的空间与安装关联愈发复杂，涉及的相关技术与工艺要求交织错综。系统与接口方案在设计与试制阶段频繁变更，使得高度耦合的电气工程的变更影响波及范围更广，往往是牵一发而动全身。

（3）电气系统研发周期短：在飞机研发阶段，电气相关系统在方案阶段末期才能够收集到来自各系统相对完整和准确的接口需求，因此是最后完成集成的系统。同时在飞机发图试制阶段又要为各系统的试制与测试进行提前的准备工作，因此又需要较早开展交付。上述特点给设计人员带来了极大的压力。

为了应对上述发展趋势，航空产业提出了"EWIS"的概念。

近年来，由于受到设计、制造、使用、维护和管理等多重因素的制约，飞机上出现与线束密切相关的线路问题屡见不鲜[4]。2012 年，一架 F-22 战斗机在训练中于廷德尔（Tyndall）空军基地坠机。调查认定，一段磨损的电线点燃了液压管路中的液体，其导致的火灾破坏了飞行控制系统[5]。以往的事故调查显示，非常简单的故障也可能导致罕见又复杂的事故链，继而引发操作使用问题，严重时甚至产生灾难性的后果[6]。

为了解决此类问题，2007 年，美国联邦航空管理局（FAA）对 FAR-25《运输类飞机适航标准》进行了修正，增加 H 分部"电气线路互联系统"（Electrical Wiring Interconnection System，EWIS），开创性地将线路系统作为一个独立系统进行研究和规范，并新增 FAR-26，对持续适航和安全改进做出了规定。我国于 2010 年、2011 年分别转换了相关条款，提出了新的设计要求[6]。EWIS 的定位不是一个功能系统，而是十分重要的支持系统[4]。

对当前飞机 EWIS 工作存在的问题进行分析研究表明[6]，飞机线路故障点由小及大，不断发展为短路、断路和接触电阻过大，最终在电路上表现为性能不稳定、产生误动作、保护器件动作、设备不工作，甚至烧蚀起火，其后果和危害非常严重。其外在表现形式主要有以下几点：

（1）线路布线不规范：包括线路应力设计不规范，如接线扭折断丝、接线受力断裂、接线片断裂、接线片松脱、壳体或底座开裂等，以及线路防护设计不规范，如接触偶积碳、电接触表面腐蚀、屏蔽层破损、绝缘层破损搭铁等。

（2）线路施工质量低：焊点虚接、焊点脱开、压接不牢、插销退针、插头松动、接触偶松动等。

（3）缺乏线路维护及寿命控制：活动触点粘连、活动触点接触不良等。

其分析见表 1-1。

表 1-1　线路故障外在表现形式及占比

线路故障类型	故障占比
线路布线不规范	48%
线路施工质量低	25%
缺乏线路维护及寿命控制	24%
其他原因	3%

长期以来，飞机的各类 EWIS 部件只是作为附件进行设计和管理，默认其与机体同寿命，未针对系统进行整体规划，使得在使用阶段出现大量问题。其内在原因主要有以下几点：

（1）设计和安装存在不足。在设计时，布线系统仅是电气设计时的一个子项目，未提升至整机的 EWIS 进行专门设计。此外，还存在线路布局不够规范，合理线路安装以经验为主，工艺不够精良等等问题。

（2）缺乏对线路故障的内在机理分析。在对飞机进行维护和修理时，重点是对已有故障进行排除，没有进行科学统计、分析和总结，线路和器件安全性、可靠性等缺乏数据支持。

（3）缺乏全生命周期的评估和改进体系。设计、维护、修理之间缺乏有机结合，依旧实行粗放的管理方式，没有科学有效的评估手段，缺乏持续改进机制。

（4）没有科学规范的标准体系。未建立覆盖全生命周期、全要素的标准体系，包括缺乏体系的设计、加改装、检查等相关标准。

（5）缺乏先进技术手段支持。针对 EWIS 的可视化设计、虚拟维修、TDR 线路检测技术、维修大数据、EZAP 分析等方面的研究成果较少，无法对 EWIS 工作形成技术支撑。

对于飞机电气线路的认知，适航标准已经将其需要提升至系统层面进行考虑：EWIS 是确保飞机安全性的重要一环，是高度综合化的系统。飞机电气线路不能再被认为是单根导线的集合，它的失效会产生整机级的影响，必须被作为一个综合系统进行考虑。

1.2　EWIS 数字化研发应用背景

传统上认为 EWIS 设计处于整个飞机设计的下游，处于飞机的气动外形、机体结构与系统设计之后。这种错误的想法带来的代价是巨大的。早期工作上的疏忽造成的影响都在 EWIS 设计上成倍地放大。所谓上游专业哪怕一点点小的更改都会影响到 EWIS，雪片般的工程指令（Engineering Order，EO）犹如梦魇般挥之不去，设计师们苦不堪言。甚至可以说，一架飞机 EWIS 设计的好坏，往往可以看出一个飞机项目管理水平的高低[7]。

EWIS 的设计手段经历了早期的手绘图纸，到数字化二维图，再到全数字化三维设计的演进过程，相关工具应用的主要问题有

（1）手绘图纸：人工绘图工作量大，后续工艺环节识别设计意图易出错。

（2）数字化二维图：CAD 三维投影至二维图纸，图纸延续性与一致性差。

（3）全数字化三维设计：确保全流程数字样机有效性的多系统集成困难。

EWIS 研发数字化工具应用的差距主要有以下原因：

（1）EWIS 研发牵涉数字化技术较深，技术管理存在认识不足。

（2）EWIS 数字化设计制造体系尚未建立。

（3）并行协同的模式尚未形成。

提升 EWIS 在数字化工具应用方面的对策主要如下：

（1）提高对 EWIS 应用数字化技术的重视程度。

（2）完善数字化技术水平。

（3）打破专业壁垒，实现并行工程。

近年来，随着基于模型的系统工程（Model Based System Engineering，MBSE）兴起，运用 MBSE 方法，基于 RFLP 数据架构，为 EWIS 研发设计带来了新的途径。

第2章　基于模型的系统工程概述

RFLP 模型系统工程框架指基于 R（Requirement，需求）、F（Function，功能）、L（Logical、逻辑）、P（Physical、物理）的系统工程框架，用以描述基于模型的系统工程研制流程，并以 RFLP 模型驱动系统建模、系统仿真以及电气管路等系统三维设计。

RFLP 模型系统框架是 MBSE 的基础框架，并在各个系统工程方法和标准中得到体现。如美国国防部早在 1974 年便发布了指导系统工程研制框架的军方标准 MIL - STD - 499 系列，指出系统工程研制流程应当包括：

(1) 任务及需求分析。

(2) 功能分析与分配。

(3) 设计综合。

(4) 系统集成与权衡等。

从基于模型的系统工程角度，其分别对应需求模型、功能模型、逻辑模型与物理模型作为各关键研制阶段的重点交付物，如图 2-1 所示。

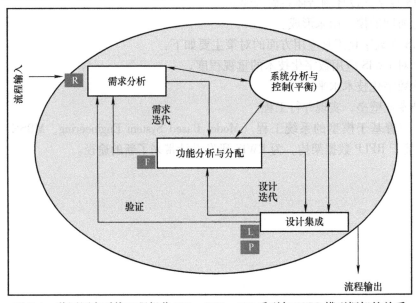

图 2-1　美国军方系统工程规范 MIL - STD - 499 系列与 RFLP 模型框架的关系

美国电气电子工程师学会标准 IEEE 1220《系统工程过程的应用和管理》中也提出如下系统工程流程模型，同时 RFLP 模型同样是其核心模型交付物。在 IEEE 1220 提出的系统工程流程模型中，系统工程流程本质是一种通用问题解决流程，其确保了产品或流程的不断演进。它所推荐的系统工程研制流程与 MIL - STD - 499 系列类似，包括：

(1) 需求分析。　　　　　　　　　(2) 需求基线验证。

(3) 功能分析。　　　　　　　　　(4) 功能验证。

(5) 集成。　　　　　　　　　　　(6) 物理验证。

从图 2-2 所示的对应关系可以看出，RFLP 模型框架同样是其系统工程研制流程背后的关键交付物，也是从系统工程走向基于模型的系统工程的关键模型支撑。

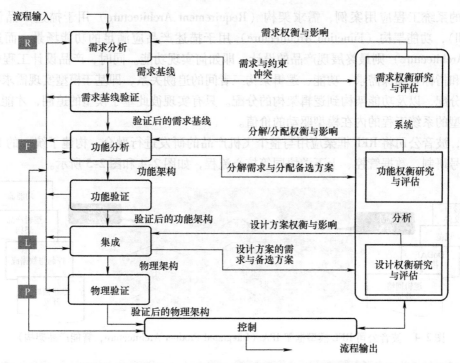

图 2-2　IEEE 1220 中的系统工程流程与 RFLP 模型的关系

由此可见，RFLP 模型提供了符合业界规范的系统工程框架，而各公司在具体的业务实践中往往提出了适应于自身的基于模型的系统工程方法论的应用实践。图 2-3 所示为波音公司提出的

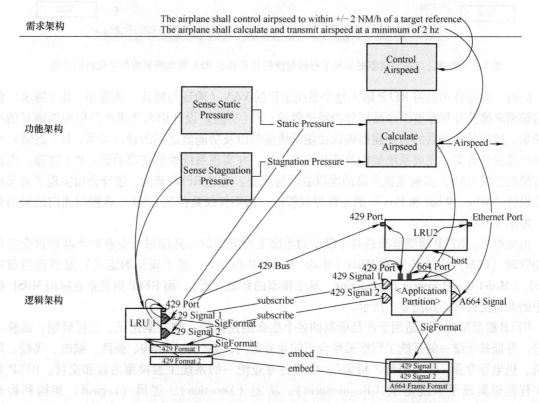

图 2-3　波音公司系统设计案例（需求、功能、逻辑架构及其关联关系）

基于模型的系统工程应用案例，需求架构（Requirement Architecture）用于描述产品设计目标（How Well），功能架构（Function Architecture）用于描述产品应满足的功能场景，而逻辑架构（Logical Architecture）则最终展现产品的设计，即如何实现功能。同时，产品设计工程中另一项重要工作和指标是确保需求、功能、逻辑架构三者间的追溯关系，即基于模型实现需求架构到功能架构的分配，以及功能架构到逻辑架构的分配。只有实现彼此基于模型的追溯，才能最大化实现基于模型的系统工程的内在模型驱动的价值。

此外，波音公司将 RFL 框架应用与整个飞机产品的研发进行融合，构建了统一的 RFL 模型驱动的型号研制、数据管控、上下游协同等核心流程，如图 2-4 和图 2-5 所示。

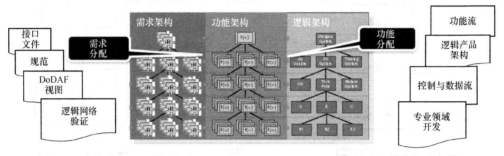

图 2-4　波音公司 RFL 模型框架 IPA（Integrated Product Architecture，智能产品架构）

图 2-5　波音公司基于模型的系统工程研制流程及其基于 RFL 模型的集成数字化协同环境

同时，波音公司也将 RFLP 融入整个系统工程的 V&V（验证与确认）流程中，R（需求）负责前端需求捕获并贯穿整个产品型号的需求管控；F（功能）设计面向飞机产品所需要满足的功能场景，通过任务场景的功能建模确认功能模块清单以及功能流之间的接口关系；L（逻辑）则面向产品最终方案，完成系统架构及系统接口设计，并实现系统性能仿真验证；P（物理）则面向传统的三维 CAD，实现飞机产品的虚拟装配与验证。通过 RFLP 架构，波音公司实现了对飞机产品设计"Why、What 和 How"的完整过程管控，而不仅仅是传统 CAD 三维模型面向结果的管理，如图 2-6 所示。

由此可见，RFLP 模型框架是基于模型的系统工程应用的必然结果。企业对产品数据全生命周期管理（PLM）也从传统的 MBD（Model Based Definition，基于模型的定义）发展到当前的 MBSE（Model Based System Engineering，基于模型的系统工程），而 RFLP 则是企业应用 MBSE 流程中的关键交付物，如图 2-7 所示。

RFLP 模型架构不仅适用于产品研制的各个生命周期阶段，如方案论证、工程研制、试验试飞等，并能基于统一的系统工程框架整合不同业务部门，如气动、结构、强度、航电、飞控、发动机、机电等专业，作为模型"桥梁"，实现各专业统一的系统工程模型语言和交付。RFLP 系统工程框架集成了系统需求（Requirement）、功能（Function）、逻辑（Logical）架构和物理（Physical）模型等，使其形成一个统一的互联集合体，可以对系统工程核心要素进行完整表述。

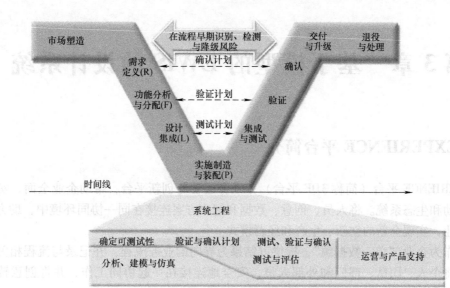

图 2-6　波音公司系统工程 V&V 流程与 RFLP 的关系

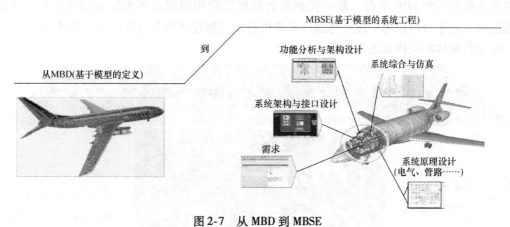

图 2-7　从 MBD 到 MBSE

采用 RFLP 技术路线可使得在结构、行为、需求和参数等系统设计的重要方面呈现出结构化、可视化，并且可以执行验证，同时能够有效描述飞机研发日益增长的系统复杂性，促进飞机各系统研发人员之间的跨学科和跨专业沟通。

对 RFLP 模型框架的再次定义如下：

（1）R（需求）：以产品全生命周期的场景为牵引，从系统黑盒视角描述其在不同场景下应该满足的要求。在需求管理模块中将其进行结构化管理，解决飞机研制过程中的需求定义、分配、追踪、管理等需求工程遇到的问题。

（2）F（功能）：基于总体设计流程的定义，进行系统功能框架的定义，完成指标分解过程。通过建立功能与需求之间的追溯关系，解决需求进一步的分解、分配、评估等问题，用具体的系统功能或指标来回答该系统的具体问题。

（3）L（逻辑）：描述系统组成及其接口关系。通过与系统仿真模型的映射、逻辑视图可给出定性和定量的计算结果，设计人员借此对顶层设计需求的合理性进行评价和反馈，该层也是与工程技术人员进行交互的重要窗口。

（4）P（物理）：物理模型，典型的是三维设计模型，主要考虑产品的物理约束条件，同时，经过产品开发推进生成一个更接近最终产品形态的设计[8]。

第 3 章　基于模型的 EWIS 的设计系统

3.1　3DEXPERIENCE 平台简介

3DEXPERIENCE 平台（简称 3DE 平台）是业务运营与创新平台，帮助企业全面、实时地掌控其业务活动和生态系统。将人员、创意、数据和解决方案连接在同一协同环境中，助力初创公司或大型企业，实现全新的创新、生产和经营模式。

该平台作为企业"单一数据源"，提供以结果为导向的业务流程，并记录与流程相关的所有业务活动。将个人、团队、部门和外部人员，安全地连接在一起协同工作，并将创意转化为产品、服务和创新体验。

借助达索公司的 3DE 平台，新一代创新者将能够利用虚拟世界来增强现实世界：从创意、交付到使用，此平台可以用于设计与验证未来可持续发展经济所需的新产品、新体验。

3DE 平台整体的架构如图 3-1 所示。

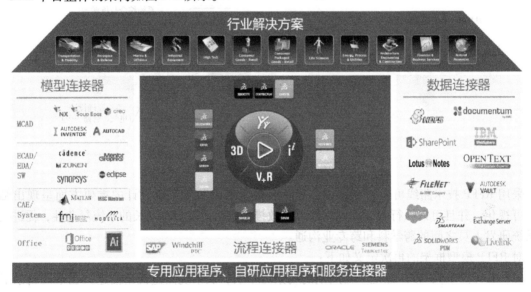

图 3-1　3DE 平台整体架构

3.1.1　业务运营与转型

3DE 平台作为一个运营系统，将助力企业实现卓越运营，使从研发到工厂再到消费者的互动与合作成为可能，统一所有业务相关活动，赋能公司在实际生产之前，设计并模拟产品的全生命周期。

3DE 平台作为一种商业模式，将助力企业成为"平台公司"，从而改变企业在其业务链中的角色和关系。该线上平台可以帮助寻找以下企业或服务：

（1）制造即服务（MaaS）。

（2）组件即服务（CaaS）。

（3）工程即服务（EaaS）。

（4）业务体验即服务（BEaaS）。

3.1.2　统一的协同环境

3DE 平台是一个统一的协同环境，赋能企业以全新的方式进行创新、生产和经营。通过汇集多学科团队，将创意转化为产品和创新体验。统一的协同环境作为企业"单一数据源"，集成以下内容：

（1）支持所有学科的鲁棒性数据模型和本体（设计、工程、制造、运营、客户服务等）。

（2）具有能够捕获、管理、处理和跟踪大数据的数据管理能力，不仅是设计数据，还包括仿真、制造和业务数据等。

（3）协同环境连接所有参与者，实现安全的实时在线协同，并基于流程、内容和参与者的上下文环境记录交互过程。

（4）极简的 WEB 风格，统一的用户体验，提升业务流程效率。

统一的协同环境为企业提供了业务流程的连续性和可追溯性，从而加速产品研发和创新，缩短上市周期。

3.1.3　云服务

云端的 3DE 平台提供了一整套行业领先解决方案，可将创意变为现实，包括设计、工程、制造、仿真和管理。云服务的一个主要好处是数字连续性、节省时间和消除代价高昂的错误。同时团队成员无论身在何处，都可以并行地处理同一个 CAD 模型。

借助云端的 3DE 平台，可以摆脱传统办公条件的限制并无缝衔接使用最新版本软件。并且轻松连接团队、客户和任何外部协同者，实时访问、编辑和审查任何模型或文档，同时使用经过验证的流程来更快地设计并验证产品，加速推向市场。

3.1.4　赋能行业体验

21 世纪的工业是一个创造、生产和交易体验的体系。每天企业都将行业挑战转化为商机，并为其客户创造价值。它们正在寻求新的、全面的创新方式，并为未来的可持续经济做出贡献。例如，汽车制造商正在成为出行市场的参与者，因此，它们需要涵盖整个出行体验，包括基础设施、车辆安全、能源补充和回收再利用等。

为了应对这些挑战，3DE 平台通过行业解决方案将知识和专业技术联系起来。在 3DE 平台的支持下，可以整合人员、资源、流程、数据和接口，以提高协同效率，同时帮助客户构思创新解决方案，提高可持续发展能力。

3.1.5　服务的行业

行业解决方案是基于对工业流程的深刻理解，并针对所服务的行业量身定制的。达索公司服务于 12 个行业，主要分为 3 个领域：

（1）制造业：交通与汽车、航空航天与国防、船舶与海工、工业设备、高科技、家居与生活、快消品包装与零售。

（2）生命科学与医疗：生命科学。

（3）基础设施与城市：能源与材料、建筑、智慧城市、商业服务。

3.1.6　应用程序套件

基于 3DE 平台，应用程序套件由分布在 4 个象限的 12 个品牌组成。

（1）3D 建模应用：涵盖产品从早期概念到体验交付的完整创新过程。将创意塑造成可持续性的产品、材料，助力实现产品、自然和生命的协调发展。团队在统一的环境中协同，无缝地从创意过渡到交付以实现持续创新。

（2）仿真应用：通过虚拟探索、优化和验证复杂的真实世界行为，来加速创新。多尺度、多学科仿真可确保产品的性能、可靠性和安全性，减少对物理原型的依赖并提高企业的运营效率。

（3）社交与协同应用：汇集来自不同学科的多元化人才。通过社区化创新方法将人员、创意、数据和解决方案连通起来，使团队和个人都能在此取得显著成果，使企业从高度结构化的组织和计划模式，转变成为业务开放、社区化创新的新模式。

（4）信息智能应用：利用海量信息流，实现可执行的业务洞察，以做出最佳决策。在虚拟模型和真实世界数据之间创造了一种独特的共生关系，利用语义分析和人工智能来提升企业知识并驱动业务绩效。

3.2　基于 3DE 平台的 MBSE 应用

达索系统最早基于 3DE 平台应用基于 RFLP 模型的系统工程框架，传统的研发模式与以 RFL 为基础的系统工程研发模式最大的区别在于后者是以模型为基础的协同研发模式。RFL 数据模型与产品研发的典型对象及交付物之间的关系，见表 3-1。

表 3-1　RFL 数据模型与产品研发的典型对象及交付物之间的关系

RFL 数据模型	研发过程中的典型对象	典型交付物
R	利益相关方需求 用户需求 客户需求	用户需求文档 系统需求文档 招标要求 工作说明书
R	系统需求 设计需求	系统设计规格书 系统功能规格书
R	系统设计需求 衍生需求	系统部件设计规格书 系统功能设计规格书
RFL	接口 数据流 功能接口 物理接口	接口需求文档 接口控制文档
F	能力 服务 特点 功能 客户功能 技术功能	系统特性说明书 功能流 功能架构图 结构功能分解图 设计文件 功能架构设计文件
L	系统 子系统 部件	系统物理架构图 设计文件 系统架构组成说明文件 产品结构树 系统原理图

传统模式的交付物主要以彼此离散的文档来描述，系统背后核心的数据对象依旧是由 R（需求）、F（功能）和 L（逻辑）组成的。因此 RFL 数据框架是产品研制活动的核心数据模型。

（1）需求模型，在 3DE 平台中将进行结构化管理，并只维护一套需求模型数据，如图 3-2 所示。

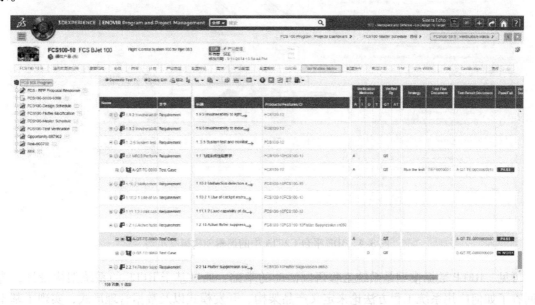

图 3-2　3DE 平台对需求模型的结构化管理

（2）功能模型，描述的是系统所需的技术功能框架。图 3-3 所示的控制系统简要框图，其列出系统所需的功能点，并建立功能与需求之间的满足关系。

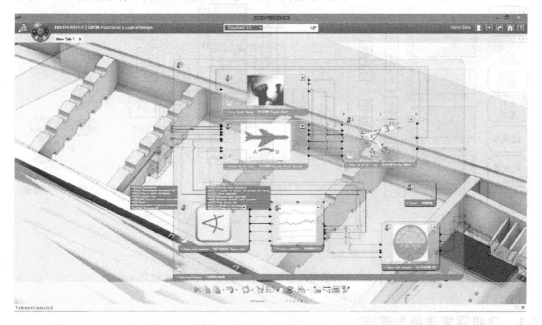

图 3-3　3DE 平台 CATIA 中的功能架构模型示例

（3）逻辑模型，描述系统组成及其接口关系。如图 3-4 所示，其控制系统组成由二维框图描述，系统间组件接口关系同样由逻辑架构模型定义并维护。

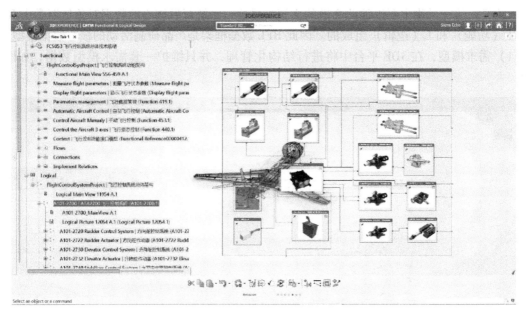

图 3-4　3DE 平台 CATIA 中的逻辑架构模型示例

可见，RFLP 数据模型是系统工程研制活动的基础，通过基于 RFLP 的系统架构设计，清晰地回答了如何应用系统工程方法论来定义产品架构、开发模式以及数据管理形式，实现了基于模型的系统工程中最关键的基于模型的统一架构和追溯性。另外，通过 RFLP 模型框架，可以清晰地应用系统工程方法论来定义产品架构、开发模式，以及数据管理形式，实现 MBSE 中关键的功能，即基于模型的统一架构设计和可追溯能力，如图 3-5 所示。

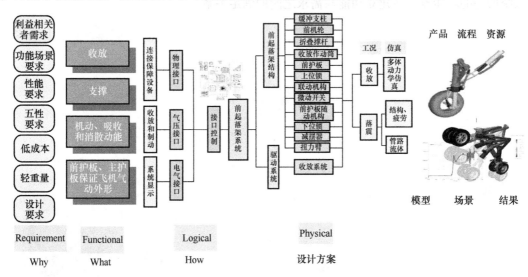

图 3-5　基于 RFLP 数据模型框架描述产品 Why、What 和 How 示例

3.2.1　飞机需求建模与管控

需求管理是一个不断反复的需求定义、文档记录、需求演进的过程，并最终在验证的基础上冻结需求[9]。它是系统工程的重要分支，同时也是系统工程的管理主线。需求是型号研制的源头，需求管理分析将支持需求管理、分解和分配，以及需求与产品设计（功能设计、逻辑设计、

物理产品设计）、仿真、试验和测试等活动之间的追溯关系，从而确保产品的顶层需求得到全面有效的研发响应。数字化研发环境将利用已有的需求管理工具，为其提供良好的接口和集成能力，如图 3-6 和图 3-7 所示。

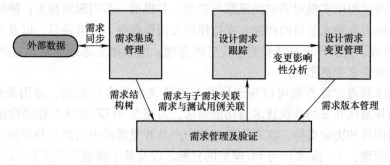

图 3-6 典型需求管理分析系统业务能力覆盖

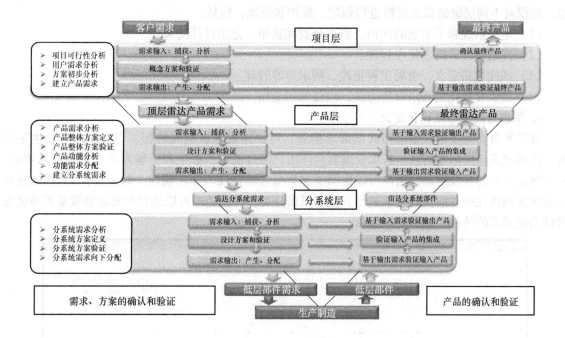

图 3-7 需求设计及管理过程与系统工程 V 模型的关系

为了将复杂产品的需求管理过程变得简单，并且可以追溯，将采用分层次的方法对产品进行分解，将型号项目、需求、研发工作分为项目层、产品层、分系统层进行管理，而每层的需求管理过程是相似的。需求管理就是要在产品的每一层完成需求捕获、需求分析、需求确认、需求分配、需求验证这样一个循环迭代过程。

产品层的需求管理相关工作主要有下面几点：

（1）产品需求分析。

（2）产品整体方案定义。

（3）产品整体方案验证。

（4）产品功能分析。

（5）功能需求分配。

（6）建立分系统需求。

（7）需求跟踪。

3DE 平台需求管理模块可以提供结构化需求条目的管理功能，维护需求规格结构，创建需求，定义需求的类型、类别、成熟度状态、优先级；通过对需求的分解与映射，建立需求的关联关系，在产品研发过程中实现对需求的跟踪与追溯，并提供一系列跟踪报表；能够存储需求验证结果及需求验证结果与需求条目的挂接；支持使用文档模板导入需求条目，以及与需求管理工具DOORS 的双向集成；提供需求基线和需求变更的管理，能够建立冻结的需求基线，定义需求变更审批路径，分析需求变更影响。

3DE 平台需求管理建设方案可以用于研究与确认飞机的客户需求、使用条件等外在因素，分析与演进出指导系统开发的各级技术与功能需求，为建立 RFLP 系统工程架构建立基础，实现需求驱动的分析闭环和决策支持，实现需求在整个产品开发周期中的监控与追溯。其主要包括需求结构化定义与管理、R（需求）与 FL 模型的分配，以及基于模型的需求上下游三部分内容。

需求是型号研制的源头，协同研制平台能够对需求进行结构化管理，支持系统工程的迭代过程，提供对不同层级的需求规格进行创建、维护和管理，包括：

（1）定义系统和子系统的规格、需求分类和重用、记录设计决策。

（2）问题管理、需求优序管理。

（3）基线规格定义、全局工程更改、需求审签管理。

（4）提供参数化的需求管理方式，以便知识重用。

1. 需求的捕获与结构化定义

3DE 平台支持多种数据源格式的需求捕获，可加速需求识别的进程，当文档内容发生更改时，能够重新应用标签信息。需求管理器允许用户通过捕获、派生和分解需求来管理需求规范，从而驱动下游的开发活动。用户可以根据需求类型（功能性、非功能性、约束性）、实现的复杂性和实现的优先级对捕获的需求进行分类。根据分类，产品经理可以选择开发能够覆盖更高优先级的功能需求的特性，如图 3-8 所示。

图 3-8　3DE 平台中需求条目模型示例

2. 需求上下游分解结构与追溯关系

由于需求的多样性和复杂性，为了有效管理产品的开发，通常采用需求分解的方法来进行处理。也就是把问题分解成更小的更容易辨识的单元，形成一个自上向下的层级划分，如图 3-9 所示。

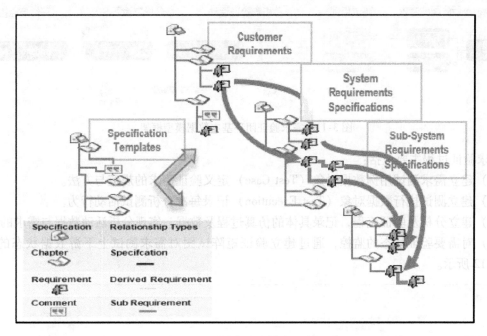

图 3-9 需求分解结构示意

通过需求的分解，可建立不同层级需求的追溯性关系，在相关系统研发过程中实现对需求指标的跟踪与追溯，并提供一系列跟踪报表。通过需求的变化过程可以帮助追溯分析型号产品的迭代研发过程。当需求发生变更时，通过严格的变更流程进行管理，并加以记录，一旦需求发生变更时，能够自动地通知项目成员获知最新的需求内容，同时在变更过程提供双向的需求变更与设计变更之间的影响分析，如图 3-10 所示。

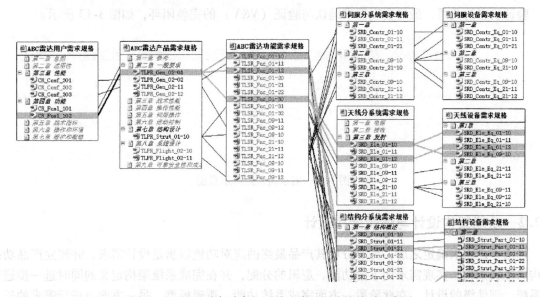

图 3-10 3DE 平台需求上下游追溯及影响性关系示意图

3. 需求验证管理

3DE 平台有一套完整的模型管理需求验证过程，可实现从产品需求出发对其验证过程和验证手段的追溯及管控，如图 3-11 所示。

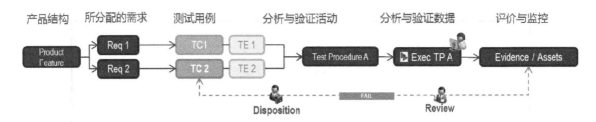

图 3-11 需求验证闭环基本数据模型框架

需求验证过程主要包括：

（1）建立需求测试用例数据对象（Test Case）定义验证需求的规范与方法。

（2）建立测试执行数据对象（Test Execution）记录每次分析测试活动行为。

（3）建立分析及验证流程，记录具体的仿真过程及数据，实现分析活动数据与需求的关联。

（4）对需要验证状态的监控，通过建立验证矩阵试图对需求测试上下游数据状态的监控，如图 3-12 所示。

图 3-12 需求条目与测试用例的关系

在 3DE 平台中，首先应完善需求到产品的分配关系，而后要建立需求到测试过程、验证数据、验证状态的关系，最终实现需求确认与验证（V&V）的完整闭环，如图 3-13 所示。

图 3-13 需求验证矩阵示意图

3.2.2 功能架构设计与逻辑架构设计

顶层客户需求确定之后，需要分析其产品最终的应对功能以满足设计需求，并建立产品功能架构与逻辑架构，实现需求向下游功能、逻辑的分配，并在完成系统架构定义的同时进一步进行子系统、部件级的设计。在此阶段一方面完成系统功能、逻辑模型，另一方面也进行需求的进一步分解与分配。

系统工程师需要在 3DE 平台上开展总体方案设计工作，基于产品功能规格，对产品需求进行分析，建立功能视图、逻辑视图，并建立需求、功能、逻辑之间的关联关系，如图 3-14 所示。

功能架构设计与系统 RFLP 架构定义主要解决如下问题：

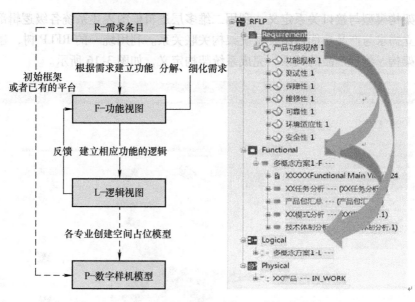

图 3-14　3DE 平台的需求、功能、逻辑架构关系示意

（1）基于 RFLP（需求、功能、逻辑、物理）的统一架构模型。彻底改变传统的基于文档的产品描述形式，基于 RFLP 模型实现 MBSE 的系统架构描述方式。

（2）系统接口定义（即 ICD（接口控制文档））。通过需求、功能向系统逻辑架构、物理产品的分配以及系统间数据关系逻辑的定义，从而清晰地实现系统接口控制，进一步为子系统、部件等下游设计甚至供应商合作奠定关键的接口基础。

通过基于 RFLP 的系统架构设计，清晰地回答了如何应用系统工程方法论来定义产品架构、开发模式以及数据管理形式，实现了 MBSE 中最关键的基于模型的统一架构和追溯性。系统功能模型与接口关系定义，利用二维多层功能框图表述系统各级服务定义和功能定义以及接口关系，如图 3-15 所示。

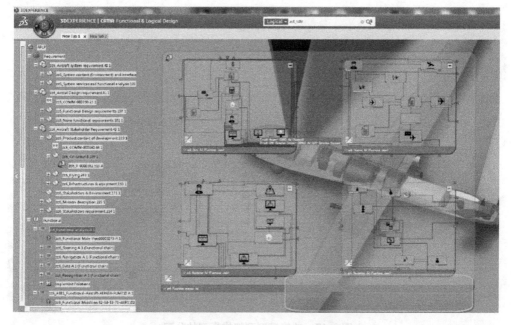

图 3-15　3DE 平台 CATIA 中定义功能框架

系统逻辑架构模型与接口关系定义。利用二维多层逻辑框图表述系统各级逻辑部件组成以及接口关系。建立需求与产品功能模型、系统架构关联关系。利用统一的 RFLP 树，建立需求与功能模型、逻辑架构、物理产品的关系，完成系统架构定义，如图 3-16 所示。

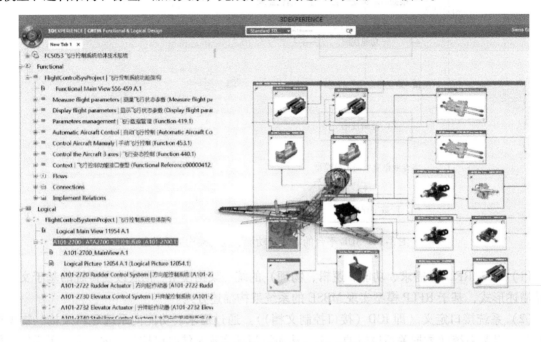

图 3-16　3DE 平台 CATIA 中定义产品逻辑架构

需求在此阶段得到进一步的分析与确认，从系统顶层需求逐步演进成各级可实现、可验证的技术需求与功能需求，并均可实现需求与功能的分配。如图 3-17 所示，每一个功能或者逻辑模

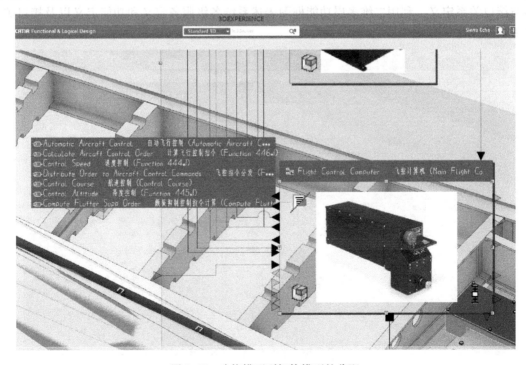

图 3-17　功能模型到架构模型的分配

型均可以查看其上下游所分配的模型。例如在图 3-17 所示的 3DE 平台 CATIA 中，架构模型"飞控计算机"上可以查看其所分配的功能模型清单。

3DE 平台 CATIA 可以创建并维护 RFLP 模型间的追溯关系。图 3-18 所示为起落架系统的功能架构和逻辑架构，CATIA 还可以创建功能模型与逻辑模型的分配映射关系。

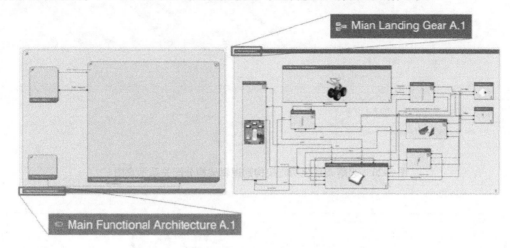

图 3-18　起落架系统功能架构与逻辑架构示意图

RFLP 模型间的追溯关系在 CATIA 中为实施关系（Implementation Link），如图 3-19 所示，可以创建 RFLP 模型彼此之间的分配关系。

图 3-19　RFLP 模型间实施关系的创建

同时，CATIA 可以查看上下游模型的追溯矩阵，帮助验证模型间的分配状态，保障 RFLP 模型均可以向上溯源、向下得到验证，如图 3-20 所示。

通过 3DE 平台的 RFLP 模型框架，可实现系统模型与系统仿真模型的无缝衔接，系统模型接口与系统仿真模型接口的无缝共用，并且实现系统模型与体现系统行为的仿真模型的无缝切换，如图 3-21 所示。

通过系统模型和系统仿真模型关联，可直接在系统设计阶段，从逻辑角度、功能角度、性能角度对系统模型进行确认和验证（V&V），实现在研制阶段前期的 V&V 的过程。

如今市场上存在着各种系统建模语言来描述这些系统行为，尤其是不同专业（如电气、液压、多体动力等）一般存在各自领域独立的语言和建模工具，虽然在专业性上得到保障，但却缺乏系统多专业集成综合的能力，因为不同系统建模工具间的接口成为主要制约因素。以 Modelica 为代表的语言，是一种面向对象的、说明性的、多领域统一建模语言，适用于面向组件的复杂系统设计，能够基于不同专业的特定行为进行建模（如机械、电气、电子、液压、控制、供

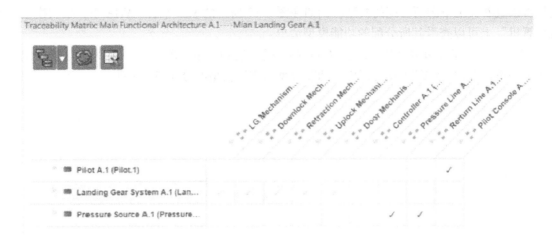

图 3-20　起落架系统功能架构到逻辑架构分配关系示意图

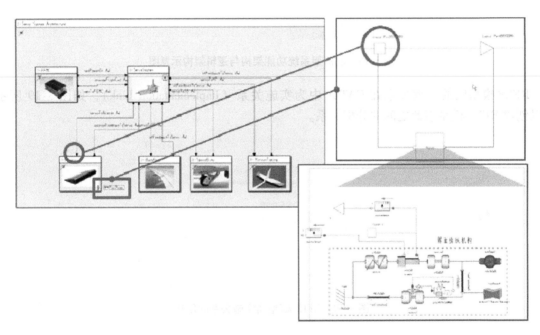

图 3-21　基于架构模型驱动的系统仿真模型构建

电，或面向过程等）。Modelica 语言具有可重用功能，能够提供可重复使用的组件，通过不断升级的专业库可广泛应用于众多领域，如图 3-22 所示。

3DE 平台 CATIA 在逻辑架构设计层支持对系统模型基于 Modelica 语言的动态行为建模，以实现系统架构设计驱动多专业系统的统一建模与系统集成，实现多学科系统的综合仿真分析验证，完成需求设计的闭环。3DE 平台 CATIA 的所有逻辑架构层模型既可包含静态框图描述系统组成关系，也可包含系统仿真模型。

如图 3-23 所示为典型起落架系统逻辑架构，如前所述，其静态逻辑架构用于描述系统组成及其接口关系。

同时，在系统逻辑架构层为了实现多专业系统建模集成，逻辑架构模型可以挂载基于 Modelia 语言描述的系统仿真模型。如图 3-24 和图 3-25 所示，起落架控制器和液压作动器均挂载响

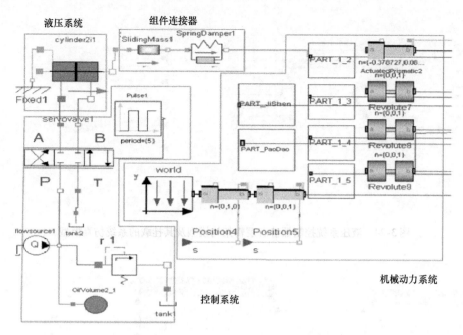

图 3-22　跨领域多专业系统集成建模示意图

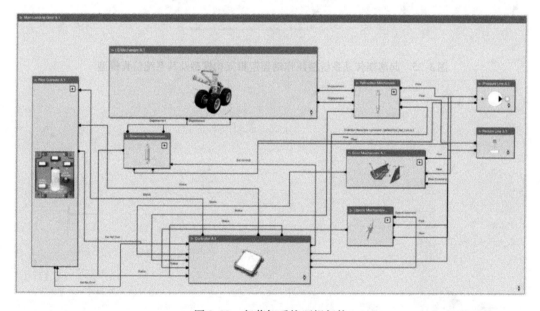

图 3-23　起落架系统逻辑架构

应的仿真模型。另外，仿真模型也可以通过通用 FMI/FMU 接口实现与其他系统建模工具，如 MATLAB/Simulink 的集成和联合仿真。

逻辑层系统仿真模型同样可以与物理层（P）三维模型协作，真正实现系统架构驱动的跨系统、多专业系统综合集成与仿真。图 3-26 所示为起落架系统在逻辑层实现系统综合，包含了三维物理模型（P）、控制系统模型、液压系统模型、动力学系统建模等，实现了对整个起落架系统的综合验证。

基于系统逻辑架构模型（L）与三维物理模型（P）的映射关系，可以实现系统逻辑架构模型驱动三维模型的系统综合仿真，如图 3-27 所示。

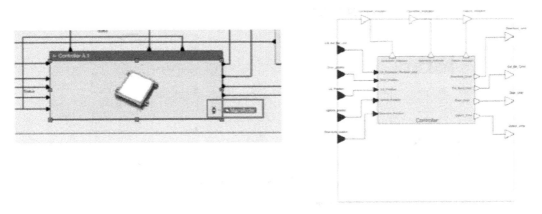

图 3-24　液压系统控制器静态逻辑架构模型及其挂载的系统仿真模型

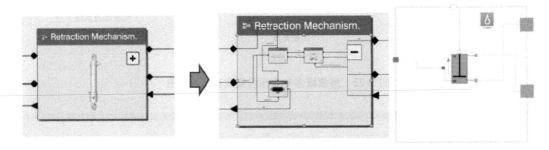

图 3-25　起落架传动系统液压作动器逻辑架构模型及其系统仿真模型

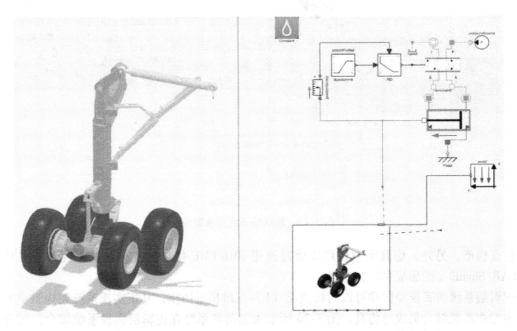

图 3-26　基于系统逻辑架构模型（L）和三维物理模型（P）的系统集成验证

最终完成系统 RFLP 设计的完整框架如图 3-28 所示。

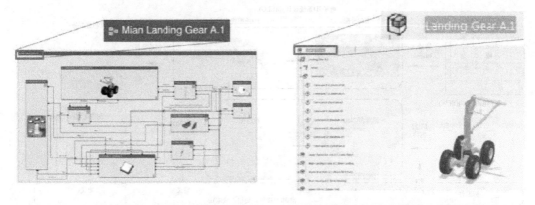

图 3-27　起落架系统逻辑模型（L）与三维物理模型（P）的映射关系

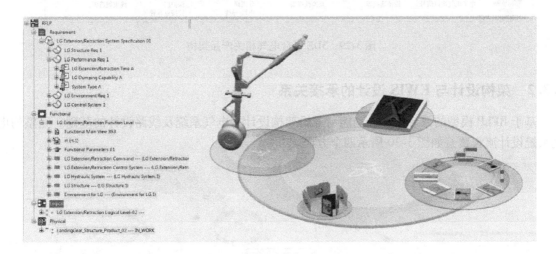

图 3-28　起落架系统的 RFLP 模型

3.3　EWIS 设计在 3DE 平台的应用

3.3.1　EWIS 相关产品架构

系统架构设计，电气、流体原理设计，三维设计与制造准备解决方案作为信息物理系统（Cyber Physical System）开发的重要一环，越来越成为航空主机研究所业务转型与技术革新的关键环节。随着飞机机电系统高度复杂化，研发工作高度电子化的发展趋势，现有的 ECAD + MCAD 工具化设计手段逐渐显现出在单一数据运行管理、与机电系统数据连续驱动方面的劣势，航空领域对新一代集成化机电设计系统的呼声越来越强烈。

3DE 平台率先在系统—电气—流体设计领域提出了其一体化解决方案的思路，覆盖了从系统架构到系统原理，再到三维安装工程、三维制造工程的全部流程。与传统业务模式相比，基于 3DE 平台的系统—电气—流体解决方案彻底打通了电气流体流程中存在的多信息孤岛的现状，实现了系统设计高度协同，加速了 Cyber System 的构建，呈现出了从需求端到制造端的动态统一，使得高度非线性化设计的流程有效性大大提高。

3DE 平台电气相关产品架构如图 3-29 所示。

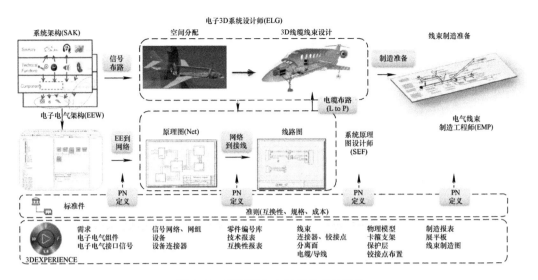

图 3-29　3DE 平台电气相关产品架构

3.3.2　架构设计与 EWIS 设计的承接关系

基于 RFLP 模型的系统需求、功能与逻辑架构设计是电气系统及线路设计的基础。完整的电气系统设计流程覆盖如图 3-30 所示四个方面。

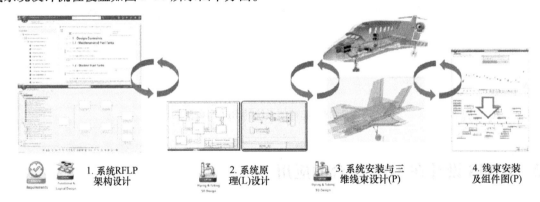

图 3-30　3DE 平台覆盖电气系统设计完整流程

（1）系统 RFLP 架构设计。主要完成系统需求（R）、功能（F）及逻辑（L）设计。

（2）系统原理设计。同样基于逻辑架构层，为逻辑模型添加电气及管路系统二维原理设计。

（3）系统安装与三维线束设计。基于物理层构建三维模型。对于电气及管路系统则实现从二维原理到三维设计的映射。

（4）线束安装及组件图。系统设计最终交付之一，属于逻辑层与物理层的结合，实现电气系统、线束系统的二维安装图自动生成与同步。

第 2 部分 基于模型的 EWIS 设计综述

第 4 章 飞机研制的一般流程

飞机研制的一般流程划分为以下六个阶段[10]。

1. 可行性论证阶段（L）

完成飞机可行性论证，提出飞机技术要求论证报告，配合使用方确定飞机技术要求。

完成标志如下：

（1）完成飞机技术要求论证报告和技术、经济可行性论证报告。

（2）使用方主管部门以文件的形式批准飞机研制立项。

2. 方案论证阶段（F）

飞机研制方依据使用方主管部门的立项批复或合同对飞机的要求完成飞机方案论证，形成并报审飞机总体研制方案报告。配合使用方编制飞机研制总要求论证报告。

完成标志如下：

（1）完成并上报飞机总体研制方案报告，通过转阶段的设计评审。

（2）与使用方主管部门协调完善飞机研制总要求。

（3）上级有关部门任命型号行政总指挥和总设计师。

（4）建立型号行政指挥系统、设计师系统、质量师系统，确定各系统的工作条例和管理制度。

3. 技术设计阶段（C）

依据批准的总体研制方案，通过初步设计、详细初步设计等工作，解决设计中重大问题，攻克技术关键，明确各系统定义，完成总体方案调整和打样，完成数字样机设计与协调（或全尺寸样机/样段设计、制造与协调），通过样机评审，冻结飞机技术状态，编写和上报飞机研制总要求。

完成标志如下：

（1）完成技术设计和相应的试验，通过设计评审，得出技术结论。

（2）审定样机，冻结飞机技术状态。

（3）完善并上报飞机研制总要求。

（4）经批准的飞机研制总要求将作为飞机研制和定型的依据。

（5）成品研制单位根据技术协议书要求，开展成品初样研制（C 阶段），并向总体设计单位提交成品试验件。

4. 工程设计和试制阶段（S）

依据批准的飞机研制总要求，完成飞机的详细设计、试制和试验工作。

完成标志如下：

（1）完成 01 架原型机试制，通过首飞评审。

（2）实现原型机首飞。

5. 试飞和设计定型阶段（D）

完成飞机设计定型。

完成标志如下：

通过飞机定型委员会组织的设计定型鉴定，由定型委员会批准飞机设计定型。

6. 生产定型阶段（P）

依据飞机定型委员会对设计定型的批复，通过小批生产和试用，完成飞机生产定型。该阶段的主要责任单位是飞机试制生产单位。

完成标志如下：

通过飞机生产定型鉴定，由飞机定型委员会批准飞机生产定型。

第 5 章　EWIS 设计流程

飞机的功能系统通常通过 ATA100 号的系统架构进行划分，各个系统分别承担其相对应的 ATA（Air Transport Association of America）规范的系统架构与电原理设计。

飞机的航电、飞控、机械、电源与通用电气系统在关注自身系统研发外，会涉及线束的设计工作。其中航电、飞控与电源系统的电路与线束通常独立研发并实现；机械与通用电气系统的线束部分通常由专门的互联系统部门负责整体的综合集成与设计工作，这也是本章将重点讨论的部分。

EWIS 业务通常隶属于电气集成或机电系统部门，近年来有独立成部的发展趋势。其作为与线束供应商联合研发的主体，在 EWIS 综合设计中，负责功能系统信息采集、线路综合方案定义、线束隔离与综合方案定义等工作。

线束安装设计与线束制造设计工作，由 EWIS 部门集成航电、飞控与电源系统独立成束的部分，联合线束供应商共同负责全机线束的安装协调与校验，最终完成线束展平组件图与物料统计等工作。

如图 5-1 所示为飞机 EWIS 设计的典型流程。

EWIS 全流程包含电气系统集成、EWIS 综合集成与线束安装与制造工程，设计工作主要围绕电原理图、电气接线图、线束安装组件图、线束展平组件图的数据交互相继开展，设计过程中同各系统物理架构与各阶段数字样机之间交互协调。在时间维度上，在技术设计阶段（C）开始电原理图与 EWIS 综合的打样工作，在工程设计和试制阶段（S）开展全面的发图工作。

5.1　电气集成设计

电气集成设计范围包含物理架构设计与电原理图设计。

1. 物理架构设计

架构设计是对系统元素及元素之间关系的抽象描述。系统架构的重要性在于它决定了一个系统的主体结构、宏观特性，以及具有的基本功能和特性。复杂系统设计成功的关键在于系统宏观层次上结构设计的正确性和合理性[11]。

本节描述的物理架构（Physical Architecture）指的是飞机逻辑架构的详细阶段，特点是物理架构设计在飞机系统/子系统架构基础上，设计颗粒度到成品设备与设备通信级别，以框图模型为表达形式。

飞机各系统的电气设计信息通过接口控制文档（Electrical Interface Control Document，EICD）在物理架构模型上进行汇总与集成管理。EICD 集成在物理架构模型的每个成品对象上，包含接口定义与分配，针脚（Pin）的分配与针脚信号特性等，是电原理图的设计输入。

EICD 通过表格或集成于物理架构模型，定义全机系统/子系统、设备、端口与通信关系表达。电原理图设计是物理架构模型的电气学科结构化与图形化表达，反映了 EICD 中的所有信息并与之保持一致。电原理图打样在早期 EICD 不完整状态下可以基于打样的物理架构先行开展，用于快速设计。

物理架构设计内容同样也包含其他各系统集成设计部分，本书中不展开论述。

2. 电原理图设计

电原理图的划分以 ATA 系统架构段作为基本集合，集合中包含一个子系统中若干功能信号组/信号网络（Net Group/Net），信号及其连接的设备/组件通过一组图绘制而成。电原理图是飞

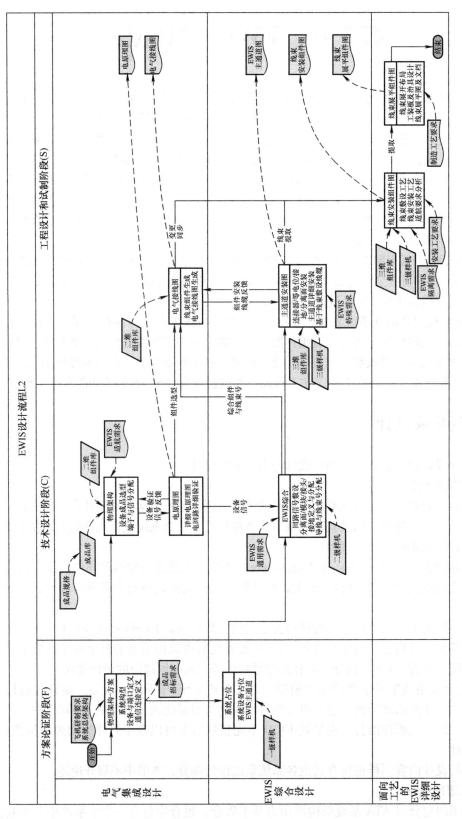

图 5-1　飞机 EWIS 设计的典型流程

机电气设计的输出产物。

5.2　EWIS 综合设计

EWIS 综合设计围绕 EWIS 主通道安装样机，在系统和数字样机两个维度开展综合集成。

1. 技术设计阶段（C）的 EWIS 综合设计

EWIS 综合设计范围涵盖全机，主要活动有

（1）结合各系统设备安装图，将电原理图中的信号组/信号回路表达至三维。

（2）信号组/信号回路在 EWIS 主通道中的路径敷设，敷设约束规则包括隔离代码、功能、余度、填充与平衡性等要素。

（3）等电位点（接线模块与永久接头）、接地装置、分离面连接器、导线（Wire）的分析、选型与针脚（Pin）分配。

（4）基于导线（Wire）的线束综合设计。

该流程的设计结果是生成 EWIS 综合分析报告，作为电气接线图设计与线束安装相关设计（包括主通道安装图和线束安装组件图）的输入参考。

2. 工程设计和试制阶段（S）的主通道安装图设计

基于电气接线图产生的逻辑组件（如线束端连接器、模块及永久接头、接地装置等），在 EWIS 主通道开展详细安装及协调工作。主要活动有

（1）接线组件（线束端连接器、尾附件、模块及永久接头、接地装置等）的安装与协调。

（2）EWIS 主通道路径详细设计与优化。

（3）基于信号组/信号回路的路径对导线同步路径敷设。

（4）基于逻辑线束构型的预成束设计。

该流程的设计结果为 EWIS 主通道安装图，作为生成线束安装组件图打样的设计参考。EWIS 主通道安装图作为飞机 EWIS 方案发图的输出产物，用于指导生产工艺设计。

5.3　面向工艺的 EWIS 详细设计

1. 电气接线图设计

电气接线图的设计信息来源于电原理图和 EWIS 综合结果，以及其与 EWIS 综合的迭代分析过程，经历若干阶段逐步完成。通过合理的组件选型，完整准确表达电原理图信号回路的物理实现方式。同时，组件的选择结合 EWIS 综合信息，需要满足线束合理成组设计的需求，设计过程需要同飞机三维数字样机反复迭代，最终在图纸上形成线束信息的完整表达。电气接线图是飞机电气设计的输出产物。

2. 线束安装组件图设计

线束安装设计基于方案冻结的 EWIS 主通道安装图设计结果与电气接线图组件选型信息，在飞机详细数字样机上实现线束详细安装状态定义，包含线束详细路径、长度、直径及重量设计，线束的固定与保护设计，安装信息的标注等。设计过程中将线束安装组件按照协调区域进行重构，以开展详细安装设计与空间协调，最终按照完整组件实现发图。线束安装组件图是飞机电气设计的输出产物。

3. 线束展平组件图设计

线束制造设计基于完整安装设计数据模型，将数据模型提取至规格工装板进行展开模拟，定义其制造组件信息、工艺长度、工艺弯曲及扭转等，最终输出展平组件数据模型，制造模板图及相关报表。线束展平组件图是飞机电气设计的输出产物。

第 6 章　EWIS 与飞机业务流程的并行

基于 RFLP 技术架构，EWIS 设计过程可总结为两个维度。

1. 系统追溯的维度

系统追溯的维度指的是基于 RFLP 架构的正向演进业务流程，如图 6-1 所示的纵向关系。EWIS 设计中的纵向关系主要有

（1）物理架构（EICD）：电原理图的设计演化。

（2）电原理图：EWIS 综合的设备与信号布置演化。

（3）电原理图、EWIS 综合：电气接线图的组件选型与电连接实现。

（4）EWIS 综合：线束安装组件图的设计演化。

（5）线束安装组件图：线束展平组件图的设计演化。

2. 系统协调的维度

系统协调的维度指的是在 RFLP 架构的各业务层级的设计集成与协调过程，如图 6-1 所示的横向关系。EWIS 设计中的横向关系主要有

（1）物理架构（EICD）：飞机各系统之间的集成设计与接口协调。

（2）EWIS 综合设计：EWIS 设计与飞机二级、三级样机中包含的各系统的空间协调。

（3）线束安装组件图：EWIS 与飞机三级几何样机的空间协调。

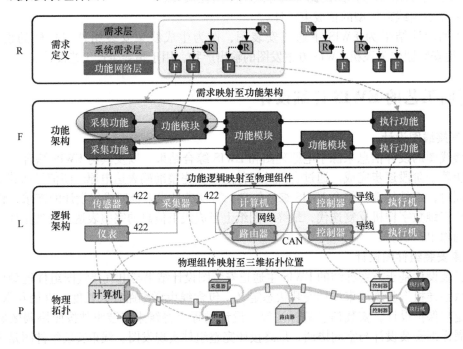

图 6-1　基于 RFLP 的电气研发架构示例

从 EWIS 典型流程图（见图 5-1）可以看出，EWIS 的发图阶段均开始于工程设计和试制阶段（S），分别为电原理图、电气接线图、线束安装组件图（3D）和线束展平组件图。影响其发图周期的串行制约因素分别是

（1）电原理图的发图最先开展，其开始于关键设计评审（CDR）后，电原理图的发图进度由各系统物理架构的完整程度，以及成品件的接口协调完成程度（即 EICD）决定。

（2）电气接线图的发图进度由电原理图与 EWIS 综合设计的完成程度决定。

（3）线束安装组件图的发图进度由 EWIS 综合设计与电气接线图的完成程度决定。

由于 EWIS 综合设计工作以电原理图信息为输入条件，若在 CDR 转阶段后开展电原理图绘制工作，则会使 EWIS 综合工作延后至工程设计和试制阶段（S）才能开展。由于 EWIS 综合设计数据量大、关联多、过程复杂及长周期特点，会进一步导致电气接线图、线束安装组件图和线束展平组件图的发图进度大大晚于飞机结构及各系统发图进度，使得 EWIS 专业按照发图任务节点完成工作面临较大压力。

技术实现上（纵向维度），实现同步发图依靠的主要技术如下：

（1）统一 EWIS 数据平台增强横向协调能力。

（2）数据创成式的纵向设计同步能力，提升 EWIS 保障一致性的质量与效率。

（3）缩短 EWIS 综合设计周期先进方法。

流程制定上（横向维度），实现同步发图依靠的主要技术如下：

（1）方案论证阶段（F）基于功能与系统架构，做好飞机级 EWIS 基本构型设计，以及模块化子系统设计，从架构层面对未来可能出现的变更提前解耦。

（2）在技术设计阶段（C）提前开展物理架构的 EICD 分配与协调工作，以及电原理图打样及早期 EWIS 综合设计工作。

（3）同步交互开展物理架构打样、电原理图打样与早期 EWIS 综合设计，制定合理的打样设计规则以满足交互迭代的自动化要求，将前置环节的部分设计要素与后续环节解耦，例如当电原理图未完成定型和针脚分配时，前置开展 EWIS 综合工作。

第3部分 基于模型的 EWIS 设计详述

第7章 电气集成设计

电气集成设计是飞机系统设计的一部分。针对飞机各系统电气的需求及功能，开展相关集成综合方案、电气接口定义与分配，以及电气信号回路集成等设计工作，从而得到飞机完整统一与集约化的电气总体方案，满足各系统对电能与通信的工程需求。

在基于模型的系统工程（MBSE）中，飞机系统的集成设计主要涵盖需求、系统架构、物理架构设计与系统仿真等。

7.1 电气集成设计的范围

本书中电气集成设计范围包括：
（1）基于物理架构的电气设备定义、通信定义与集成。
（2）基于物理架构的电气接口定义、电信号分配与协调等。
（3）电原理图设计。
（4）电气接线图设计。

7.2 飞机的物理架构

飞机的物理架构模型是飞机系统总体牵头各系统，基于 MBSE 思想对飞机系统的方案进行详细定义。物理架构设计表现为框图建模的形式，属于飞机系统的抽象设计，一般不作为飞机发图的要素。

在物理架构阶段，主要业务目标有
（1）基于统一语言的模型，构建各系统设备/LRU 级别的硬件成品定义，与供应商迭代成品解决方案。
（2）基于统一语言的模型，构建各系统设备/LRU 级别多学科的通信定义与跨系统协调关系，清晰描述通信的物理特性及状态。
（3）基于模型开展系统多学科接口的分配与协调，并在架构模型中形成完整接口控制文档（ICD）。

飞机物理架构以框图的形式表达，如图 7-1 所示。

物理架构由层级嵌套的框（Block）、端口（Port）和流（Connection）构成，包含完整的 ATA 分解结构与产品分解结构，即 ATA 00 – ATA 00 – 11 – 22 – EQT 层级。

子系统层级可构成物理架构的模块层，良好的飞机物理架构设计在系统上具有模块化与配置

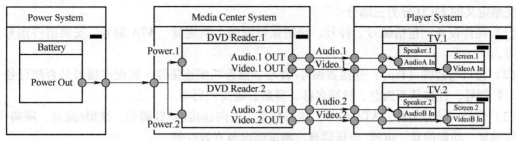

图 7-1 物理架构模型样例

化构型的特征。系统硬件单元（总线）在子系统层级内完成定义，物理架构设计方案分配至各成品供应商进一步协调迭代，由供应商给出硬件的详细实现方案，即硬件的型号、特性参数、MICD、EICD 等，最终逐步汇总至框图中。

物理架构中的通信流根据系统物理特性主要分为四大类：

（1）机械连接。

（2）气流。

（3）液流。

（4）电气信号。

7.2.1 电气接口的控制与协调

接口控制文档（Interface Control Document，ICD）是定义和描述组成航空电子系统（航电）各子系统和电子设备之间接口信号的功能、技术特性及使用说明的技术文件，是系统顶层设计和系统规范的重要组成部分[12]。

EICD 指电气 ICD，要与 FICD（功能 ICD，属上游功能架构设计）、MICD（机械系统 ICD，属于物理架构的其他学科）概念进行区分，EICD 是系统成品交付的设计参数之一，通常由主研单位与设备供应商协调给出成品软硬件规格，以及电路通信的去向关系。

完整的 EICD 由设备信息、接口信息与信号信息三部分组成。在传统业务模式下，主研单位需要根据各成品供应商提供的设备与接口 EICD，依据系统物理架构关系实现 EICD 信号信息的集成设计工作，主要工作如下：

（1）系统设计师或成品主管集成并分配成品 EICD 至物理架构的设备层。

（2）定义成品 EICD 在飞机上的研制信息，如研制保证等级、安装架次、是否选装、是否运动等。

（3）依据系统物理架构图中的通信关系定义 EICD 端口的详细信号，如信号编号、信号方向、接口数量、线规线型、隔离代码、成品线等。

集成的 EICD 信息可作为后续电原理图的设计输入。表 7-1 所示为一种 EICD 的简化样例。

表 7-1 EICD 样例表达

层级	类别	端口信息					信号信息				
		设备编号	设备件号	连接器编号	连接器件号	针脚号	针/脚信号名称	Net编号	接口连接器编号	接口针脚编号	线规	功能编号
1	EQT	U-241	EQT××									
2	CON			U-241-J1	D38999×							
3	PIN					A	Sig A	2401	K-247-J1	13	4	24_F01
3	PIN					B	Sig B	2402	K-247-J1	23	4	24_F02
3	PIN					C	Sig C	2403	K-247-J1	33	4	24_F03

完整定义的 EICD 分为三部分：

（1）硬件设备：包括编号、件号、研制保障等级、供应商、ATA 编号、安装组件图号、有效性等。

（2）接口与针脚（Pin）：连接器编号/件号、推荐匹配连接器、匹配连接器是否随设备一同提供、针脚号、针脚是否为空、针脚名称、屏蔽、隔离代码等。

（3）信号：信号名称、ATA 编号、接口数量、去向连接器/针脚号、线型/线规、隔离代码、成品线信息、功能信息、电流/电压信息、测试需求与有效性等。

7.2.2　电原理图

电原理图是用来表明设备的电气工作原理及各元件的作用，以及相互之间关系的一种表示方式[8]。电原理图是电气系统图的一种，是根据控制线图工作原理绘制的，具有结构简单，层次分明，主要用于研究和分析电路的工作原理[9]。

电原理图的设计数据来源于 EICD 在原理数据结构上的分配。基于物理架构的设计结构，由飞机的系统/子系统结构向下展开，遵循 ATA 00 – ATA 00 – 11 – 22 – EQT/信号网络（Net）层级。系统信号设计内容在子系统节点，包含信号组/信号网络（Net Group/Net）。系统设备（设备/继电器/接地等）内容在系统节点下的设备节点进行统一管理。电原理图是物理架构与 EICD 模型（电气学科部分）的结构化表达。

电原理数据结构的表达需要满足构成电气回路的基本要求：EICD 属于电气接口集成化表达的模式，重点描述的是设备、接口以及通信分配；电原理图数据则侧重于通过结构化模式描述飞机系统、子系统下的回路分配与设计信息，强调具体电气回路的有效性。

7.2.3　电气接线图

电气接线图是根据电气设备和元件的实际位置和安装情况绘制的，只用来表示电气设备和元件的位置、配线方式和接线方式，而不明显表示电气动作的原理。电气接线图主要用于安装接线、线路的检查维修和故障处理的指导[10]。

电气接线图的组件来源有

（1）电原理设备的沿用。

（2）与电原理设备插座接口相匹配的插头连接器组件。

（3）由 EWIS 综合设计分配产生的连接器类组件（分离面、模块、永久接头、接地连接器等）。

（4）来源于电原理图信号预定义的电缆（Cable）/导线（Wire）的选型以及连接。

电气接线图中生成的导线（Wire）会与相应电原理图中的信号网络（Net）具有追溯关系（Net/Wire Links），追溯关系主要用于传递相关信号网络信息至导线，例如传递信号网络中的编码/线规等信息来辅助导线选型，Net/Wire Links 同样对于电原理图设计变更的传递具有必要作用。

7.3　物理架构设计

7.3.1　物理架构的设计流程

物理架构设计分为两个阶段。

1. 物理架构方案设计

其流程如图 7-2 所示。

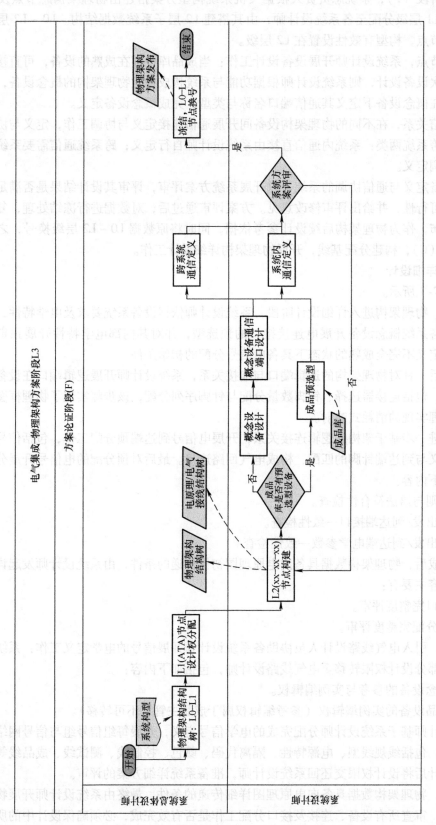

图 7-2 电气物理架构设计流程（一）

在方案论证阶段（F），系统总负责人根据飞机系统构型方案搭建出物理架构总节点及 ATA 章节号结构，将 L1 层级分配至各系统设计师，由其搭建 L2 层子系统数据结构。L0～L2 层级构成物理架构顶层节点，构型有效性设置在 L2 层级。

基于子系统节点，系统设计师开展设备设计工作：当成品库中存在成熟的设备，可直接选型产生。若为第一次设备设计，则系统设计师根据功能与系统构成构建物理架构的概念设备，做概念设备标记，并在概念设备下定义其通信端口名称与类型，完成概念设备定义。

根据系统通信关系，在不同的物理架构设备间开展通信连接定义与协调工作，定义与协调工作分为系统内与跨系统两类：系统内通信直接由系统设计师自行定义；跨系统通信需要系统总负责人授权开展协调定义。

完成架构设备定义与通信协调的系统可以开展系统方案评审，评审其设计结果是否满足技术要求及具备研发可行性，并给出评审修改意见。方案评审通过后，对数据进行冻结处理，复制副本数据并将其发布，作为物理架构后续设计参考依据，同时将原数据 L0～L2 层级换号，之后进入技术设计阶段（C），构建分配基线，开展物理架构详细设计工作。

2. 物理架构详细设计

其流程如图 7-3 所示。

数据换号后，物理架构进入详细设计阶段，系统设计师依据设备系统要求及电学特性，结合二维组件库，对各系统概念设备开展电连接接口的预选型，并对其内部电学特性开展预定义工作，使其在成品定义不完全成熟的状态下具备电信号分配的初始条件。

预选型完成后，针对物理架构的逻辑端口与连接关系，系统设计师开展逻辑端口在设备连接器上的分配设计，包括连接器选择、针脚数量分配与针脚序列分配，该步骤实现了物理框图从逻辑抽象定义到物理实现的消耗式映射。

系统设计师进一步基于架构的逻辑连接关系，开展电信号到达端预分配工作，包括信号组与信号网络编号定义与到达端针脚的匹配，构成电气回路连接。最后对预分配的电信号开展分配质量检查，包括如下内容：

（1）设计规则与语法符合性检查。

（2）电信号出发/到达端接口一致性检查。

（3）电信号出发/到达端电学参数一致性检查。

初样设计完成后，物理架构数据具备向电原理图初样传递的条件，由系统设计师发起详细初步方案评审，内容主要有：

（1）设备接口完整度评审。

（2）电信号分配完整度评审。

完成评审后，引入电气线路设计人员协助各系统设计师开展信号的电学定义工作：系统设计师将架构设备的部分设计权限转移至电气线路设计师，包括如下内容：

（1）所有概念设备的参考与实例编辑权。

（2）所有成品设备的实例编辑权（参考编辑权属于成品主管，不可转移）。

电气线路设计师基于系统设计师分配完成的电学信号定义，开展每组信号组与信号网络的电学特性定义工作，包括线规线型、电源特性、隔离代码、颜色、控制线、测试线、成品线等内容的定义。完成设计后将设计权限交还回系统设计师，准备系统详细方案的评审。

调整完成后，物理架构数据具备向电原理图详细传递的条件。最终由系统设计师开展物理架构详细方案评审，审查所有设备、连接及接口分配工作是否有效完成，必须确保设计中的所有概念设备全部为认证后的成品库设备，确保物理架构设计具备实施可行性。评审完成后发布数据，

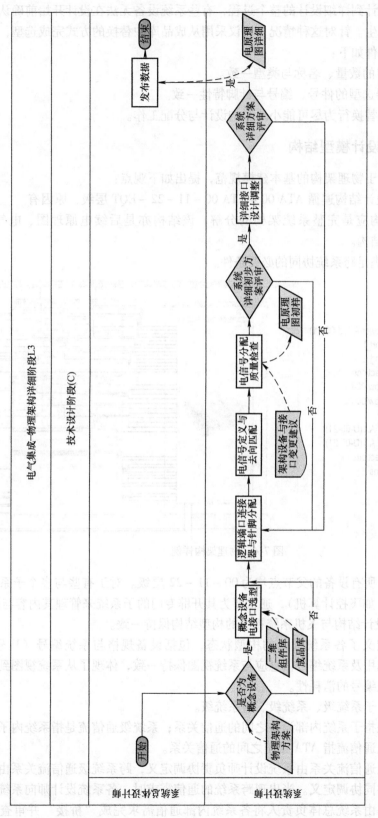

图 7-3　电气物理架构设计流程（二）

标志着物理架构研制阶段工作结束。

物理架构从方案设计到详细设计的整个过程，有些系统设备无法在设计开始前确认选型，选型会在设计的过程中发生。针对这种情况，建议采用从成品库中替换的方式完成选型，架构设计替换行为的有效建议条件如下：

（1）设备逻辑端口的数量、名称与类型一致。

（2）设备端连接器选型的件号、编号与针脚特性一致。

通过以上原则实现替换行为尽可能小地影响设计与分配工作。

7.3.2　物理架构的设计模型结构

如图 7-4 所示，对于物理架构的基本建模规范，提出如下观点：

（1）物理架构的设计结构遵循 ATA 00 – ATA 00 – 11 – 22 – EQT 层级，原因有

1）物理架构的结构应是完整系统架构的分解，该结构亦是后续电原理图、电气接线图、EWIS 综合设计的分解结构。

2）完整的层级是满足跨系统协同的必要条件。

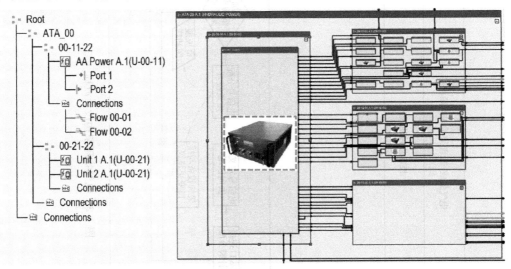

图 7-4　物理架构样例

在该层级框架下，所有设备的父节点均为 00 – 11 – 22 层级。对于有些与多个子系统均有通信关系的集成化设备（如飞控计算机），通常要为其开辟专门的子系统来管理其内容与通信。

（2）物理架构的设计结构与飞机系统视图的构型结构保持一致。

飞机的系统视图定义了各系统成品的构型状态，包括设备规格与系统编号（U 号）信息。物理架构最终的设备选用及系统编号信息应与系统视图保持一致，体现了从系统视图到物理架构上层级的一致性和系统编号的消耗性。

通信流分为三级：子系统级、系统级、跨系统级。

子系统级通信流是指子系统内部设备之间的通信关系；系统级通信流是指系统内子系统之间的通信关系；跨系统级通信流指 ATA 系统之间的通信关系。

子系统级和系统级通信流关系由系统设计师负责协调定义，跨系统级通信流关系由系统总体协同相关系统设计师共同协调定义。当出现跨系统的通信需求时，各系统设计师向系统总体负责人开展通信需求反馈，由系统总体负责人将各系统内部通信需求完成"桥接"并审查最终设计结果，如图 7-5 所示。

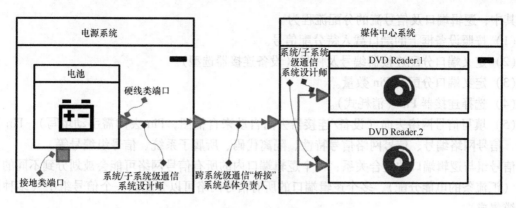

图 7-5 物理架构视图的业务逻辑

7.3.3 物理架构的设计元素

（1）架构设备：设备名称、设备规格编码、设备系统编号（U 号）、设备参考及实例描述等。

（2）物理通信端口：架构设备下的端口模型特征，用于表达设备对外的抽象通信端口，包括名称（编号规则按照通信名称类型—流水号形式）、类型（规则采用单一层级，在类型的实例属性上定义信号名称）。

（3）架构通信流（类型）：架构设备之间的连接模型特征，用于表达设备之间的抽象通信关系，包括通信源信息与通信目的（通信传输了什么信息）。

（4）架构总线：以图框的方式构建，总线内容包括名称、类型、通信与带宽等总线参数。

（5）设备接口控制文档（ICD）：架构设备下的固有参数特性，用于表达设备实际的物理接口形式与接口特性，如设备端连接器及其内部的针脚电学特性。其中包括机械连接、气流与液流的 ICD，并以通信端口形式来表达。

（6）设备通信 ICD：架构设备下的实例参数特性，基于设备接口控制文档信息表达设备实际的物理通信去向及其参数，如设备端电信号的去向及其电学特性。其中包括通信回路编号、电学特性等参数。

7.3.4 物理架构与 EICD 的集成设计与验证

1. 电气硬线类总线端口的物理分配及信号流的定义

电气端口硬线类 EICD 针脚（Pin）分配举例见表 7-2。

表 7-2 电气端口硬线类 EICD 针脚（Pin）分配举例

电气端口	连接器编号	连接器件号	Pin数量	Pin号	Pin信号特性	Net编号	Net Group编号	Net ATA	设备去向	连接器去向	Pin去向	隔离代码	信号特性
Port1	U－291－X1	CON－1	2	32	+18V	1011	101	29－11－00	U－29A	X1	2	DC	a 供电
				33	GND	1012	101	29－11－00			1	DC	a 回电
Port2	U－291－X1		1	53	SR_x	1013	101	29－11－00			4	S	x 监测
Port3	U－291－X1		1	2	SR_y	1014	101	29－11－00			3	S	y 反馈
Port4	U－291－X2	CON－2	2	c	+18V	1018	101	29－12－00	U－24A、U－282	X6、X2	b、3	N	并联 1
				b	+18V	1017	101	29－12－00	U－24A、U－282	X6、X2	a、2	N	并联 2
Port5	U－291－X2		2	j	+18V	1024	102	29－12－00	U－24B	X5	12	DC	独立 1
				h	+18V	1023	102	29－12－00			11	DC	独立 2

其中，逻辑端口及信号流的分配流程为

（1）按照设备框上的端口载入待分配信号。

（2）定义端口分配连接器编号及件号（设备连接器选型）。

（3）定义端口分配的 Pin 数量。

（4）选择连接器 Pin（消耗式）。

（5）填写信号网络去向（设备/连接器去向自动来自框图，Pin 去向需手动填写）、Pin 信号特性、信号网络编号、信号网络信号特性、隔离代码、所属子系统、信号组编号等。

信号组与逻辑端口的集合关系：一个逻辑端口内的所有信号网络可能会被划分到不同的信号组中（汇流条的电能分配），多个逻辑端口的所有信号网络可以分配到一个信号组中（多种信号的成缆集成）。

2. CAN 总线架构的设计

CAN 总线物理架构的表达方式如图 7-6 所示。

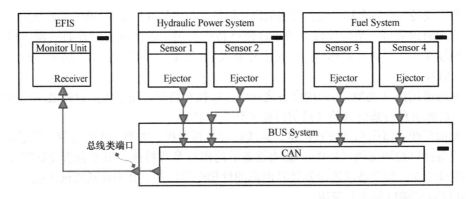

图 7-6　CAN 总线物理架构的一种表达方式

CAN 总线单元在物理架构中设置为专门的 Bus bar 类型，表达为逻辑框的形式，CAN 网络中各个节点设备通过 CAN 总线类端口与之形成连接。在 EICD 详细设计时，应识别出 CAN 总线端口，给出 CAN 总线专用的格式，定义详细通信回路。

逻辑端口 CAN 总线类的 EICD 针脚（Pin）分配见表 7-3。

表 7-3　逻辑端口 CAN 总线类 EICD 针脚（Pin）分配

逻辑端口	连接器编号	连接器件号	Pin 数量	Pin 号	Pin 信号特性	Net 编号	Net Group 编号	Net ATA	设备去向	连接器去向	Pin 去向	隔离代码	信号特性
Port1	U–231–X1	CON–A	2	1	HI	1011	101	23–10–00	U–23A	X1	1	S	采集 H
				2	LI	1012	101	23–10–00			2	S	采集 L
Port2	U–231–X2	CON–B	2	1	HO	1011	101	23–10–00	U–23A	X1	1	S	控制 H
				2	LO	1012	101	23–10–00			2	S	控制 L
Port3	U–231–X3	CON–C	2	1	HO	1011	101	23–10–00	U–23B	X1	1	S	检测 H
				2	LO	1012	101	23–10–00			2	S	检测 L

其中，逻辑端口及信号流的分配流程形式与硬线类基本相同，物理架构中同一个 CAN 网络的连接器接口类型与接线形式保持相同；处于一个 CAN 网络中仅包括一组通信信号组（Net Group）连通所有的网络元件；不同网络元件的通信内容标记在信号特性中。

3. 物理架构设计验证

完整性检查内容如下：

（1）框图系统/子系统/设备的命名规范检查。

（2）通信端口/通信流的命名规范检查。

（3）通信流完整性检查。

（4）EICD 填写完整性检查。

设计一致性检查内容如下：

（1）端口分配的一致性检查。

（2）通信的一致性检查。

基于选取的子系统设备，查看设备 EICD 中设计信息并进行如下判断：

（1）判断所有信号网络去向对侧设备的连接器/针脚是否存在。

（2）判断所有信号网络去向对侧的针脚信号特性值与本侧针脚信号特性值是否满足命名规范。

（3）判断两侧信号组的分组是否一致。

7.3.5　物理架构有效定义的标准

框图数据结构标准：数据结构满足飞机 – ATA00 – ATA00 – 11 – 22 – U – 001 的构型要求。

框图绘制标准如下：

（1）设备连接器接口选型定义完整，并属于标准件库可用的范围。

（2）通信端口及通信流的类型完整，去向完整，流连接的终端端口内的信号名称满足命名规范。

信号流分配结果标准：所有逻辑端口均有连接器选型及针脚分配，信号网络去向清晰且完整，信号网络的信号特性定义满足设计命名规范。

EICD 两侧的去向关系标准如下：

（1）连接器/针脚定义完整。

（2）针脚与通信流的信号特性值满足命名规范。

（3）信号组在通信流终端的分组与编号一致。

7.4　电原理图设计

电原理图的设计流程如图 7-7 所示。

在技术设计阶段（C），电气线路设计师基于物理架构构建出电原理图、电气接线图的逻辑数据结构，进行任务与构型分配后便可开始电原理图设计工作。

早期可开展电原理图打样工作，数据来自于物理架构的 EICD 打样信息，故需要对其质量和完整性进行分析，使之满足打样/详细设计数据同步的要求。在电原理结构中，对同步的信号组开展分页分析并绘制初样电原理图。查看并判定电原理图的分页内容的语义合理性，以及绘制回路是否满足设计要求，如出现不满足回路设计要求的情况，需向物理架构设计人员提请设计变更要求，更改物理架构选型或接口设计。

满足回路设计要求的电原理图打样可根据物理架构更新后的详细 EICD 来更新完成详细电原理图的设计，使所有设备参数/接口和信号参数以及去向更新至最终设计状态。最后开展详细电原理图方案评审，评审通过后完成发图设计。

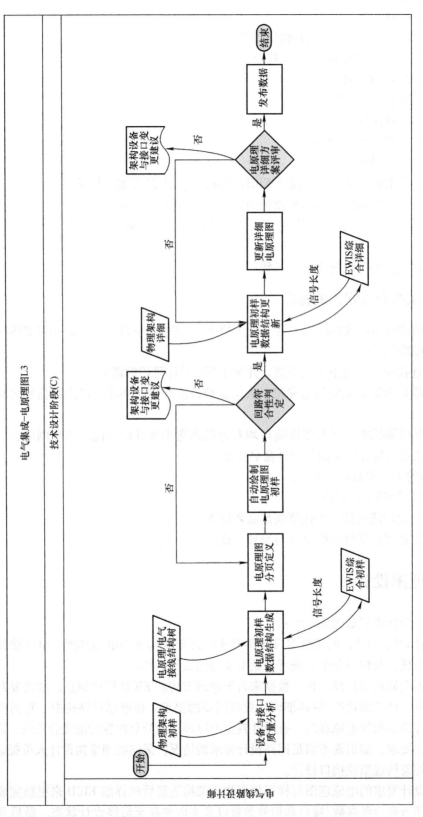

图 7-7　电原理图设计流程

图 7-8 给出了电原理图数据结构与样式。

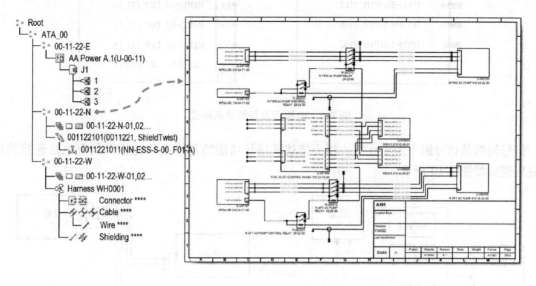

图 7-8　电原理图样例

7.4.1　电原理图的设计要素

电原理图的模型元素包含如下内容：

1. 电原理图图集（Layout）/**图纸**（Sheet）/**视图**（View）

电原理图图集包含所描述子系统中的所有电原理图图面信息，图面信息援引了来自相关 ATA 系统设备节点下的设备对象，以及当前子系统→电原理图节点下的所有信号组与信号网络信息，确保读图人能准确、完整辨识电原理系统的回路功能。

为了直观显示电原理图图面的回路信息，以及为后续电气接线图设计迭代提供有效参考，电原理图的布局有如下设计规范：

（1）电原理图分页原则主要依据信号组的回路功能属性划分，使每一页视图中显示较为完整的系统回路功能。信号网络连线在图面尽可能水平展开，且信号流向关系清晰明确。

（2）应基于尽可能避免连线交叉的原则，图纸设备的位置要基于其物理设备在飞机上的安装位置进行布置，具体为：①位于飞机航向相对前方的设备放置在视图左侧；②位于飞机航向相对左侧的设备放置在视图左侧。

2. 电原理设备

电原理设备来自于各系统物理架构模型中定义的设备。当完成整机的详细定义后，得到的设备具有详细连接器接口构成和针脚定义，相比物理架构设备仅具有名称及通信逻辑端口来说更为详细。

在电原理图中，设备根据回路的表达，以完整或局部共享的形式摆放在图纸中，如图 7-9 所示。

3. 信号组与信号网络

信号组与信号网络是表达回路连接与信息的基本单元，其中信号组是信号网络的集合对象，来自于系统架构模型或 EICD 中的信号流定义，其代表了架构中某个功能下的一个同类信号整

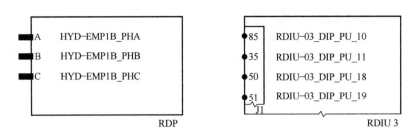

图 7-9　电原理设备的显示样式

体。信号网络是信号组下的子元素，用于描述该信号功能的具体电学特性以及等电位连接关系，其底层逻辑如图 7-10 所示。

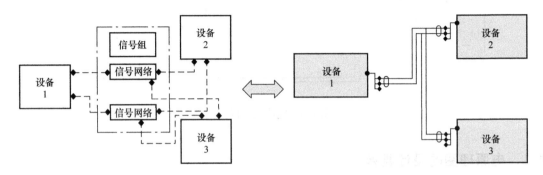

图 7-10　系统设备、信号组、信号网络的逻辑关系（左）与图纸表达（右）

系统设备、信号组、信号网络之间存在如下设计规范：

（1）所有信号网络必须有信号组作为父级。

（2）信号组下的所有信号必须具备相同的网络终端。

（3）信号的网络终端只能与系统设备的针脚相连，不连接其他类型的线束组件。

4. 电原理接地装置

在电原理图中，需要基于回路特性表达出回路的基本接地情况，将早期接地定义为设备，不考虑具体的线束组件实现方式，在图面上使用规范的接地符号（回路地、机架地）来表达。

5. 电原理图设计主要过程

电原理图打样阶段（C）设计来自于物理架构的硬件及电信号连接定义，设计师根据系统的方案开展如下工作：

（1）进行电原理图与电气接线图的系统/子系统构型结构分配。

（2）进行电原理图设备初始定义选型与符号绘制，定义准确的硬件系统代号与数量，完成设备端连接器初步选型。

（3）根据物理架构电信号连接的去向与类型，结合初选设备接口类型预定义电原理信号组的数量及电学特性。基于经验与假设，初步分配连接器针脚，完成电原理信号组的连接占位。

详细电原理图阶段（S）设计是对电原理图打样的进一步完善，当各系统陆续完成其详细成品设计选型，以及详细 EICD 定义后，设计师即可开展对电原理图打样的更新，具体包括如下工作：

（1）基于相同系统代号，在物理架构的硬件信息中更新电原理图设备参数与接口信息，得到详细设备端连接器型号，以及针脚的信号输入输出特性。

（2）检查更新设备与原有初步电原理信号的一致性。

（3）依据检查结果更新电原理信号的连接关系以及特性参数，完成详细电原理图设计。

7.4.2　物理架构到电原理图设计的自动化

基于 MBSE 思想与业务规则，能够实现从物理架构到电原理图的自动选型与信号生成。电原理图自动化设计分为硬线/RS485 总线/RS422 总线与 CAN 总线两个场景。

1. 硬线/RS485 总线/RS422 总线场景

硬线/RS485 总线/RS422 总线场景从物理架构到电原理图的实现逻辑如图 7-11 所示。具体映射规则如下：

（1）框图设备与电原理图设备存在一一映射关系。

（2）框图信号流与电原理图信号组的连接关系一一映射。

（3）基于连接关系，框图设备 EICD 与电原理图信号网络一一映射。

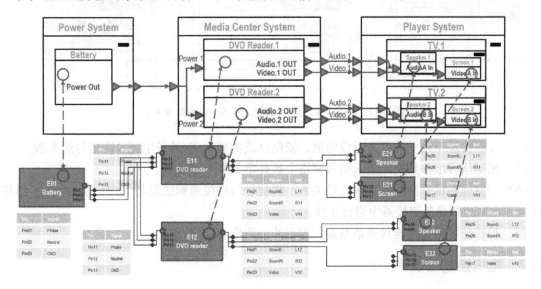

图 7-11　物理架构与电原理图的硬线/RS485 总线/RS422 总线实现关系

电原理图（硬线/RS485 总线/RS422 总线）自动生成流程如下：

（1）检索物理架构与电原理图设计结构中的设备（不含总线）的映射关系，校核一致性。

（2）读取物理架构中硬件 EICD，并依据规则生成/校核电原理图设备的连接器端口参数。

（3）生成电原理图信号组/信号网络。

（4）映射输入条件：①确定硬件 EICD 的针脚信号特性值；②过滤出类型为电气硬线类型的信号，分析其连接关系，用于定义信号组；③依据 EICD 详细设计的映射模型，与信号组连接信息，建立信号网络的连接并赋电气参数值。

2. CAN 总线场景

CAN 总线场景从物理架构到电原理图的实现逻辑如图 7-12 所示。具体映射规则如下：

（1）框图设备（非总线）与电原理图设备存在一一映射关系。

（2）总线图框与电原理图信号组根据类型一一映射。

（3）框图信号流设备端连接关系与信号组中内含的信号网络连接关系一致。

电原理图（CAN 总线）自动生成流程如下：

（1）检索物理架构与电原理图设计结构中的设备（不含总线）的映射关系，校核一致性。

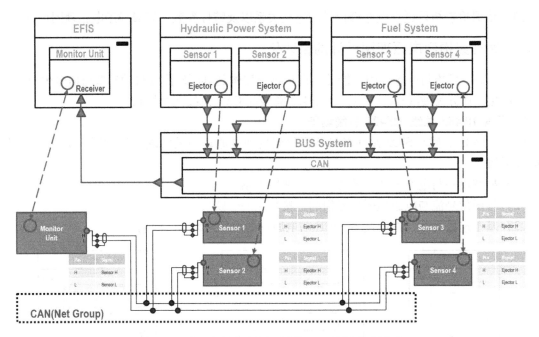

图 7-12　物理架构与电原理图的 CAN 总线实现关系

（2）读取物理架构中类型为总线的框，依据总线类型生成/校核电原理图信号组参数。

（3）根据信号组参数决定生成信号网络个数并定义其类型参数。

（4）根据框图信号流的设备端连接关系，将信号网络按照框图设备 EICD 指定的连接器和针脚序列在电原理图设备连接器中进行连接。

（5）校核信号网络的连接关系及参数内容的一致性。

7.4.3　电气接线图设计

电气接线图设计流程如图 7-13 所示。

电气接线图设计流程主要包括如下内容：

（1）基于 EWIS 综合方案与电原理图的选型信息生成电气接线图连接器类组件的逻辑结构，并开展数据质量的检查。

（2）基于 EWIS 综合方案与电原理图的选型信息生成电气接线图电缆（Cable）与导线（Wire）类组件的逻辑结构，并开展数据质量的检查。

（3）基于电原理图布局，绘制电气接线图并检查图纸绘制质量。

（4）完成发图。

图 7-14 所示为电气接线图数据结构与样例。

7.4.4　电气接线图组件的逻辑结构

电气接线图组件生成时应确保正确的系统结构划分并满足电气接线图的构型要求，组件信息来源如下：

（1）电原理图中的预定义组件信息。

（2）EWIS 综合中分析出的组件信息（EWIS 综合的内容详见第 8 章）。

电气接线图组件生成见表 7-4。

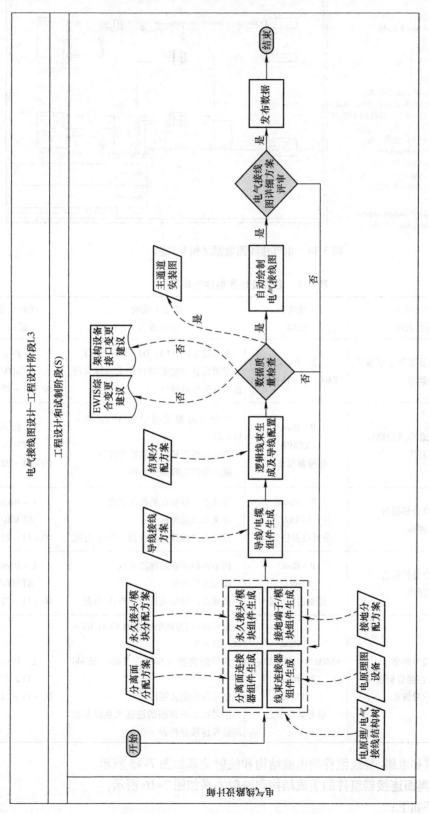

图 7-13　电气接线图设计流程

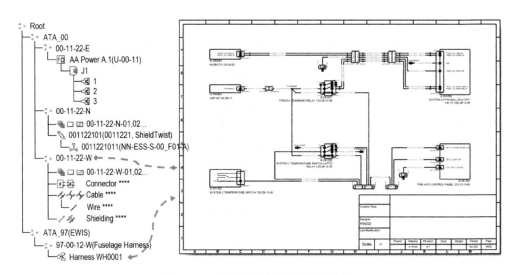

图 7-14　电气接线图数据结构与样例

表 7-4　电气接线图组件生成表

生成组件 类型	生成组件 信息来源	信息来源 结构	满足生成的 必要条件	组件生成 结构
线束端 连接器	逻辑设备及其连接器端口 逻辑连接器库	L－Root/ ATA00：00－11－22－E	逻辑设备的 ATA：00－11－22－E 逻辑设备连接器端口定义的线束端 连接器的推荐件号	L－Root/ ATA00/ 00－11－22－W
分离面 连接器	主通道概念分离面模型 逻辑连接器库	P－Root/ ATA97 信号敷设节点	概念分离面模型中的 ATA：00－ 11－22 概念分离面模型中的推荐件号 概念分离面模型的坐标	L－Root/ ATA00/ 00－11－22－W
永久接 头/接线 端子	EWIS 综合分析报告 逻辑连接器库	P－Root/ ATA97/ 分叉点占位节点	分叉点占位所在的部段节点 分叉点占位坐标 分叉点占位选型及针脚（Pin）分配	L－Root/ ATA00/ 00－11－22－W
接地桩/ 接地端子	EWIS 综合分析报告 逻辑连接器库	P－Root/ ATA97/ 接地占位节点	接地占位所在的部段节点 接地占位坐标 接地占位选型及针脚（Pin）分配	L－Root/ ATA00/ 00－11－22－W
电缆/ 导线	信号组/信号网络 物理信号连接分析表 逻辑电缆/导线库	L－Root/ ATA00/00－11－22－E P－Root/ ATA97/ 信号敷设节点	信号组/信号网络所在的 ATA：00－ 11－22－N 信号组类型（Single、Twist、Shield …） 信号的预定义零件码 信号在电原理图的连接关系以及物 理信号连接分析表	L－Root/ ATA00/ 00－11－22－W

线束端连接器和电缆/导线组件的生成结构和映射关系如图 7-15 所示。

永久接头/分离面连接器组件的生成结构和映射关系如图 7-16 所示。

组件生成顺序如下：

（1）基于电原理设备生成线束端连接器。

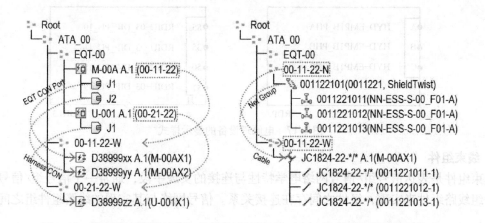

图 7-15　线束端连接器（左）与电缆/导线组件（右）的生成结构和映射关系

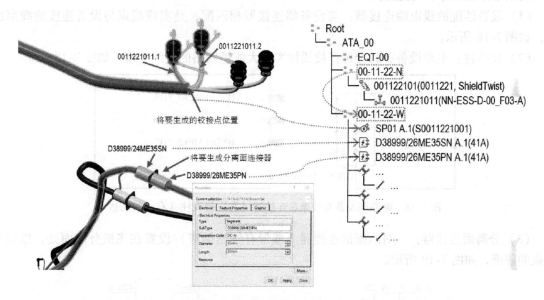

图 7-16　永久接头/分离面连接器组件的生成结构和映射关系

（2）基于 EWIS 综合分析报告，生成分离面组件。

（3）基于 EWIS 综合分析报告，生成永久接头/接线端子组件。

（4）基于 EWIS 综合分析报告，生成接地桩/接地端子组件。

（5）基于 EWIS 综合分析报告，结合信号组/信号网络线路属性、设备连接信息生成电缆/导线组件，并完成与连接器/永久接头/分离面组件等的连接。

7.4.5　电气接线图的设计要素

电气接线图模型元素主要包含内容如下：

1. 电气接线图图集（Layout）/图纸（Sheet）/视图（View）

电气接线图图集包含所描述子系统中的所有电气接线图图面信息，电气接线图的设备布局可以与主要连接走向与其对应子系统的电原理图一致，并基于此布局增加图面的线路组件信息。

2. 电原理设备

电气接线图中的设备继承自电原理图，设备根据回路的表达，以完整或局部共享的形式摆放在图纸中，如图 7-17 所示。

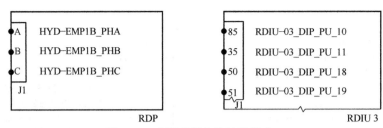

图 7-17　电原理设备的显示样式

3. 线束组件

线束组件是表达信号组/信号网络电学特性与连接的实现手段，通常一个信号组/信号网络会通过一组线路组件来实现，组件之间存在连接关系。信号网络与其实现的线路组件组之间存在追溯关系。

线束组件主要有下列类型：

（1）设备匹配的线束端连接器：与设备端连接器相匹配，是实现线束与设备连接的线束组件，如图 7-18 所示。

（2）接线柱：电源设备有时会选择接线柱实现大能量回路的接线实现，如图 7-18 所示。

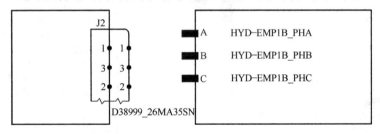

图 7-18　电原理设备与线束端连接器（左）接线柱（右）的表达

（3）分离面连接器：一对匹配的连接器（或带有气密插座）设置在飞机分离面处，以实现线束的隔断，如图 7-19 所示。

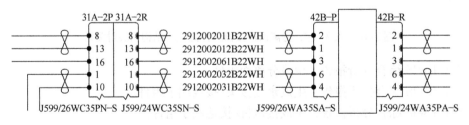

图 7-19　普通分离面（左）与带气密插座的分离面（右）的表达

（4）接地端子：接地螺栓类线束组件，如图 7-20 所示。

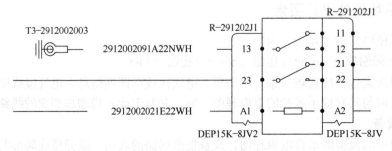

图 7-20　接地端子的表达

（5）接线端子：用于分线集成、接地集成与测试端接用途的线束组件，如图 7-21 所示。

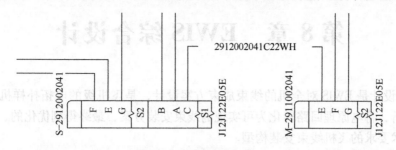

图 7-21　接线端子的表达

（6）永久接头：用于导线分线的固定接头，接线工艺置于线束中的线束组件，如图 7-22 所示。

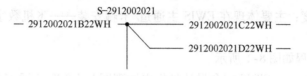

图 7-22　永久接头的表达

（7）导线与电缆：分为单芯导线、多芯电缆和同轴电缆，其中多芯电缆按照用途分为屏蔽电缆、扭绞电缆和屏蔽扭绞电缆，如图 7-23 所示。

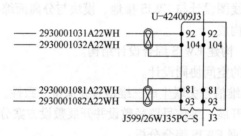

图 7-23　电缆屏蔽与扭绞的表达

4. 逻辑线束分配节点

线束分配节点能够将线路组件进行分组设计，通过设计规则对线路信息进行区域或线束的划分，使之能够准确反映电气接线图中各回路组件的分组关系，并能够实现准确向下传递。

第 8 章　EWIS 综合设计

EWIS 综合设计是 EWIS 对全机的线束成束方案设计，是飞机级的电拓扑样机应用。目的是通过权衡与分析，将电原理回路转化为可实现的线束安装方案，最终得到优化的、有效的且满足制造与总装技术要求的飞机线束安装构型。

EWIS 综合设计围绕飞机级 EWIS 主通道数字样机，在系统追溯和协调两个维度开展综合，其中：

（1）系统追溯维度：主要体现为电原理图/电气接线图——EWIS 主通道的设计集成与交互迭代工作。

（2）系统协调维度：主要体现在 EWIS 主通道/卡箍安装——飞机数字样机的空间安装协调工作。

EWIS 综合设计流程如图 8-1 所示。

在技术设计阶段（C），EWIS 综合设计是将电原理图与 EWIS 主通道相结合，形成 EWIS 综合初步设计结果的过程。

电原理图的设备与信号设计信息在三维物理样机中完成布置、连接与布线工作，形成一体化的拓扑网络，标志着 EWIS 综合初步设计工作的形成。对拓扑网络进行组件与信号相关分析，并得出结果，作为后续电气接线图设计与 EWIS 接地、模块与分离面综合设计的输入。

该过程主要由如下环节构成：

（1）基于一/二级样机，构建 EWIS 综合设计结构。

（2）进行 EWIS 主通道的空间协同设计。

（3）基于电原理图的二维信号关联生成三维信号并保持一致性。

（4）基于 EWIS 主通道开展三维信号路径敷设并开展敷设方案分析。

（5）对信号敷设方案开展 EWIS 综合分析。

（6）基于三维信号开展预成束设计并开展预成束方案评审。

（7）完成 EWIS 综合设计及预成束方案。

8.1　飞机的系统占位样机

飞机的系统占位是飞机总体设计与协调的一部分（一级样机），由总负责人牵头，各系统专业分工协同工作。系统占位是 EWIS 综合设计的主要设计输入之一。随着系统复杂程度提升与 EWIS 规模的增大，EWIS 与总体空间占位之间的协同工作非常重要，应在确保 EWIS 规划、设计、安装的各个阶段，使总体方案达到最优。总体设计涉及与 EWIS 设计相关的主要内容有：

（1）飞机空间占位。

（2）飞机系统及设备占位。

（3）飞机结构及通道卡箍安装占位。

（4）EWIS 主通道。

（5）EWIS 综合设计空间占位。

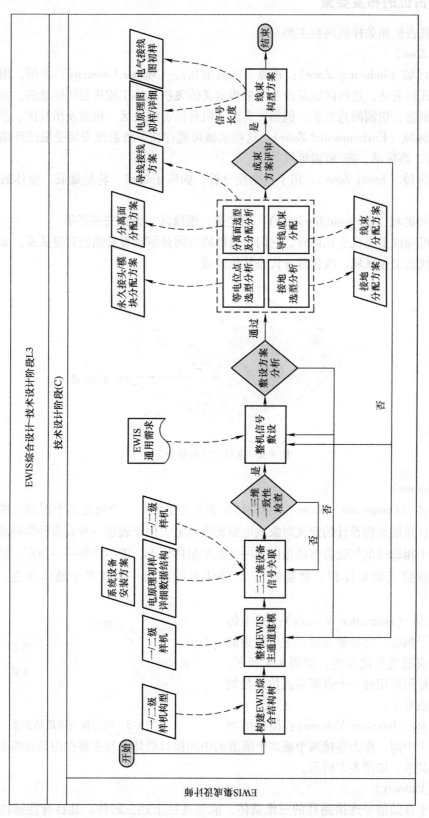

图 8-1 EWIS 综合设计流程

8.1.1 系统占位的布置要素

飞机及系统占位相关样机内容主要有

1. 区域（Zone）

（1）工业区域（Industrial Zone）：来源于飞机主几何（Master Geometry）外形，用于定义飞机空间分解的几何表达，这些区域是由总体架构定义的飞机总体工程规划所驱动的，该规划规定了飞机所需的制造、切割的总方案，例如机头区、机身区、尾段区、机翼及吊挂区、油箱区等。

（2）环境区域（Environmental Zone），这些区域可能存在导致系统安装受限的环境特性，如高/低压、雷击、高振动、高/低温区域等。

（3）安全区域（Safety Zone），用于安全性分析，如转子爆破、轮胎爆破、整体破裂、碎片摄入等。

（4）无障碍区域（Accessibility Zone），如走道、维修区、设备安装区等。

这些区域可能位于飞机主几何外，它们与飞机的空间分解没有必然的对应关系，如图 8-2 所示，深色部分代表工业区域，浅色部分代表其他区域。

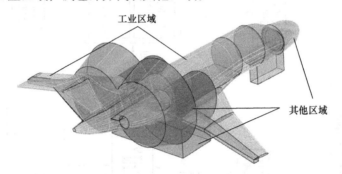

图 8-2 飞机的区域划分

2. 体（Volume）

（1）组件体（Component Volume）：组件体能够表达系统中一个或者多个逻辑组件设备，逻辑组件可以产自顶层架构设计的定义对象或电原理图对象，用于表达一种或多种学科属性。例如在系统中若干个相邻的电气设备可以指向到一个大的组件体上，而不需要一一指定。组件体能够声明三维相关参数（例如体积、重量等）。组件体有能力与一个或多个通道相连，如图 8-3 所示。

（2）派生体（Derivation Volume）：派生体不与通道的主干相连，它通常布置在主干通道的一侧并通过分支通道与之相连，如图 8-4 所示。其主要的目的是用来切分一个带有多点位连接的信号到若干子信号上。

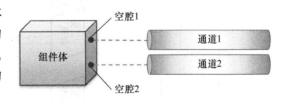

图 8-3 组件体与通道的关系

（3）接口体（Interface Volume）：接口体布置于通道的主干中间，作为连接两个或多个通道的中间接口载体。其主要作用是在两个工业区域之间表达分离关系，如图 8-5 所示。

3. 通道（Pathway）

通道是用于存储信号连接路径的三维载体，能够连接上述三种体。其自身能够构建分支连接，并能定义其隔离类型。

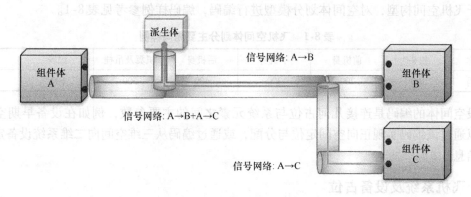

图 8-4　派生体与通道的关系

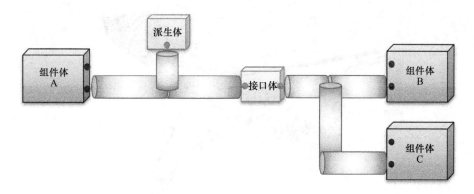

图 8-5　接口体与通道的关系

8.1.2　飞机空间占位

　　飞机空间占位是 EWIS 主通道设计的协调要素之一，其基于飞机主几何外形开展，同时参考飞机主承力结构、部段工艺规划、舱室规划与系统占位，将主几何外形进行空间规划。通过对主几何表面进行提取、分割、包络等处理手段，得到部段工业区域。飞机主几何外形与空间占位如图 8-6 所示。

　　飞机部段级的区域划分界面即为飞机的装配分离面，是未来各系统与 EWIS 开展详细分离面设计的空间参考。

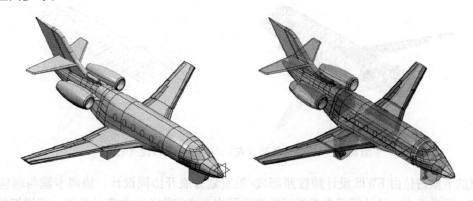

图 8-6　飞机主几何外形（左）与空间占位（右）

基于飞机空间构型，对空间体划分模型进行编码，编码样例参考见表8-1。

表 8-1　飞机空间体划分主要编码样例

部段名称	机头	前机身	中机身	后机身	机翼及吊挂	尾段	油箱
空间编码	100	200	300	400	500	600	700

部段空间体的编码是连接几何占位与系统元素之间的主要参数，例如在设备早期空间布局中，可以通过该编码实现正向空间定位与分配，或通过编码从三维空间向二维系统设备定义中反馈相应信息。

8.1.3　飞机系统及设备占位

飞机系统及设备占位是 EWIS 主通道设计的协调要素之一，如图8-7所示。

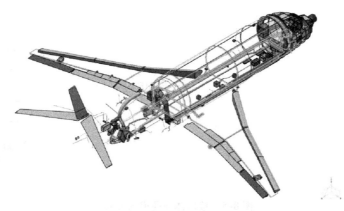

图 8-7　飞机的系统占位样机

系统及设备占位工作由各系统负责早期的占位设计。在 EWIS 流程中，占位布置的三维设备需要与物理架构和电原理图设计中的二维设备建立准确的映射关系，设备连接器端口名称应保持一致，作为后续流程实现信号同步与线束组件安装的映射基础。

8.1.4　飞机结构及主通道卡箍占位

飞机结构来自于结构专业在一级样机中的设计结果。卡箍占位与 EWIS 主通道设计在样机中开展安装协调，如图8-8所示。

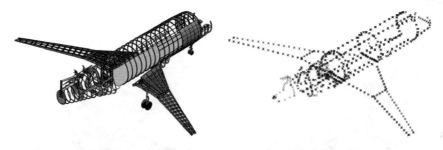

图 8-8　飞机结构骨架（左）与通道卡箍占位（右）

飞机的卡箍占位由 EWIS 设计师按照部段/舱室划分展开协同设计，协调卡箍与结构的装配关系。在一级样机中，设计师通常根据经验选取预定义卡箍作为占位零件参考，到详细的半安装图设计阶段的替换成具体选型的卡箍标准件。

8.1.5 EWIS 主通道

EWIS 主通道属于 EWIS 的设计要素，如图 8-9 所示。其属于多学科系统占位下电气类型的通道拓扑几何，是飞机系统占位的一部分。主通道是飞机所有早期电信号、电气接线图信号、线束信号的路径建模与分析载体。

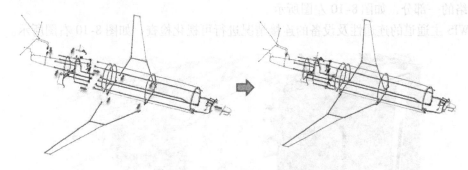

图 8-9 EWIS 主通道的框架结构

EWIS 主通道的建模主要规范有

（1）基于部段占位空间、部段分离面，及各系统与结构协调约束构建主通道的部段通道框架，部段通道框架的界面划分满足未来线束的安装工艺划分要求，部段通道框架的建模作为分离面通道连接的几何基准。

（2）基于部段分离面的几何特征，设计 EWIS 主通道的概念分离面，将概念分离面连通主通道框架模块，形成一个完整互通的网络。

（3）主通道建模应按照隔离要求进行分类，主要有功能余度隔离与电磁兼容隔离。

（4）主通道建模应考虑线束的维修/安装要求，通道路径应避免不可安装区域，在必要处设置维修/安装分离面。

EWIS 主通道的设计迭代周期贯穿方案论证阶段（F）与技术设计阶段（C），其规模与精度随设计阶段的进度不断完善。

方案论证阶段（F）的协调工作发生在一级样机内，协调工作包括：

（1）根据飞机的部段占位、舱室规划和主承力结构骨架布置情况，开展主通道部段级框架的空间协调。

（2）根据飞机卡箍占位模型，交互协调主通道与卡箍占位安装点的位置关系（弱关联）。

（3）根据飞机环境占位、安全占位与无障碍区域占位，开展主通道的部段级框架的空间干涉协调。

（4）根据飞机各系统的设备占位位置，开展主通道枝干部分的走向与路径方案协调。

（5）根据飞机各系统的占位设计（如液压管路），开展主通道空间干涉协调。

技术设计阶段（C）的协调工作发生在二级样机内，各个协调要素发生相应的演化，具体包括：

（1）飞机主承力结构（一级样机）到详细承力结构及安装结构（二级样机）。

（2）飞机卡箍占位（一级样机）到详细卡箍选型与安装（二级样机）。

（3）飞机系统及设备占位（一级样机）到飞机详细系统安装与设备安装（二级样机）。

在样机换号后，EWIS 的协调工作主要是基于原有方案的细化调整，包括：

（1）根据飞机卡箍详细模型，协调主通道与卡箍组件的位置关系（安装关联）。

（2）根据飞机各系统的详细设备装配位置，开展主通道空间的干涉协调。

8.1.6　设备安装图与主通道的关联

根据设备安装图输出信号的隔离代码对其进行归类分析，判断设备将要连接在哪种类型的 EWIS 主通道上，从而完成设备的连接。完成连接后的设备即接入到了 EWIS 主通道，成为全机级拓扑网络的一部分，如图 8-10 左图所示。

对 EWIS 主通道的连通性及设备的连接情况进行可视化检查，如图 8-10 右图所示。

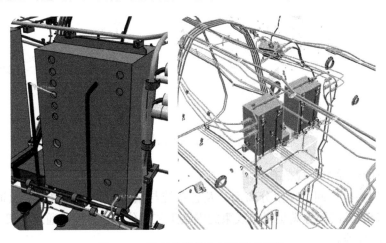

图 8-10　设备连接及主通道的连通性

8.1.7　EWIS 综合设计的空间占位

在主通道设计的同时开展综合设计的空间占位工作。EWIS 综合设计的空间占位属于 EWIS 的设计要素。EWIS 综合设计的空间占位主要应用于等电位综合与接地综合的模块化方案布置。在设计早期进行等电位模块与接地区域的空间预留设计，如图 8-11 所示。

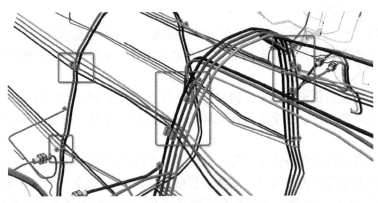

图 8-11　EWIS 综合设计的空间占位

8.2　基于电原理图的信号敷设与分析

物理信号是电原理图信号网络（Net）在 EWIS 综合样机中的三维状态。信号的物理实现依据电原理图的 ATA 章节在物理层划分的结构，即按照 Signal Root/ATA00/00 – 11 – 22 的结构展开，与电原理图保持一致。

物理信号生成的前提条件有

（1）存在相对应的物理层信号存储节点。

（2）电原理图（打样）的信号网络已连接。

（3）三维设备（占位）存在布置且与电原理图设备关联。

基于电原理图打样的信号网络定义，并结合样机的设备占位，生成信号网络的物理状态，包括物理信号网络的从到关系（设备级）与用于布线的信号网络参数（线型、线规、线径、隔离代码等）。

规定对于电原理图中连接点多于 2 的信号网络，在生成物理信号过程中应进行等效构造，如图 8-12 所示。

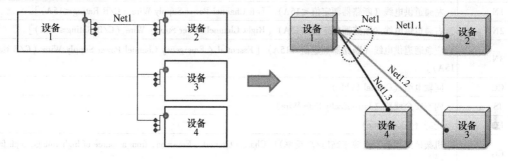

图 8-12　多个等电位三维信号的转化

8.2.1　信号的隔离代码

信号的隔离代码定义于物理架构的 EICD 阶段。以民用飞机通用隔离要求为例[13]，隔离代码分为五个类别。

1. 独立电源代码（Independent Power Source Code）

独立飞机电源是指整机或主要子系统使用的综合电源。飞机上电源种类不同，有主电源、辅助电源、应急电源、外接电源等，为了保证单个电源电路的故障不会引起多重的电源故障，每个电源都必须保证独立性，各独立电源不得共用同一接地端。表 8-2 显示了独立电源代码分类及定义。

表 8-2　独立电源代码分类及定义

独立电源代码	定义
1G	左发电机馈线（Left Generator Feeder）
1E	左发电机励磁线（Left Generator Excitation）
2G	右发电机馈线（Right Generator Feeder）
2E	右发电机励磁线（Right Generator Excitation）
3G	APU 发电机馈线（APU Generator Feeder）
3E	APU 发电机励磁线（APU Generator Excitation）
4G	外电源馈线（External Power Feeder）
5G	冲压空气涡轮馈线（RAT Feeder）
5E	冲压空气涡轮励磁线（RAT Excitation）
6G	主蓄电池馈线（Main Battery Feeder）
7G	APU 蓄电池馈线（APU Battery Feeder）

（续）

独立电源代码	定义
8G	飞控蓄电池馈线（FC Battery Feeder）
PG	永磁发电机供电线（Power Supply Wire from PMG）
PP	主供电线用于配电盘之间互联（Primary Power Supply Wire used for Interconnection between Distribution Panels）
1P	左通道供电线（断路器额定值 > 15A）[Left Channel Power Supply Wire（C/B Rating > 15A）]
2P	右通道供电线（断路器额定值 > 15A）[Right Channel Power Supply Wire（C/B Rating > 15A）]
3P	应急通道供电线（断路器额定值 > 15A）[Essential/Emergency Channel Power Supply Wire（C/B Rating > 15A）]
4P	APU 启动供电线（APU Start Power Supply Wire）
1N	左通道供电线（断路器额定值 ≤ 15A）[Left Channel Power Supply Wire（C/B Rating ≤ 15A）]
2N	右通道供电线（断路器额定值 ≤ 15A）[Right Channel Power Supply Wire（C/B Rating ≤ 15A）]
3N	应急通道供电线（断路器额定值 ≤ 15A）[Essential / Emergency Channel Power Supply Wire（C/B Rating ≤ 15A）]
CC	同轴电缆（Coaxial Cable）
IS	固有安全线路（Intrinsically Safe Wire）
FO	光纤（Fiber Optic）
CG	机架地（发射，来源于高压/高频率）[Chassis Ground（Emission, from a source of high voltage/high frequency）]
NN	非馈线/非供电线/非同轴电缆/非固有安全线路/非光纤/非机架地（Non Feeder/Non Power Supply/ Non Coaxial Cable/ Non Intrinsically Safe Wire/ Non FO/ Non CG） 开关电路，直流或二次交流电源（按 CDS2036）[Switching circuits – DC or secondary power AC（per CDS2036）] 直流参考，直流二次电源（经过滤波器的）（按 CDS2036）[DC reference, DC secondary power（filtered）（per CDS2036）]

2. 布线代码（Routing Code）

电缆的布线分为三类，即电传飞控系统线路、重要线路和非重要线路。重要线路是那些型号合格审定规章和运行规章所要求的线路，包括所有的技术性线路，如旅客广播、氧气面罩、应急照明等；非重要线路包括商用性线路，如旅客服务装置、机载娱乐装置等。重要线路和非重要线路必须隔离以避免交付后由于改装产生的故障。表 8-3 显示了敷设代码分类及定义。

表 8-3　敷设代码分类及定义

敷设代码	定义
EFC	电传飞控系统线路（Fly by Wire System Wire）
ESS	重要线路（Important Wire）
NES	非重要线路（Unimportant Wire）

3. 电磁兼容代码（EMC Code）

电缆作为连接电气设备、传输信号和电能的重要载体，一般具有较长的物理距离。长距离传输中容易受到外界信号干扰，相同隔离代码的线路若能互相兼容可以被捆扎成束，不同隔离代码的线路之间应该确保不兼容线路不被捆扎在一起，且尽量满足隔离距离进行敷设，如无法保证则应采取其他措施保证安全。电磁兼容性也是决定线路分隔距离的重要因素，为了满足电磁兼容性要求，需要对线路进行归类，类型包括交流供电、直流供电、离散信号、数字信号，考虑到电磁干扰的影响，不同电源、信号类型的线路需要区别对待，设定相应的隔离距离。表 8-4 显示了电磁兼容代码分类及定义。

表 8-4　电磁兼容代码分类及定义

电磁兼容代码	定义
A	交流电功率（AC Electrical Power）
D	直流电功率（DC Electrical Power）
E	发射（Emission）
S	敏感（Sensitive）
G	一般（General）
R	射频信号（RF Signal）
X	电引爆线路（Electro Explosive Wiring）
Z	无电磁隔离要求（No EMC Separation Requirement）

4. 功能代码（Function Code）

线路的功能代码定义了导线承载的主要功能。功能代码来源于系统安全性分析，编码规范为 ATA 系统编号 + 功能编号组合，例如代码为 29_F01 含义为 ATA29 系统的 F01 功能。

5. 余度代码（Redundancy Code）

飞机设计通过多重余度保障功能可靠性，不同余度的线路需要分开布置。表 8-5 显示了余度代码分类及定义。

表 8-5　余度代码分类及定义

余度代码	定义
A	A 余度：飞机顺航向左侧
B	B 余度：飞机顺航向右侧
C	C 余度：对应独立电源代码为 3P 或 3N 的导线
D	D 余度：用于四余度系统
N	无余度要求

8.2.2　物理信号网络的敷设

基于电气隔离规则，在 EWIS 主通道上完成物理信号网络（Net）的敷设与分析工作。

为了简要阐释物理信号网络的敷设以及其分析方法，以图 8-13 中的 Net1 为例说明该过程的拓扑变换。

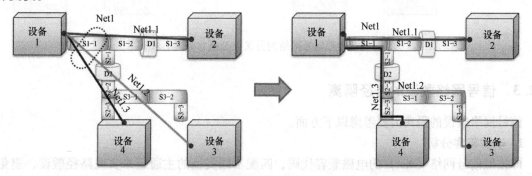

图 8-13　物理信号网络在 EWIS 主通道的布线

Net1 是一个连通四个设备等电位的信号，图 8-13 左图是 Net1 从电原理图生成的初始状态（见图 8-13）。图 8-13 右图是 Net1 在主通道中完成布线的状态，各等效的子信号连接基于隔离要求按照最短长度得到其在通道内的各自路径状态。

观察主通道模型，图 8-13 中 S1－1、S1－2…表示主通道编码，D1、D2 表示主通道的概念分离面，Net1.1、Net1.2、Net1.3 的路径状态记录见表 8-6。

表 8-6　物理信号的路径列表

Net1	经过路径							
Net1.1	EQT1	S1－1	S1－2	D1	S1－3	EQT2		
Net1.2	EQT1	S1－1	S2－1	D2	S2－2	S3－1	S3－2	S3－3	EQT3
Net1.3	EQT1	S1－1	S2－1	D2	S2－2	S2－3	EQT4		

根据各等效子信号的路径记录，可得：

Net1.1、Net1.2、Net1.3 具有的共同经过路径为 S1－1。

Net1.2、Net1.3 具有的共同经过路径为 S1－1、S2－1、S2－2。

基于这些分叉点，将 Net1 初步实现为由永久接头连接定义的回路。如图 8-14 所示，据此可求解出 Net1 通路的两个最优分叉点为

Point1（S1－1、S1－2、S2－1 的交点），位置坐标（x11，y11，z11）。

Point2（S2－2、S3－1、S2－3 的交点），位置坐标（x12，y12，z12）。

可求解出 Net1 通路经过的概念分离面为

Net1.1：D1，位置坐标（x21，y21，z21）。

Net1.2：D2，位置坐标（x22，y22，z22）。

Net1.3：D2。位置坐标（x22，y22，z22）。

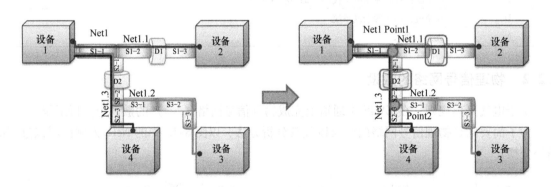

图 8-14　物理信号网络的分叉点与概念分离面求解

8.2.3　信号网络敷设的路径隔离

信号网络敷设的隔离需要考虑以下方面。

1. 电磁兼容分析

即按照信号网络（Net）的电磁兼容代码，匹配不同类型的主通道来实现路径敷设，避免电磁不兼容的信号网络被捆绑在一束通道中，表 8-7 给出了电磁兼容敷设规则样例。

表 8-7　电磁兼容敷设规则样例

通道类型	敷设模式	允许通过的信号网络类型
A – 交流	基于主通道网络	A – 交流电功率（AC Electrical Power）
D – 直流	基于主通道网络	D – 直流电功率（DC Electrical Power）
G – 普通	基于主通道网络	S – 敏感（Sensitive） G – 一般（General） Z – 无电磁隔离要求（No EMC Separation Requirement）
R – 射频	基于主通道网络	R – 射频信号（RF Signal）
E – 发射	独立路径	E – 发射（Emission）
X – 电引爆	独立路径	X – 电引爆线路（Electro Explosive Wiring）

2. 功能余度分析

图 8-15 给出了飞机的余度通道规划参考样例，四种余度在机身截面上分别按照顺航向左下、右下、右上、左上进行布置；飞机机翼上，只有前缘和后缘可供 EWIS 主通道走线，受限于空间位置，四余度通道合并为二，将 A/D 余度与 B/C 余度分为两组在机翼前后进行布置，同时左翼与右翼为了确保余度隔离的对称布线与避免交叉进行了前后相反的设置。

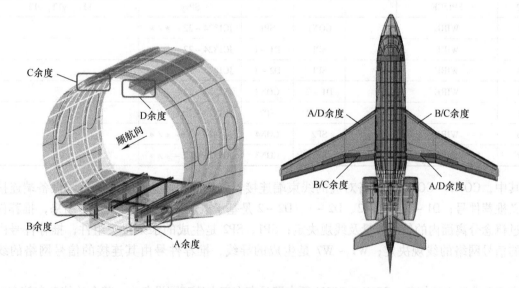

图 8-15　飞机机身与机翼通道的余度定义

在进行信号网络敷设时，不仅需要考虑单组信号网络回路的功能余度代码，还需要考虑多组相关回路功能是否满足余度要求，即使之满足该功能下的任一信号网络回路失效时，其备份余度剩下的所有回路组满足功能要求。

3. 通道的填充率计算

在满足敷设的电磁兼容与功能余度的前提下，须尽量确保主通道内敷设信号数量与截面求和均衡，首先应避免通过主通道的信号过多或者过少，其次应确保信号敷设在飞机左右通道的重量分配均衡。

在主通道设计时首先按照均衡的模式给出假定直径，待整机敷设完成后，计算通道填充率，然后对填充率过高或过低的通道进行均衡性调整。若出现局部多组通道整体过高/过低，可以增/减主通道数量以满足平衡。对于左右机身通道的配平，主要通过调整无余度要求的信号网络实现补偿，但需要兼顾避免信号网络长度过度增加的情况。

8.2.4 信号网络敷设结果分析与统计

继续上述求解，将信号网络相关的求解信息转化为初步线束组件的选型推荐信息，见表8-8。

表8-8 基于物理信号网络的线束组件生成表

名称	类型	接口	出发端	到达端	推荐件号	坐标
CON1	CONNECTOR	EQT1			D38999xx	EQT1－J1
CON2	CONNECTOR	EQT2			D38999xx	EQT2－J1
CON3	CONNECTOR	EQT3			D38999xx	EQT3－J1
CON4	CONNECTOR	EQT4			D38999xx	EQT4－J1
D1－1	CONNECTOR	D1－2			D38999xx	x21，y21，z21
D1－2	CONNECTOR	D1－1			D38999yy	x21，y21，z21
D2－1	CONNECTOR	D2－2			D38999xx	x22，y22，z22
D2－2	CONNECTOR	D2－1			D38999yy	x22，y22，z22
SP1	SPLICE				SPxx	x11，y11，z11
SP2	SPLICE				SPyy	x12，y12，z12
W1	WIRE		CON1	SP1	JC1824－22－*/*	
W2	WIRE		SP1	D1－1	JC1824－22－*/*	
W3	WIRE		SP1	D2－1	JC1824－22－*/*	
W4	WIRE		D1－2	CON2	JC1824－22－*/*	
W5	WIRE		D2－2	SP2	JC1824－22－*/*	
W6	WIRE		SP2	CON4	JC1824－22－*/*	
W7	WIRE		SP2	CON3	JC1824－22－*/*	

其中，CON1～CON4为设备对应的线束端连接器，选型的信息来自电原理图设备端连接器的定义推荐件号；D1－1、D1－2、D2－1、D2－2是基于概念分离面得到的选型结果，推荐件号由经过概念分离面内的信号数量及线规决定；SP1、SP2是生成的永久接头组件，推荐件号由其连接的信号网络的线规决定；W1～W7是生成的导线，推荐件号由其连接的信号网络的线规决定。

表8-8求解出的信息，CON1～CON4原本即是存在于电原理图设备中，其余的信息存储在电原理图的逻辑信号网络中，作为后续生成电气接线图初步组件的信息输入，生成结果如图8-16所示。

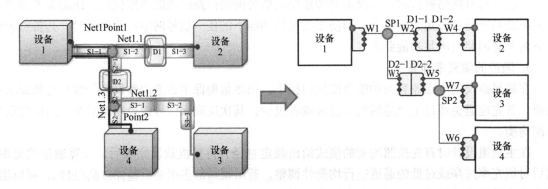

图8-16 求解后的线束组件生成

8.3　EWIS 综合组件的选型与分配设计

8.3.1　接地的布置与综合设计

在运输类飞机适航规章 CCAR - 25 - R4 第 25.1701 条款中，明确定义了"电气接地和搭铁装置及其相应的连接"是电气线路互联系统（EWIS）的一部分。因此，所有电气接地、搭接设备，以及之间的连接关系，是 EWIS 设计工作的必要部分[14]。

电原理图中的接地装置的布置由 EWIS 部门负责，在开展物理信号敷设之前，需要对电原理图中的接地装置进行初步的布置工作。相关流程如下。

1. 查看电原理图的接地位置情况

举例给出四种情形。

（1）机架接地：接地装置就近布置在信号发出的设备，如图 8-17 左上所示。

（2）保护区非机架接地：接地装置就近布置在信号发出的设备附近的保护区，如图 8-17 右上所示。

（3）多芯线非机架接地：接地装置就近布置在信号接收的设备，如图 8-17 右下所示。

（4）暴露区非机架接地：接地装置就近布置在信号发出的设备，如图 8-17 左下所示。

2. 在样机中初步布置接地装置

协调其与结构及各系统的位置。

（1）按照电原理图指示，就近布置在设备附近的飞机结构上的预留空间，如图 8-18 所示。

（2）布置完成后接入 EWIS 主通道，如图 8-19 所示。该阶段的接地布置没有进行模块化综合。

3. 接地装置选型与综合

（1）将接地占位选型为接地螺栓或模块，定义其件号。

（2）将选型为接地模块的接地线分配针脚（Pin）。

8.3.2　等电位组件的集成布置

EWIS 等电位组件主要通过下面两类零件来实现。

（1）永久接头（Splice）。

（2）接线模块（Terminal Block Board）。

永久接头与接线模块式样如图 8-20 所示。

永久接头是埋设在线束内部用于实现导线分叉连接的线束组件，又称为压接点、焊点或死接头等。永久接头通常由压接管组件与密封套组件构成，能将多根导线压接在一起实现信号的分叉。

接线模块是集插座和接线柱功能于一体的多线集中或分散的插座式通用接线器件。所谓多线集中，即将多根导线汇集在一起，每根导线接一个接触件，而这些接触件又通过内部金属件连接在一起，再通过其中一个接触件引出形成连续电路。所谓分散，即进一出二或更多，也就是一个接触件输入与多个接触件内部相接引出形成连续电路。接线模块上接线标识用线圈在一起的汇流条（Shunt）在模块内部是连接在一起的。接线模块具有接线量大、连接简单快速、引线统一捆扎、线路维护检查方便等优点[15]。

在多等电位信号的分叉处选择合适的永久接头或接线模块来实现电原理的设计意图。等电位

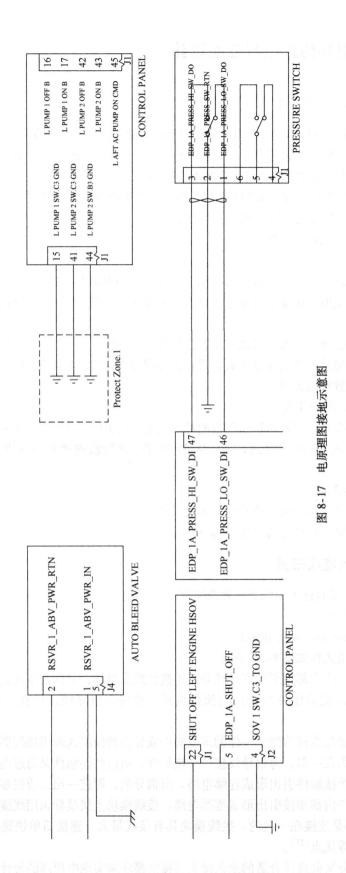

图 8-17　电原理图接地示意图

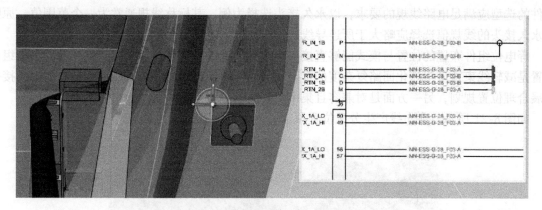

图 8-18 接地装置的快速布置

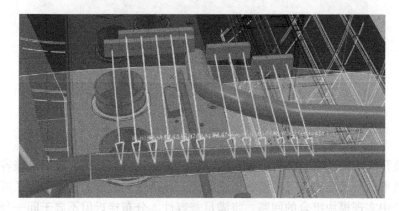

图 8-19 接地装置接入主通道

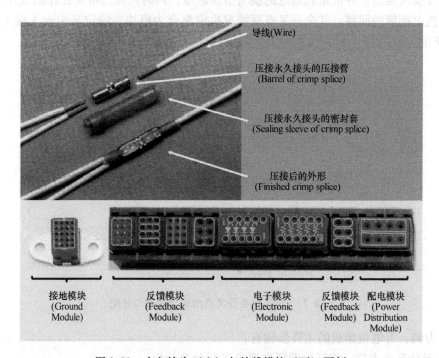

图 8-20 永久接头（上）与接线模块（下）图例

组件的选型应满足电路线规的要求，以永久接头选择为例，其标称线规通常为一个范围值，原则上永久接头的线规值选择应略大于所连导线的线规，以满足安装要求。

等电位组件布置的位置与模式能够直接决定相关回路的长度与重量分布，优化的等电位组件布置是减轻线束重量与简化回路复杂度的重要环节。等电位组件的集成布置一方面是对永久接头开展合理位置规划，另一方面是对兼容且集中出现的等电位点开展模块化接线的处理。

如图 8-21 所示，在布线产生分叉位置预定义为将要生成的等电位点。

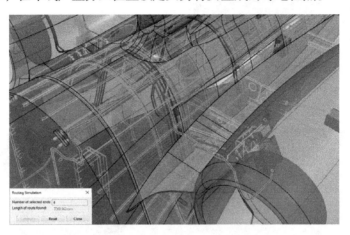

图 8-21　通过最小生成树算法模拟分叉信号

整机敷设及预成束完成后，分析分叉点的分布、数量与隔离代码，将满足兼容性、分布接近且属于同一预成束的分叉点预定义为接线模块类型，并指定到附近的模块占位区域，同时视其为将要在详细设计中实现模块组合的回路。将满足兼容性、分布接近但不属于同一预成束的分叉点预定义为接线模块类型，并指定到附近的模块占位区域，同时视其为将要在详细设计中实现模块组合但需要机上端接的回路。其余分叉点视情况决定整合为模块，或定义为永久接头连接模式，如图 8-22 所示。

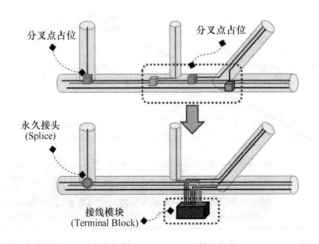

图 8-22　永久接头分叉点的综合选型与分配

以模块为例，等电位集成的主要步骤有：

（1）基于分叉点占位，将其按照隔离要求进行分类分析。

（2）对按照隔离要求分类后的分叉点占位进行空间分析及校核，对空间距离较近的分叉点占位进行模块化归纳分组，并定义接线模块（Terminal Block）选型编号。

（3）对选型后的接线模块分配针脚到导线。

（4）其余分叉点占位默认定义为永久接头。

8.3.3　概念分离面的集成设计

EWIS 上的分离是指为了隔离部分电路而进行电缆的隔离或断开。可以根据功能将 EWIS 的分离面分为三类：工艺分离面、工作包分离面、维修/安装分离面[13]。

分离面的主要功能分类有：

（1）工艺分离面：工艺分离面是配合飞机总装所产生的。导线会在工艺分离面位置通过插入连接器/接线柱组件，断开原有路径，实现电气连接。对于大型飞机，通常 EWIS 需要在以下部段间设置工艺分离面：①机头仪表板；②中后机身与尾段之间；③机身与机翼（前/后）之间；④尾段与平尾/垂尾之间；⑤机翼与吊挂短舱之间。

（2）工作包分离面：为了满足与其他系统供应商电缆对接所设置的分离面。分离面的位置取决于产业化顺序。该分离面用于分隔一些独立的组件和工作包，如发动机系统和 EWIS、机舱门和机身、起落架和机身等。

（3）维修/安装分离面：为了满足电缆的维修性、安装性、电磁兼容性的需要所设置的分离面，如中央操作台的分离面、油箱和机翼前后缘间的分离面。该分离面可将电缆一分为二，将不兼容线路分离，使得电缆得以满足系统的隔离要求。

1. 基于 EWIS 主通道的概念分离面的布局设计

基于空间预留的分离面板几何开展概念分离面的布局设计，分离面板的设置注重为改进设计与维修提供空间预留。如图 8-23 所示，概念分离面将 EWIS 空间网络的不同部段框架子网络连接在一起，起到导通初步电气接线图信号作用的同时，记录相关信息并施加约束的作用。

表 8-9 标示了概念分离面中需要主要考虑的设计因素，这些设计因素作为详细电气接线图与详细分离面设计的参考，在 EWIS 空间网络的信号敷设中起到约束信号通过路径的作用。通过分离面的线路敷设如图 8-24 所示。

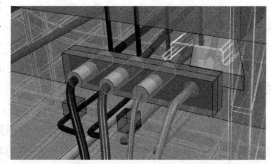

图 8-23　EWIS 主通道上的概念分离面

表 8-9　概念分离面的设计因素

设计因素	内容	作用
类型与型号	分离面组件的预定义件号定义	定义电气接线图与详细分离面的选型方案
针脚线规	依据组件件号得到连接器的针脚线规	在敷设中使信号与连接器线规匹配
针脚占用情况	信号敷设经过连接器针脚分配情况	统计并约束通过分离面的导线数量
填充信号信息	信号敷设后对通过隔离代码的记录	统计并分析分离面中导线的电磁兼容情况

2. 概念分离面的信息采集与统计

如图 8-24 所示为通过概念分离面的信号敷设结果，当信号经过概念分离面时，其路径状态即能够采集到其通过分离面内的相关信息。信息的统计方式主要有两种形式：①基于电原理图定义的 ATA 子系统，统计出子系统下所经过分离面的信号有哪些，其零件编号与位置编号是什么，主要用于分离面选型与子系统预成束统计参考；②基于概念分离面，统计出每个分离面经过的信号有哪些，信号参数是什么，主要用于分离面选型与针脚分配分析。

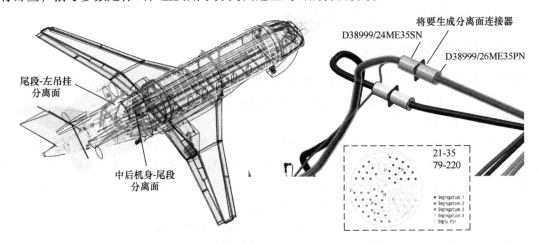

图 8-24　经过概念分离面的初步线路敷设

3. 概念分离面的选型与综合

（1）根据概念分离面中穿过的信号数量、线规与隔离代码，以及分离面是否穿过气密空间，来定义其连接器、气密插座等组件件号。

（2）将选型后的概念分离面分配针脚。

8.4　飞机预成束设计

信号敷设的初步线束分配即通过分析手段，定义出基于物理信号网络的线束组件生成表中相关导线和 EWIS 综合组件所属的预成束编号。

预成束的最终结果通常会出现的情况如下：

（1）跨部段信号网络被分离面分解出的不同导线分配至不同的线束号。

（2）同一个线束号内捆绑入多个子系统的导线。

不会出现的情况如下：

（1）被带有分叉的信号网络分解出的不同导线分配至不同的线束号。

（2）线束路径出现成环和其他不可安装的形态。

（3）线束分段过粗或过细导致的安装困难。

为了在 EWIS 综合数字样机中，对全机多子系统呈现出预成束的拓扑视图，需要对信号网络施加如下过滤条件，以得到相应的导线：

（1）主通道部段框架。

（2）信号网络的独立电源代码。

（3）信号网络的电磁兼容代码。

（4）信号网络的功能代码。

（5）信号网络的余度代码。

（6）预成束编号。

以主通道部段框架为过滤条件来举例，过滤的结果如图 8-25 所示。

过滤完成后，通过可视化来开展导线的预成束编号的定义工作，定义完成后，以预成束编号

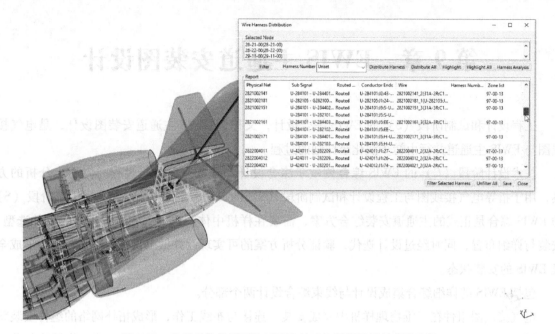

图 8-25　多子系统信号网络过滤出的飞机尾段导线的敷设路径

为过滤条件预览所有导线的路径总和，如图 8-26 所示。

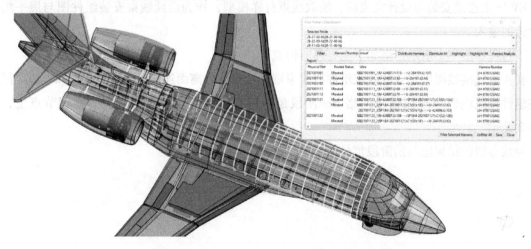

图 8-26　机身—线束的预成束效果（高亮显示）

第9章 EWIS 主通道安装图设计

工程设计和试制阶段（S）的 EWIS 综合设计，又称为 EWIS 主通道安装图设计，是电气接线图与 EWIS 主通道并行由初步演化至详细的过程。

技术设计阶段（C）的 EWIS 综合侧重于综合设计和预成束的分析过程，体现出分析的方案，用于指导电气接线图与工程设计和试制阶段（S）的 EWIS 综合；工程设计和试制阶段（S）的 EWIS 综合是正式的主通道安装综合方案，需要在样机中体现出电气接线图具体的组件选型、安装与详细布置，同时经过设计迭代，验证分析方案的可实现性并做出修订与调整，最终形成全机 EWIS 的安装状态。

包括 EWIS 的详细综合集成设计与线束综合设计两个部分。

电气接线图组件在三维物理样机中完成安装、连接与布线工作，形成拓扑网络的组件安装状态，标志着 EWIS 的详细综合集成设计工作的形成。对网络中组件进行接地、等电位模块与分离面布置分析，开展面向可安装的设计迭代，更新 EWIS 主通道至详细状态。

EWIS 主通道安装图设计完成后，抽取线束打样模型，作为后续线束安装组件图与展平组件图设计的输入。

该过程如图 9-1 所示，由如下主要环节构成。

初步电气接线图中包含的线束组件有线束端连接器、分离面连接器、永久接头和电缆/导线。这些组件按照电气原理图信号网络 Net 阶段逻辑线束的分类安装至相对应的物理节点上，如图 9-2所示。

导线布线的结果应与前阶段信号网络 Net 的布线结果保持一致。

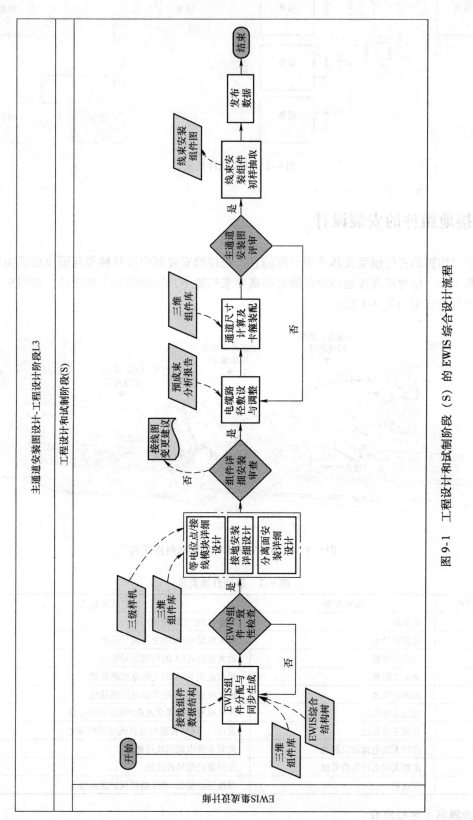

图 9-1　工程设计和试制阶段（S）的 EWIS 综合设计流程

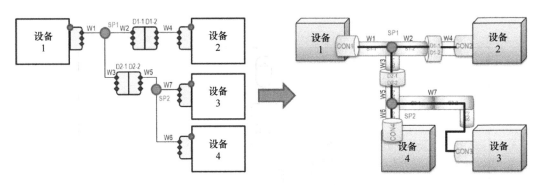

图 9-2　线束组件的安装

9.1　接地组件的安装设计

基于接地桩的占位模型及其选型分配信息，在接地安装图中按照种类与隔离要求实施接地组件的安装工作。接地桩或接地模块在满足隔离要求前提下，完成安装工艺设计，如图 9-3 所示。接地分类要求如表 9-1 所示。

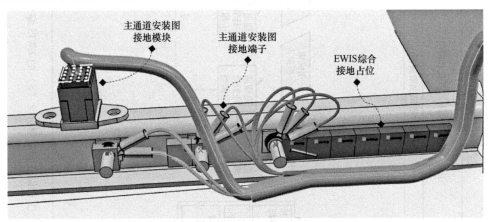

图 9-3　主通道安装图中的接地组件安装

表 9-1　接地分类要求

接地代码	接地类型	接地定义
A	机架地	设备机架/壳体接地
B	交流信号地	最大电流≤1A 的交流信号接地
C	直流信号地	最大电流≤1A 的直流信号接地
D	交流电源地	最大电流>1A 的交流电回路接地
E	直流电源地	最大电流>1A 的直流电回路接地
F	交流主电源地	发电机和转换器交流电回线/中线接地
G	直流主电源地	发电机/TRU 和蓄电池直流电回线接地
H	高频无线电设备电源地	高频系统电源回线接地
I	高频无线电设备信号地	高频系统信号线接地
J	屏蔽地	导线屏蔽接地/EMI 编制保护屏蔽接地

接地隔离主要规范有：

1）接地线的隔离代码和接地代码的隔离要求相互独立，接地点间的隔离距离应取较大值。

2）含有独立电源代码 IS 接地线的接地点，和其他独立电源代码接地点的电气通路隔离距离至少为 200mm。

3）含有不同发电机或蓄电池（独立电源代码 1G、2G、3G、5G、6G、7G、8G、PG）接地线的接地点，需要相互隔离的电气通路隔离距离至少为 200mm。

4）在单个独立电源接地点故障的情况下，应确保各自不会接触。

5）含有敷设代码 NES 接地线的接地点，需和其他敷设代码接地点的电气通路隔离距离为至少 150mm。

6）除余度代码 N 外，其他不同余度代码的接地线需安装在不同的接地点上。

7）需考虑布线区域内飞机危险源及特定风险项，需确保同一功能代码的余度代码 A、B、C、D 的接地不能由于同一个特定风险或同一个危险源全部丧失。具体危险项及影响范围参见飞机特定风险分析要求及区域安全性分析要求。

8）如果系统对 EWIS 余度的接地存活性有其他的要求，应在系统布线要求文件中定义。

9）不同接地代码接地点间的电气通路长度应满足表 9-2 中规定的最小隔离距离。

表 9-2　不同接地代码间最小隔离距离　　　　　　　　　　（单位：mm）

接地代码	A	B	C	D	E	F	G	H	I	J
A	0	—	—	—	—	—	—	—	—	—
B	300	0	—	—	—	—	—	—	—	—
C	300	300	0	—	—	—	—	—	—	—
D	300	300	300	0	—	—	—	—	—	—
E	300	300	300	300	0	—	—	—	—	—
F	300	300	300	300	300	0	—	—	—	—
G	300	300	300	300	300	300	0	—	—	—
H	300	300	300	300	300	300	300	0	—	—
I	300	300	300	300	300	300	300	300	0	—
J	0	300	300	300	300	300	300	300	300	0

接地工艺实现的主要方式，从工艺角度，接地的实现分为 3 类[14]。

1. 电流回路地

与电路的电压线形成回路使设备达到功能要求的接地线。电流回路地线从连接器中沿线束分叉出来接至飞机金属结构，如图 9-4 左图所示。

2. 机壳/机架地

从金属的设备外壳或设备安装架接地的线。若用电器件绝缘损坏导致金属外壳或安装架带电，则电流可以通过该接地线导入地，达到安全的目的。机壳、机架地线通过搭接线（搭铁线）将设备的金属外壳或安装架接至飞机金属结构，如图 9-4 中图所示。

3. 屏蔽地

将线路或线束的屏蔽层接地的线。若干扰信号在屏蔽层中产生了干扰电位，则可以沿屏蔽线形成回路进而将干扰信号导入地，消除电磁干扰。屏蔽地可分为电缆屏蔽层和线束外屏蔽层（金属编织套）的接地，接地方式较多。电缆屏蔽层可以通过特定的处理器件（如焊接套管、特殊尾附件）将屏蔽层连接至带屏蔽功能的尾附件，进而通过连接器 – 设备外壳 – 机壳地实现接地，工艺实现同电流回路地；也可以通过焊接套管的引线直接接地。

线束外屏蔽层可以通过搭接线直接接地，如图 9-4 右图所示。

接地综合分析的主要步骤有：

1）根据接地分类，判别接地桩占位布置分布，确定接地方案；

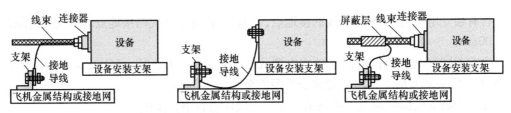

图 9-4　通过接地桩/端子安装的电流回路地（左）、机架地（中）和屏蔽地（右）

2）布置预留接地详细安装位组合定位；

3）将接地代码相同、位置接近的接地端子整合安装至相同接地桩；

4）校验不同接地代码组件的间距是否满足要求。

9.2　等电位组件的安装设计

技术设计阶段（C）的 EWIS 综合设计中，所有多连接的等电位信号网络 Net 默认在敷设路径的分叉处生成了符合线规要求的分叉点占位，并根据汇流条的类型和位置分布，完成永久接头或接线模块的选型与针脚 Pin 分配。EWIS 主通道安装图中，对三维布置永久接头与接线模块进行安装设计，满足安装与隔离要求。

等电位其他布置规范如下：

1）接线模块尽量不要放置在高振区、潮湿区；

2）余度隔离的导线不能连接于一个接线模块；

3）不同独立电源的导线不推荐连接于一个接线模块，若必需布置，则在模块上的端接位置至少相隔一排汇流条；

4）电磁不兼容的导线不推荐连接于一个模块，若必需布置，则端接位置至少相隔一排汇流条；

5）尽量避免模块接线出现交叉情况。

EWIS 主通道安装图上的接线模块安装如图 9-5 所示。

图 9-5　接线模块的安装

9.3　分离面安装设计

根据电气接线图中定义的分离面的选型件号、针脚分配与初步安装位置信息实现分离面的安装布置，使详细连接器模型与 EWIS 主通道相连；同时完成分离面尾附件的选型与安装，并调整 EWIS 主通道详细走向使之达到半安装图状态。

完成详细分离面连接器布置与通道连接后的结果如图 9-6 所示，在不破坏原有概念分离面连通性的前提下，将其接入 EWIS 主通道，并与二级/三级样机协调详细分离面结构的布局，使之满足结构安装的要求。

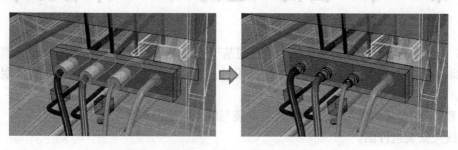

图 9-6　部段级主通道上的详细分离面安装

9.4　线束安装组件图打样

完成成束分析后，通过审查物理线束预成束节点下的导线敷设状态可以预览其将要成束的情况。理想的线束拓扑状态应具有主干路径通顺，分叉简洁，线径、曲率适中，易于过孔敷设等特点。当预览状态满足可安装要求时，执行线束抽取操作，将承载所有预成束导线的分段与组件提取成为独立线束安装节点，作为进一步详细安装设计的空间参考。

如图 9-7 所示，左图高亮框架属于机头 - 机身部段网络拓扑，基于该框架将其内部某组预成束导线所经过的路径与连接器提取成为一个独立的线束框架，即右图的高亮部分。

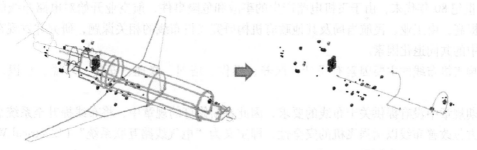

图 9-7　基于 EWIS 主通道抽取线束几何

第 10 章　面向工艺的 EWIS 详细设计

EWIS 主通道安装设计阶段结束后，进入到基于三维模型的线束工艺发图阶段。该阶段需要对 EWIS 综合中的设计信息，开展详细的工艺设计与分解，使之满足线束总装与线束制造场景的使用需求。

需将 EWIS 综合设计模型信息按照线束总装与线束制造场景分解为两类图纸：

（1）线束安装组件图。

（2）线束展平组件图。

线束安装组件图指线束的 CATIA 三维装配模型，以及以该模型为载体的线束安装工艺信息的总称，完整表达线束在飞机上的总装工艺。

本章主要参考了《FAA 飞机电气线路互联系统最佳工作指导实践手册》的内容，结合整体解决方案，展开具体的线束安装应用。

10.1　线束安装组件图设计

10.1.1　EWIS 背景知识与安装设计流程

1. EWIS 技术背景及概念

20 世纪 80 年代末，由于飞机电路产生的事故和危险事件，航空业开始对电路布线的安全意识有所提高，由工业、民航当局及其他政府机构研究飞机布线的相关课题，研究并发现在飞机电路系统中的共同退化因素。

影响飞机布线的主要因素有设计、保养、操作、培训、修理、安装、环境、意识、陋习和时间。

早期规章中没有提供关于布线的要求，因此在新修订的规章中，将布线提升至系统级别，目的是全方位改善布线以增强飞机的安全性，即定义为"电气线路互联系统"（Electrical Wiring Interconnection System，EWIS）。

EWIS 的定义：安装在飞机上任何区域的所有导线电缆、布线装置或其组合，包括端子装置，用于在两点或多点之间传输电能。

EWIS 不包括符合可接受环境条件和测试程序的电气设备或航空电子设备、不作为飞机型号设计一部分的便携式电子设备、光纤。

2. 线束安装设计流程

线束安装设计流程如图 10-1 所示。

该流程由 EWIS 数字样机设计师负责，基于 EWIS 半安装图，依据线束构型分配方案抽取出的线束组件草稿模型，载入飞机三级样机相关构型节点作为设计输入；在开展详细协调前，需要对整机线束组件草稿模型，以预定义的电气协调空间作为分界面进行模型数据拆分与重构；每一个拆分后的电气协调空间，内部所有通过的线束均有专人负责空间协调，开展线束穿墙工艺、卡箍安装、详细工艺路径设计等工作；对空间协调的过程及结果数据开展多专业空间样机的校核与检查，确定是否满足 EWIS 规章要求，给出线束修改建议；最终形成经过修改的线束安装组件模

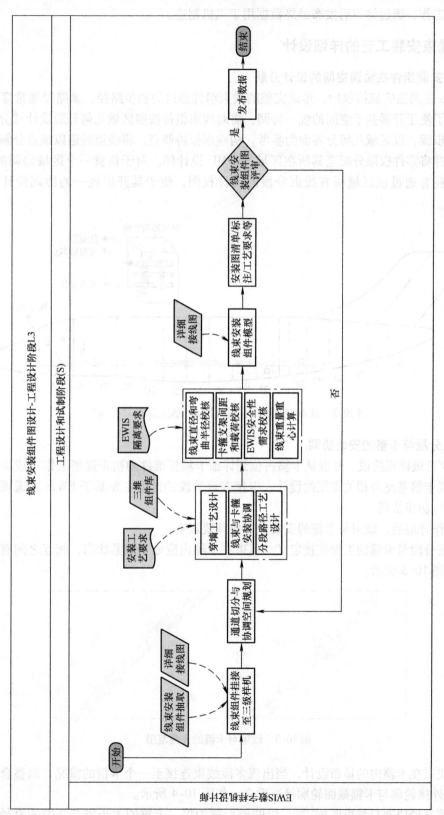

图 10-1　线束安装设计流程

型，与详细电气接线图开展最终的一致性校核并调整后，开展安装图相关工艺标注、工艺要求、BoM 清单等工作，通过评审后发布最终数据用于飞机制造。

10.1.2　线束安装工艺的详细设计

1. 线束安装组件在协调空间的设计分解

从 EWIS 主通道完成抽取后，形成完整的线束组件通过的初步路径，该路径通常穿越飞机多个空间，为了便于开展基于空间的统一协调，需对线束组件按照区域几何开展设计"分解"。

该分解步骤，以区域几何分界面为参考，构建虚拟协调点，将线束通道以该点分解到不同线束零件中，并将零件权限分配至其所在区域的 DMU 设计师。对于负责一个区域协调的 DMU 设计师，其将拥有通过该区域所有线束分段的设计权限，便于其开展统一的协调设计工作，如图 10-2 所示。

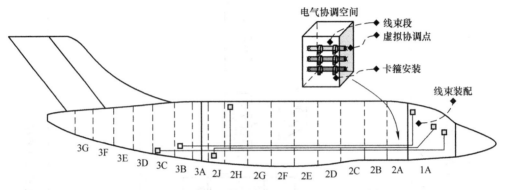

图 10-2　线束安装组件在电气协调分配空间的"分解"

2. 线束分段与卡箍的安装协调

在二级/三级样机阶段，开展从卡箍占位到详细卡箍标准件的初步选型工作（成束工作开始前），并开展卡箍基座与相关支架的设计。卡箍在该阶段的选型主要基于 EWIS 主通道通过的导线的容量进行初步估测。

成束工作开展后，线束与卡箍的安装关系协调要素有：

1）线束分段与卡箍的工程连接定义：线束在卡箍内应处于锁紧状态，相互之间有合适的方向夹角，如图 10-3 所示。

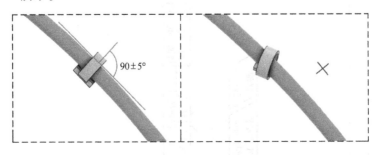

图 10-3　线束与卡箍的夹角范围

2）多线束在卡箍内的排布设计，当出现多段线束连接至一个卡箍的情况，调整合理的线束排布，使其外接轮廓与卡箍截面轮廓接近重合，如图 10-4 所示。

3）卡箍直径协调与线束匹配[16]：以圆形卡箍为例，卡箍的大小需与线束的直径匹配，如图 10-5 所示，需选用直径与线束直径最接近的规格，若选用的卡箍太大而下一规格尺寸又太小

会夹伤线束，可采用绝缘胶带填充在线束外侧以
实现线束直径与卡箍的合适配合。圆形卡箍直径
不能超过 50mm。

线束的安装与排布调整完成后，根据排布等
效直径选取准确口径的卡箍，对卡箍详细选型进
行调整。

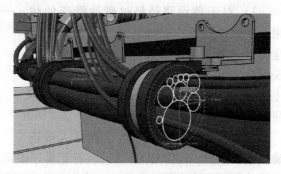

图 10-4　多线束在卡箍内的排布

3. 线束穿墙件设计

线束穿墙件设计包括结构开孔的协调与开孔
后防摩擦设计。

线束开孔的协调通过二/三级样机中的协调
模型实现。协调模型属于设计的中间过程，
不视为发图元素。EWIS 专业首先基于前序
流程产出的线束抽取模型，通过干涉检查
结果确定开孔位置，抽取结构参考的几何
基准，在协调模型中创建开孔几何参考，
方案完成后发布结果。结构专业通过发布
的开孔协调模型，确认方案后执行变更流
程，完成结构开孔并校核强度需求。

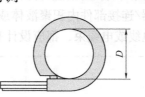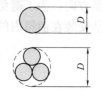

图 10-5　卡箍直径与线束匹配

开孔完成后，需根据要求在结构的开孔边沿进行防摩擦组件的设计，包覆开孔产生的锐利边缘。
同时调整过孔处相关卡箍的位置，确保线束路径与开孔边沿有足够的间隔距离，如图 10-6 所示。

4. 面向工艺的线束路径敷设

1）避免摩擦。

① 确保卡箍支架有足够的高度
支撑线束，并设计合理的线束松弛
度，确保线束在松弛包络范围内不
会与周边结构和系统发生摩擦。

② 避免线束与结构或其他部件
之间可能造成的摩擦，需要考虑线
束的松弛及振荡范围确保有足够的
安全距离，如图 10-7 所示。

③ 对于线束交叉敷设点，应固
定在一起以防止摩擦，如图 10-8 左图所示。

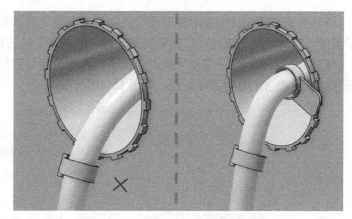

图 10-6　线束过孔与防摩擦组件设置

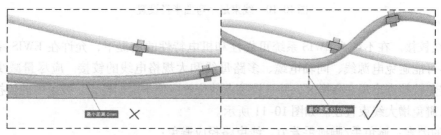

图 10-7　线束与其他部件之间的安全距离

2）对于敷设路径经过燃油管道的线束，线束应敷设在燃油管道之上并保持安全距离。需要考虑线束分段上裸露接线端头导致的断裂导线，在其可能的运动路径上不得与燃油管道接触，如图 10-8 右图所示。

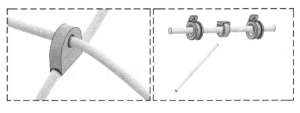

图 10-8　线束与燃油管道之间的安全距离

3）EWIS 部件标识：为了操作人员正确安装和维护，需要对 EWIS 部件标记易于识别的标识码。线束标记码可直接标记在线束外壳或非直接标记在线束保护套管上。线束上的标识码位置应醒目，不被卡箍或其他物体遮挡。

4）滴水环：在连接器出线端设置沿重力方向向下的环装通道，使得水汽凝结较少进入连接器方向。为了避免在连接器/连接部件内积聚液体或冷凝的水分，所有电缆、电线或电缆束，包括安装在油箱内的电缆、电线或电缆束，都应设计有滴水环，如图 10-9 所示。

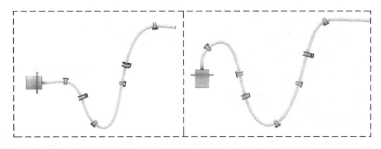

图 10-9　线束滴水环设计

5）可维修性设计：尾附件出线端到第一个卡箍之间预留额外松弛的导线长度，即 2 倍的端子长度，确保导线端接处可以在截断两次后，还能有足够的长度重新端接维护。

6）弯曲半径：为了避免导线由于较小的弯曲半径导致损坏，需考虑导线材质以及实际安装场景，设置线束的最小弯曲半径，如图 10-10 所示。

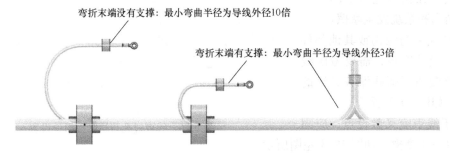

图 10-10　线束最小弯曲半径设置

7）导线铰接。在不影响 EWIS 系统可靠性和机电特性的前提下，允许在 EWIS 系统上进行铰接。应尽可能避免电源线、同轴电缆、多路母线和大规格电线的铰接。应尽量减少导线的铰接，必须避免铰接点出现在高振区，并且铰接点的位置应便于定期检查。线束中的铰接点应该是交错的，以避免增大线束直径。如图 10-11 所示。

8）人的因素：避免手/脚抓手着力。线束路径应避免：

① 飞机内人员移动造成的损坏；

② 积载或移动货物造成的损坏；

图 10-11 导线铰接设计

③ 电池、酸性烟雾或液体损坏；

④ 车轮井暴露在岩石、冰、泥浆等环境下的磨损；

⑤ 外部事件造成的损坏（区域分析/特殊风险分析要求）；

⑥ 恶劣环境，如大风和潮湿（沼泽）地区、高温或易受流体或烟雾浓度影响的地区。

9）线束的布置应考虑因维护设备的冲击和振动的自由移动空间预留，以及要防止在导线连接处和支撑出现应力集中。此外，导线长度的选择应允许至少两次重新端接。

10.1.3 线束安装组件图的校核

数字样机设计师针对线束组件空间协调的过程及结果数据，开展多专业空间样机的校核与检查，确定是否满足 EWIS 规章要求，给出线束修改建议。主要规则有：

1. 线束直径与弯曲半径校核

1）单根导线在线束内的最小弯曲半径为导线直径的 3 倍；

2）射频电缆最小弯曲半径为电缆直径的 6 倍；

3）热电偶导线最小弯曲半径为电缆直径的 20 倍。

2. 卡箍支架间距

1）设定卡箍之间的线束长度不超过规定最大值 L_1；

2）单个卡箍松脱失效后，剩余卡箍间线束长度不超过最大值 L_2。

3. 线束重量重心计算

（1）线束组件重量与重心：通常根据供应商提供的信息，在每个部件上标记声明重量。

（2）线束分段内实际存在的导线内容：线束中布线的电缆和导线来自电缆和导线库，因此每个电缆和导线参考的物理特性（线性质量）用于计算线束重量和重心，应考虑以下因素：

1）导线规格：求解的工程重量参数基于每一个在线束分段中包含各个导线实例的规格特性。

2）导线组规格：求解的工程重量参数基于每一个在不同的线束分段中包含各个导线实例的规格特性，如图 10-12 所示，求解的工程重量分布，是按照 ConductorGroup1 规格特性在 Segment. 1 分段长度内，加 Conductor1 规格特性在 Segment. 3 分段长度内，加 Conductor2 规格特性在 Segment. 2 分段长度内的总和。

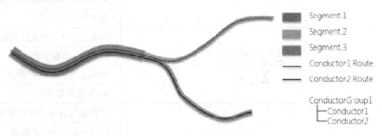

图 10-12 导线组/导线在分段内的重量分布示例

其计算公式如表 10-1 所示。

表 10-1 线束护套类工程参数计算公式

工程属性	公式	参数说明
重量	$m = DL$	m 为导线实例的重量
		D 为导线实例的线密度（kg/m）
		L 为相关导线规格路线的长度（如果在导线组内则通过唯一分段）
重心	$CoG_{xyz} = \dfrac{\sum_{s=1}^{n} CoG_{xyz_s} m_s}{\sum_{s=1}^{n} m_s}$	CoG_{xyz} 为导线实例的重心
		$s = 1 \cdots n$ 为规格导线布线的分段数量（如果为导线组则为单独的分段）
		CoG_{xyz_s} 为定义了路径的分段重心
		m_s 为布线分段中导线实例的质量（如果为导线组则为单独的分段）
体积	$V = \pi L d^2$	V 为导线实例的体积
		d 为导线公称直径
		L 为相关导线规格路线的长度（如果在导线组内则通过唯一分段）
面积	$A = \pi d\left(\dfrac{d}{2} + L\right)$	A 为导线实例的面积
		d 为导线公称直径
		L 为相关导线规格路线的长度（如果在导线组内则通过唯一分段）
转动惯量	$I = \begin{bmatrix} m(CoG_y{}^2 + CoG_z{}^2) & -m(CoG_x CoG_y) & -m(CoG_x CoG_y) \\ -m(CoG_y CoG_z) & m(CoG_x{}^2 + CoG_z{}^2) & -m(CoG_y CoG_z) \\ -m(CoG_x CoG_z) & -m(CoG_y CoG_z) & m(CoG_x{}^2 + CoG_y{}^2) \end{bmatrix}$	I 为导线实例的转动惯量
		CoG_x、CoG_y、CoG_z 为导线重心的轴向分量
		m 为导线实例的重量（如果在导线组内则通过唯一分段）

（3）线束的保护、绝缘、胶带类护套：线束上定义的每个覆盖层都来自标准库，使用每个覆盖层参考的物理特性（线性质量）计算重量，计算公式如表 10-2 所示。

表 10-2 线束分段类工程参数计算公式

工程属性	公式	参数说明
重量	$m = \sum_{i=n}^{n} D_i L_i$	m 为电气几何重量
		$i = 1 \cdots n$ 为保护套数量
		D_i 为保护套的线重量（kg/m）
		L_i 为保护套长度
重心	$CoG_{xyz} = \dfrac{\sum_{i=1}^{n} CoG_{xyz_i} m_i}{\sum_{i=1}^{n} m_i}$	CoG_{xyz} 为电气分支几何的重心
		$i = 1 \cdots n$ 为保护套数量
		CoG_{xyz_i} 为保护套的重心
		m_i 为保护套重量
体积	$V = \sum_{i=1}^{n} \dfrac{\pi L_i (od_i{}^2 - id_i{}^2)}{4}$	V 为电气分支几何的体积
		$i = 1 \cdots n$ 为保护套数量
		od_i 为保护套外径
		id_i 为保护套内径
		L_i 为保护套长度

（续）

工程属性	公式	参数说明
面积	$$A = \sum_{i=1}^{n} \pi \left(L_i (od_i + id_i) + \frac{(od_i{}^2 - id_i{}^2)}{2} \right)$$	A 为电气分支几何的面积
		$i = 1 \cdots n$ 为保护套数量
		od_i 为保护套外径
		id_i 为保护套内径
		L_i 为保护套长度
转动惯量	$$I_i = \begin{bmatrix} m(CoG_y{}^2 + CoG_z{}^2) & -m(CoG_x CoG_y) & -m(CoG_x CoG_y) \\ -m(CoG_y CoG_z) & m(CoG_x{}^2 + CoG_z{}^2) & -m(CoG_y CoG_z) \\ -m(CoG_x CoG_z) & -m(CoG_y CoG_z) & m(CoG_x{}^2 + CoG_y{}^2) \end{bmatrix}_i$$	I 为电气分支几何的转动惯量
		I_i 为保护套的转动惯量
		$i = 1 \cdots n$ 为保护套数量
		CoG_x、CoG_y、CoG_z 为保护套重心的轴向分量
		m 为保护套重量

4. EWIS 安全性需求校核

不同类型飞行器对安全性间距的要求有所不同，大型飞行器可认为以适航规章 25 部 H 分部内容为基准开展相关细则间距的校核规范定义，主要包括：

1）线束与线束之间的间距；

2）线束与结构之间的间距；

3）线束与其他系统之间的间距。

5. 线束载荷校核

校核主要卡箍上的线束重力分布，以及模态校核，分析方法可参考：

1）线束通道模型的处理：定义为梁单元；

2）固定在线束上的线束组件定义为重力节点；

3）固定在设备上的线束组件可视为刚性约束；

4）线束分段通过卡箍点定义为固定约束。

6. 物料清单与工艺说明的校核

1）物料清单是否种类齐全并与模型一致；

2）工艺说明文档是否完整体现在模型中。

10.1.4　线束安装组件图数据的整理及输出

最终形成的线束安装组件模型，与详细电气接线图开展最终的一致性校核并调整后，开展安装图相关工艺标注、工艺要求、BoM 清单等工作，通过评审后发布最终数据用于飞机制造。主要工作有：

1. 二三维一致性检查

发图时应确保线束安装组件图与电气接线图信息保持一致，即线束组件与导线参数、从到信息、长度一致。

2. 线束安装组件图设计输出

完整的线束安装组件图应包括：

1）连接器组件选型准确、明确且完整；

2）三维导线与电气接线图设计保持完整一致，即导线号、导线参数、从到关系完整；

3）符合规范的线束分段路径设计，准确的分段直径与弯曲半径；

4）分段在卡箍上的安装位置明确合理；

5）件号、长度、尺寸、安装工艺等三维标注信息；

6）相关技术要求文件等。

10.2　线束展平组件图设计

线束展平组件图指线束的 CATIA 三维安装模型在制造工艺钉板上的 2 维或 2.5 维的展开的派生模型，以及以该模型为载体的线束制造工艺信息的总称，完整表达线束在产线上的制造工艺。

主要流程如图 10-13 所示。

线束展平组件图设计流程为展平参数定义、工装板设计、线束展平走向及布局、工装板治具设计、生成线束展平图及工艺文档。

10.2.1　线束展平工艺设计

1. 线束展开布局设计

如图 10-14 所示。

主要包括：

（1）主脊线设计：高质量的线束布局必须有清晰的主干走向。主脊线布局建议控制在工装板 1/3 到 1/2 处，便于工人施工，如图 10-14 所示。确定主脊线的原则有：

1）导线最多原则——即找到线束中导线数量最多或导线等效总直径最粗的一组分支作为主脊线；

2）分支最长原则——在导线数量或等效总直径相当的情况下，找到最长的分支作为主脊线。

（2）分支布局设计：尽可能避免交叉干涉、分支弯曲、组件布置过于集中等情况；分支弯曲处不可以在通道分支点上；分支弯曲点不可离卡钉过近以避免影响操作和卡钉尺寸保证。

2. 工装板及其治具设计

工装板一般是由木板（基材）和各种治具（金属/塑料）构成。因为需要承载很多治具（重量比较重），木板一般采用实心，倾斜一定角度面向工人布置[17]。主要有流水线和单板两种生产模式。工装板上有很多图示甚至零件实物照片，是为了让工人更清晰明了地清楚制造的要求。

（1）工装板尺寸控制：根据工人平均身高制定，即最佳的端接高度是肘与肩之间的高度，最佳缠绕线束高度是肘的高度，故工装板高度不宜过高而导致工人装配困难，建议板高不超过 1.2m。工装板长度由线束展开布局情况而定，理论上不限制长度。

（2）对有方向和形状变化需要控制的组件和分支，根据线束展开布局定义工装板卡钉与治具位置与方向。

（3）根据线束分段布局以及分段的粗细，开展工装板治具、模块等零件的选型与装配设计。工装板治具零件类型主要有固定叉、活动杆、折叠叉、模块安装叉、固定杆等，如图 10-15 所示。

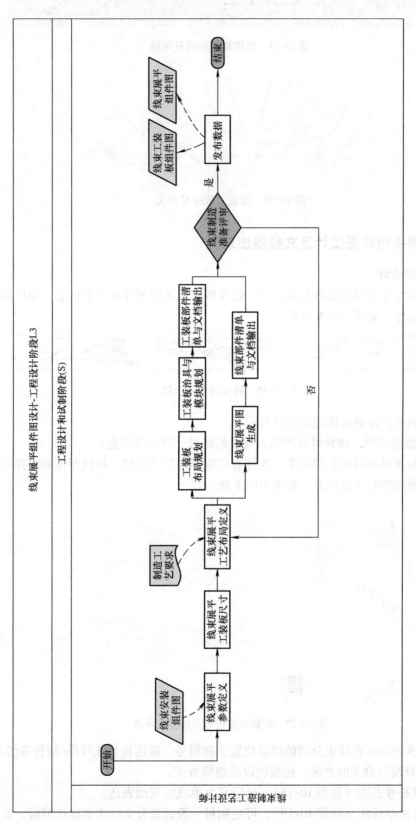

图 10-13　线束展平组件图设计流程

图 10-14　线束模型的展开布局

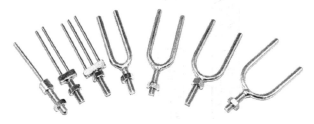

图 10-15　线束工装板 U 形叉

10.2.2　线束展平组件图设计及文档输出规范

1. 线束展平图设计

线束展平图是线束工装状态的直观图示，包含线束工装板制作的所有信息，用以指导工艺人员开展线束制造工作，如图 10-16 所示。

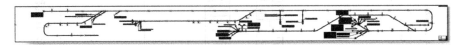

图 10-16　线束展平图示例

展平图纸的线束产品必需体现的信息有：

（1）连接器型谱视图、物料号及所插入导线的线号、颜色等信息；

针脚型谱符号表示连接器孔位顺序。连接表用以描述导线连接、导线型号和零件号、导线路径以及连接器内所用密封塞的信息。如图 10-17 所示。

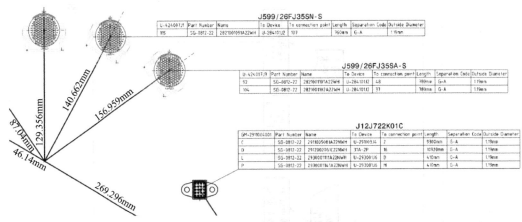

图 10-17　针脚型谱符号及连接表示意

（2）固定接头 Splice 在线束分段的埋设位置，物料号，需压接导线线号/颜色等信息；

（3）线束主脊线与分支的方向、包覆物以及缠绕方式。

1）线束通道符号表达（见图 10-18）。可定义为单线或双线表达。

2）线束通道文本标注（见图 10-19）。可定制每一段通道分支的文本标注模板，是否带引出线，及标注内容，例如：线束通道直径、转弯半径和内部通过的导线数量等信息。

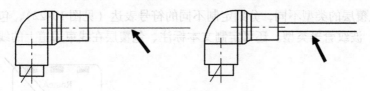

图 10-18　线束通道符号表达

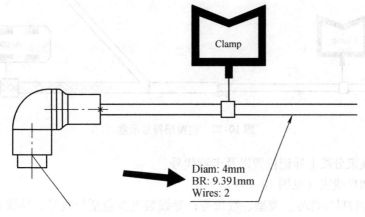

图 10-19　线束通道文本标注示意

3）线束分支点符号表达及位置标注（见图 10-20）。基于主干线束，定制分支线束位置符号以及每个线束分段的长度标注模板。

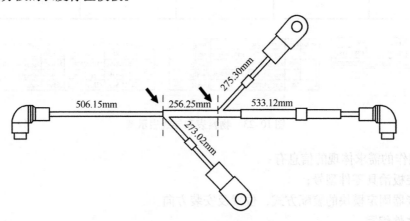

图 10-20　线束分支点符号表达及位置标注示意

4）端部余量符号位置标注（见图 10-21）。

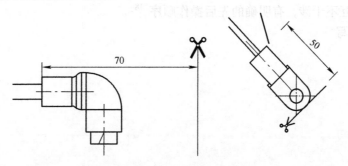

图 10-21　端部余量符号示意

5）可根据包覆层的类型不同，分别定制不同的符号表达（见图10-22），包括自适应类、固定直径类、胶带、波纹管等类型。还可定制文本标注、包覆层在线束通道上的线型。

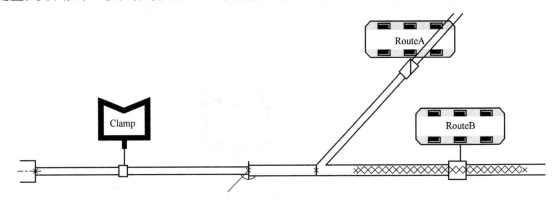

图10-22　包覆层符号示意

（4）卡箍在线束分段上标记位置以及卡箍代号。

（5）物料表和导线表（见图10-23）。

物料表可包括物料零件号、类型、数量等；导线表至少包括导线号、导线长度、始端对象、始端针脚、末端对象、末端针脚等信息。

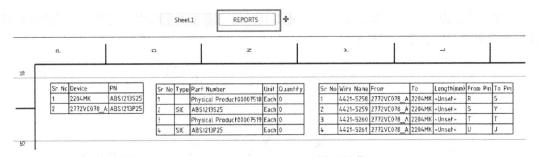

图10-23　物料表和导线表示意

工装板制作的需求体现的信息有：

（1）工装板治具零件型号；

（2）连接器固定模块的装配方式，位置及安装方向。

2. 工艺文件编写

下线工序、压接工序、装配工序、包装工序。工艺文件一般包含操作内容、规范要求。操作者根据工艺文件的指导，有步骤地装配线束；当多人在一块布线板上同时操作时，每人的分工要明确，并且操作时互不干涉，有明确的先后操作顺序[18]。

3. 技术要求编写

第 4 部分　EWIS 模型状态控制

第 11 章　EWIS 设计相关视图

EWIS 构型管理主要围绕 EWIS 设计的相关视图展开，包括物理架构视图、电原理图与电气接线图视图，与基于飞机设计结构的 EWIS 综合与安装组件图相关的子视图，EWIS 相关视图在不同阶段存在关联关系并需要保持动态一致性。

11.1　EWIS 设计结构树

一体化的 EWIS 设计必须在结构形式上满足参数关联的设计要求。在 3DE 中，通过若干具有关联的数据结构支撑一体化的 EWIS 设计流程，同时对该设计结构开展构型控制，满足 EWIS 在时间与功能维度的构型要求。EWIS 相关设计结构树由以下主要内容构成。

11.1.1　电气集成设计视图结构

基于上述概念，电气集成设计视图在逻辑层分为两部分，如图 11-1 所示。

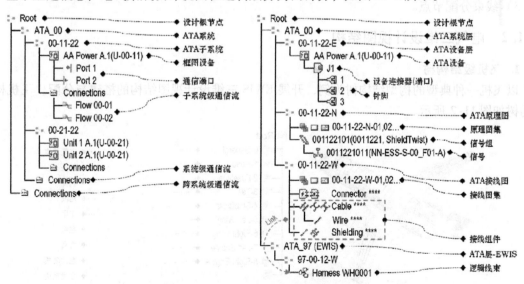

图 11-1　物理架构视图（左）与电原理/电气接线图视图（右）结构

1. 物理架构视图

视图第 0 层为物理架构设计根节点。第 1 层为 ATA 系统节点，第 2 层为 ATA 子系统节点，以子系统设置有效性，飞机功能的选装选配以及变更变种以该层为基本单元开展工作。第2层内展开物理架构的设备设计，包含设备与通信端口定义。

物理架构的通信关系在各层级均有体现：第0层下为跨系统级通信流；第1层下为系统级通信流，跨系统级与系统级通信流通常在更前端的逻辑架构中定义；第2层下为子系统级通信流，由各子系统负责人开展详细定义。

2. 电原理/电气接线图视图

电原理/电气接线图视图包含电原理图与电气接线图设计工作，其中第0层为电原理/电气接线图设计根节点。第1层为 ATA 系统节点。

第2层共分为3类：

（1）ATA 电原理设备节点，下包含该 ATA 所有设备，其状态与物理架构中的设备状态保持同步。

（2）ATA 子系统 – 电原理图节点，包含电原理图与子系统信号组/信号的特性及连接关系。电原理图中的信号组/信号的技术状态与物理架构的 EICD 信息保持同步。

（3）ATA 子系统 – 电气接线图节点，该节点与电原理图节点的子系统一一对应，包含实现对应电原理的所有电气实现组件，线缆及其特性和线束分配信息。

ATA 设备节点下的设备来自系统设备库，系统设备内通常含有定义好的设备连接器/接线端子的端口代号，以及设备针脚及其参数。端口与针脚之间存在父子关系。

电原理图节点主要包含的内容有：

1）电原理图集（Layout）/图纸（Sheet）/视图（View）；

2）信号组（Net Group）与信号网络（Net）。

电气接线图节点主要包含的内容有：

1）电气接线图图集（Layout）/图纸（Sheet）/视图（View）；

2）接线组件（线缆、连接器、分离面、接线端子和永久接头等）；

3）线束分配节点。

11.1.2　电气三维设计视图结构

1. 飞机级结构树

以飞机一种典型的构型结构树为例，开展 EWIS 三维设计视图结构的搭建与分配，飞机构型结构树如图11-2所示。

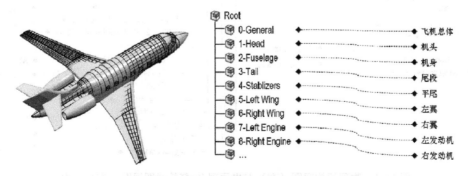

图 11-2　飞机典型构型结构树

飞机典型构型结构树第1层按照飞机总体、部段并列展开，部段下按照 ATA 系统展开第2层级，展开部段内包含所有飞机系统。

EWIS 作为单独的 ATA（例如 ATA－97，下同），同样遵循飞机构型基本层级规则。

2. EWIS 综合及主通道安装图结构树

在飞机总体节点下包含飞机外形主几何、飞机空间占位（一级样机）节点。作为方案设计阶段选取实施 EWIS 综合或物理线束安装的协调工作。EWIS 综合属于飞机级设计过程，相关的三维数据分配在飞机总体节点下，包括：

1）EWIS 主通道节点；

2）等电位与接地综合占位节点；

3）三维信号网络（Net）与接线图组件节点；

4）预成束节点。

结构如图 11-3 所示。

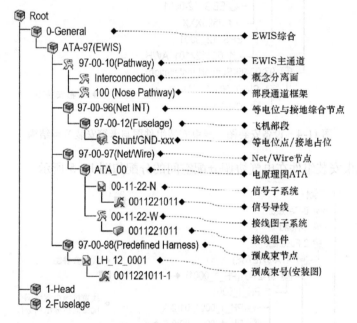

图 11-3　EWIS 综合节点及主通道安装图结构

3. 线束安装组件图与卡箍安装图结构树

设备安装图位于部段下各个系统节点；

线束安装组件图节点按照其所属部段，分配至相应部段节点下的 ATA－97 节点；线束卡箍同样按照其所属部段，分配至相应部段节点下的 ATA－97 节点。

线束安装组件图与卡箍安装节点结构如图 11-4 所示。

在典型线束安装协调场景中，电气 DMU 设计师通常不会直接在完整的线束安装组件开展整条线束的协调工作，因此基于专业定义的电气协调分配空间，将线束组件在该空间上"分解"为多个分段，该分解操作仅作为协调使用，仍保留线束组件作为装配整体。另外，部分线束（如馈电类线束）作为一个整体无分离面穿越飞机多个部段成束，将会仅分配至其中一个主要部段下的线束安装组件节点，因此该类线束按照电气协调分配空间分解后会将属于其他飞机部段空间的线束分段转移过去。

分解后的分段分配至其所属的电气协调分配空间装配节点下，所有分段分配完成后，每一个电气协调分配空间节点内将会包含来自不同线束组件在该区域的分段，电气 DMU 设计师在该区域对多个分段开展局部的详细安装定义，定义过程中发生的线束几何变化会同步反映至完整的线

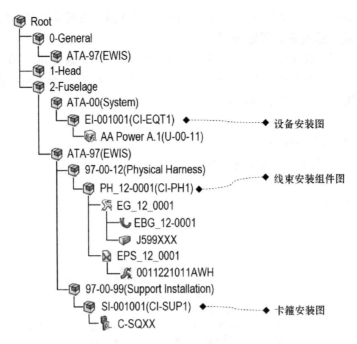

图 11-4　设备安装图、线束安装组件图与卡箍安装节点结构

束组件装配上。线束安装组件在电气协调分配空间的分配如图 11-5 所示。

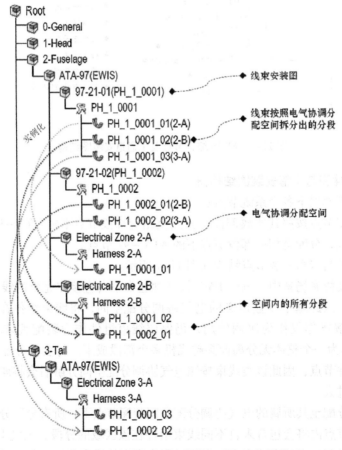

图 11-5　线束安装组件在电气协调分配空间的分配

11.1.3　电气线束组件视图结构

线束组件视图属于线束制造范围，构成单独的制造结构，数据通过系统关联关系与线束安装节点保持关联。

如图 11-6 所示，表示线束组件视图数据结构，基于型号线束制造根节点下存放各线束制造展平节点，定义展平参数集，线束展平的基础数模来源于其物理安装线束的数据提取，在提取数据中配置其展平状态。线束钉板制造图同样存放在线束制造展平节点下。

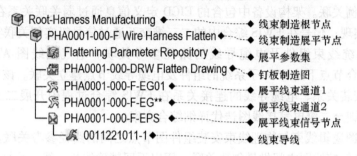

Root-Harness Manufacturing ◆	线束制造根节点
PHA0001-000-F Wire Harness Flatten ◆	线束制造展平节点
Flattening Parameter Repository ◆	展平参数集
PHA0001-000-DRW Flatten Drawing ◆	钉板制造图
PHA0001-000-F-EG01 ◆	展平线束通道1
PHA0001-000-F-EG** ◆	展平线束通道2
PHA0001-000-F-EPS ◆	展平线束信号节点
0011221011-1 ◆	线束导线

图 11-6　线束组件视图数据结构

11.2　EWIS 主要视图的数据关联

如图 11-7 所示，表示了 EWIS 设计要素在物理架构——电原理图/电气接线图——飞机三维结构树的主要传递路径关系。

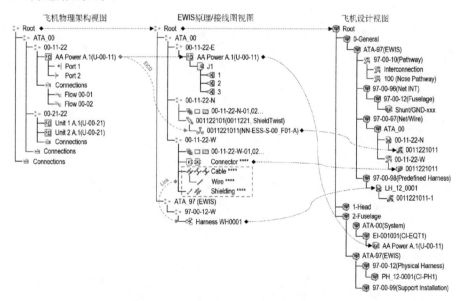

图 11-7　逻辑与物理结构树追溯关系

图示的实施关联分别表示：

1）飞机物理架构视图——EWIS 电原理/电气接线图视图——飞机设计视图根节点参考关联。

2）ATA 子系统的路径参考关联。物理架构节点——电原理设备节点——三维部段下的相应 ATA 节点，用于表达架构设备到电原理设备，以及电原理设备到三维设备选型驱动的路径方向及权限分割。

3）设备级实例关联。物理架构设备——电原理设备——三维设备布置与安装，用于描述系统设备自顶向下的追溯性，同时作为后续信号、线束组件以及电缆导线二三维自动驱动关联的逻辑追溯性基础。

4）ATA 子系统信号的路径参考关联。电原理 ATA 子系统的信号节点——EWIS 综合节点下的 ATA 子系统的信号节点，该节点内，信号连接关系在 EWIS 综合过程中开展二三维传递，三维信号敷设路径信息反馈至二维电原理图，用于定义其驱动路径方向及权限分割。

5）信号级实例关联。架构设备中包含的 EICD 定义信息通过弱关联关系在 EWIS 电原理/电气接线图视图中实现；信号在 EWIS 综合中的二三维交互通过信号级实例关联实现追溯。

6）ATA 子系统线束组件及电缆导线的路径参考关联。电气接线图 ATA 子系统的组件节点——EWIS 综合节点下的 ATA 子系统的组件及电缆导线节点建立关联。该节点内，线束组件与各系统设备的安装关系、电缆导线的连接关系在 EWIS 综合过程中开展二三维传递，三维的 EWIS 综合信息反馈至二维电气接线图迭代详细综合方案。

7）电气接线图逻辑线束与物理线束安装组件图节点之间的路径参考关联。线束安装组件图冻结后与最终的电气接线图之间批量创建关联，用以返回精确线长、线束编号与线束重量到电气接线图，并最终校验电气接线图与线束安装组件图之间的同步状态。

第12章 构型管理

构型管理（Configuration Management，CM）属系统工程的过程，用于在产品全生命周期内建立和维护产品性能、功能、物理特性与其需求、设计和运营使用的信息相一致。CM 的目的是确保设计的状态清晰可控[3]。

12.1 飞机构型管理现状和趋势

构型管理是一种面向产品立项、设计、生产到综合保障整个产品生命周期的，以产品结构为组织方式，集成和协调与产品构造过程相关的一切活动和产品数据，并对其进行管理和控制，从而保证产品数据一致性、完整性、有效性和可追溯性的管理技术。构型管理的主要目的是从宏观上把握并建立产品整体结构；利用最少的零件产生最多的产品类型，满足客户多样化的需求，增强零件的重用性；维护产品数据的全部有效版本，确保在各个阶段都能够获得产品完整、准确、有效的技术描述。构型管理的最终目的是对产品研制进行全过程管理，实现产品研制的预期目标。构型管理也称为配置管理和技术状态管理。

面对复杂航空系统工程项目研制，波音公司从 20 世纪 70 年代起就引入了构型管理技术，多年的实践证明，在工程项目研制过程中实施构型管理是确保产品研制达到合同和任务书规定的要求，保证产品质量，降低消耗，缩短周期的有效手段。构型管理技术由构型识别、构型审核、构型控制和构型记录 4 个环节组成。飞机构型实现了基于 PDM 基础全面的产品数据构型管理。构型控制技术主要体现在以下 4 个方面：

1）模块化组织产品结构。

2）将基于图纸的管理改成基于零部件的管理。

3）简化有效性，以模块有效性替代图纸有效性。

4）强化版本管理，建立版本控制规则，保证版本的可跟踪性。

构型是根据相关的配置规则将全生命周期各个阶段所产生的各种形式和各种版本的数据、文档、工作流程等进行配置的结果。构型体现了同一产品数据模型在产品生命周期中不同的产品结构视图，比如在设计阶段，体现的是产品的 EBoM（Engineering Bill of Material），通常被称为设计构型；工艺阶段为 PBoM（Process Bill of Material），称为工艺构型；制造阶段为 MBoM（Manufacturing Bill of Material），称为制造构型。产品某特定构型在产品生命周期中不断演变，并以不同的视图展现出来[19]。

构型管理起源于美国的军事工业。美国空军为了解决新型战机研制和采购中的混乱状况，提出了构型管理的概念，降低了研制成本和周期，提高了客户满意度。鉴于此，美国军方认为，必须依靠构型管理建立一个规范、可靠、科学的体系来控制产品研制。随着在美国军方的应用，构型管理得到了普遍的认可。波音公司从 1996 年起开始构建基于构型控制的数字化制造信息管理系统（DCAC/MRM）[20]。实施 DCAC/MRM 系统为播音公司带来了巨大的经济利益和社会效益。在波音公司推出该计划后，空中客车公司和洛克希德·马丁公司也提出了类似的计划。在国外飞机项目的研制过程中，构型管理通过引入信息化技术和数字化手段，不断发展和创新，已形成了具有约束力和指导意义的标准体系。国际上颇具代表性的构型管理标准有 MIL – STD973、ANSI/

EIA – 649、EIA – 836 和 CMII 等[21]。

在国内部分主机厂所的型号研制中已经消化吸收了国际一些先进的现代构型管理及 X – BOM 多视图管理思想，结合国内"三化"（通用化、系列化和模块化）设计要求，创新地将构型项作为型号构型定义和控制的基础和核心，并结合当时的业务实践实现了较为严密的更改控制，有效地支撑了当时的型号研制。

随着相关业务成熟度的不断提升，面向模型化的构型管理新的业务需求也随之产生，主要体现在以下方面。

构型数据管理方面，原有系统主要管理 CATIA 数模与技术文件文档，然而，未来型号研制中应对所有体现产品性能、功能和物理特性的全部类型数据均通过产品结构（BoM）关联从而进行构型管理，包括 CATIA 数模、系统设计数据、软件设计数据、试验数据、工艺/工装/检验数据和服务数据等，难以在原有系统上实现。

构型管理应对产品从概念设计、初步设计、详细设计、试飞取证、客户服务的全生命周期构型状态进行管理，一般通过产品结构不同视图（或者称为多个 BoM）之间的演变来实现，难以在原有系统上实现。

在新型号全球协同研制的背景下，供应商构型管理是型号构型管理里不可缺少的一部分，大部分构型管理活动都会有供应商的参与，如构建 EBoM 时需要供应商的设计数据或成品数据（取决于供应商类型），试验/制造过程中需要对成品进行状态控制，工程更改中需要供应商对在制品状态进行确认及供应商超差/偏离管理等。而原有系统主要在所内进行使用，亟待扩展。

因此，需要在原有构型管理理念的基础上系统上扩展，引入基于成熟度基线的理念，利用其原生的流程管理、异地协同、多 BoM、选装选配、设计制造解耦等关键技术，并基于其良好的开放性与可扩展性，建设未来的构型管理理念，对新型号的构型信息进行完整的控制和精确的管理，实现支持全类型数据、全生命周期、全业务环节、完整更改过程和考虑供应商的全面构型管理。

12.2　达索 3DE 平台构型管理解决方案概述

12.2.1　模型化构型字典

在构型管理活动中，产品线、有效性、选项配置等信息是表征产品构型信息的关键数据。在以往的构型管理工具中，产品线、有效性、选项配置等构型关键信息往往以产品结构某一层级、数字或数段、属性等方式定制化表达，没有专业独立的业务模型进行定义，带来的问题则是更改、选配等活动过程、上述构型关键信息、产品结构及数据这三方难以在复杂的业务场景下通过定制开发联动，导致很多信息的修改需要人工介入，降低了工作效率。

3DE 平台提供了专门的模型化构型字典，以此为构型的专业信息提供模型载体，能够更加精确地表达构型信息，同时能够在复杂的业务场景下与业务活动联动，从而使构型管理更加精细化、自动化、智能化，如图 12-1 所示。

具体包括：

1. 产品线模型管理

产品线（Product Line）模型是对飞机产品型别的规划。对于系列化飞机来说，规划平台以及型别是重要的前期工作。3DE 平台通过产品线模型的不断分解，实现对系列化飞机的型别规划，并可以通过流程将型别规划过程中的市场部门、总体与构型部门串联起来，协同完成产品线规划工作。

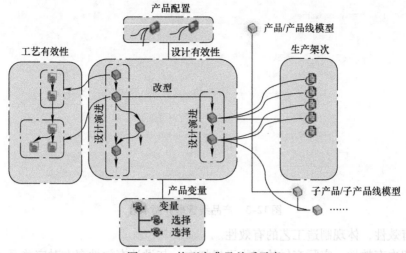

图 12-1　构型字典及关系示意

产品线规划的底层模型是产品模型（Model），可以最终表达一个不可再分的子型别，并将拥有一个子型别的有效性序列。同一系列飞机的不同型别的有效性序列，可以通过数字区别，比如 10001～10999、20001～20999，10、20 代表不同型别，后三位代表具体架次。通过在实际产品结构上关联不同产品模型，即可实现一个模块分配在不同型别上，产品线管理逻辑示意如图 12-2 所示。

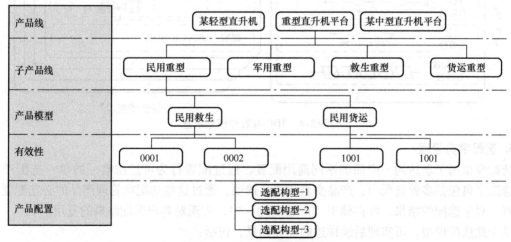

图 12-2　产品线管理逻辑示意

所有的选配项均可以基于产品线统一规划和管理，形成平台级配置能力。各产品模型及具体设计有效性可继承或排除各平台配置项，如图 12-3 所示。

2. 模型化有效性管理

有效性是将产品结构与构型配置信息关联的核心信息。对于产品的设计制造及服务来说，可以有以下几种有效性。

1）设计有效性，体现产品研制过程中产品设计的演进。产品的演进可以有"升版式"的产品设计更新，也可以有"分支式"的派生，例如改型。设计有效性需要能够显性地表达这些演进方式。

2）选配有效性或方案有效性，体现产品中商业选型部分，例如娱乐系统的选配等。

3）时间有效性，根据时间确定产品的制造状态，目前飞机主机厂并非采用此类方式。

Marketing Name	Type	Name ▲	
□ ⊡ AHL直升机平台 -	Product Line	AHL直升机平台 -	
□ ⊡ 民用重型直升机 -	Product Line	民用重型直升机 -	
□ ⊡ 民用救生直升机 -	Product Line	民用救生直升机 -	
□ ⊡ 民用救生直升机产品	Model	民用救生直升机产品	
+ □ ⊡ PT 01	Model Version	PT 01	
+ □ ⊡ PT 02	Model Version	PT 02	
+ □ ⊡ 民用货运直升机 -	Product Line	民用货运直升机 -	
+ □ ⊡ 军用重型直升机 -	Product Line	军用重型直升机 -	

图 12-3　产品线管理界面示意

4）工艺有效性，体现制造工艺的有效性。

5）实际架次有效性，实际交付的实物飞机架次，与设计有效性存在对应关系。

3DE 平台提供完整的有效性模型，对时间有效性、设计有效性、工艺有效性、实际架次有效性以及选配有效性进行建模，如图 12-4 所示。

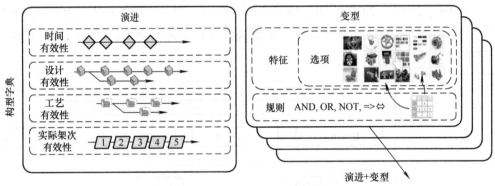

图 12-4　3DE 有效性模型示意

3. 选配字典管理

选配模型用于表达同一产品的不同商用配置，通过配置行为可过滤唯一的单一选配产品构型。选配字典包括多种选配项：产品变量和产品选项，通过这些选配项管理产品的必选配置与可选配置。对于选配的结果，可存储于"产品配置"中，实现对客户选配结果的复用。

基于此选配模型，可实现后续详述的业务场景，包括：

1）初步设计多方案管理。

2）飞机选配管理。

12.2.2　全周期 XBoM 管理

在产品研制过程中，在不同的设计阶段，对于不同的用户需求，将需要从不同的角度去查看产品结构，需要管理的产品信息与组织形式也将会有区别。在构型管理系统中，基于统一的构型数据库，按照不同的产品结构管理需要，通过视图的方式对产品结构信息进行展示，满足不同阶段、不同业务部门的信息获取需要[22]。将结合型号业务实际需要，规划需求视图、设计视图（EBoM）、制造视图（MBoM）、装机视图（BBoM）、服务视图（SBoM）和运营视图（OBoM）等。其中，EBoM、MBoM 与 SBoM 体现产品的数字化定义，在型号协同研制（PLM）平台中进行管理；而 BBoM 与 OBoM 属于体现产品实例的实物信息，这些信息一般在 MES 系统、MRO 系统或自研的质量管理系统中按架次进行记录。如有需要，可通过系统集成将 BBoM 或 OBoM 的实物信息导入型号协同研制（PLM）平台进行统一管理，也可通过一体化的搜索工具在型号研制看板中实现。

视图之间存在演变和关联关系，可以在型号协同平台中管理这种演变过程并记录其关联关系，从而保证数据的一致性、完整性、有效性和可追溯性，如图 12-5 所示。以 EBoM 到 MBoM 的转换为例，平台可支撑 2 种转换方式，单一 BoM 结构（EBoM/MBoM 共享 CI，CI 下不用重构）和多 BoM 结构（EBoM/MBoM 分离）。

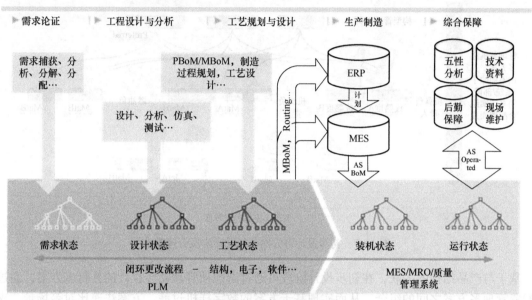

图 12-5　BoM 信息流转关系

构型字典的有效性模型定义在相关零件或组件在具体产品结构的实例关系里，而并非直接定义在零件上，从而使零组件的重用不影响有效性，无须强制变号，如图 12-6 所示。

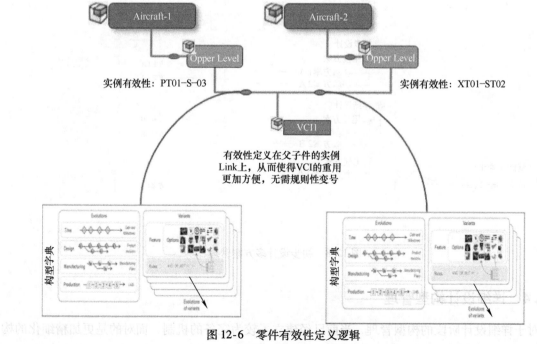

图 12-6　零件有效性定义逻辑

12.2.3　初步设计构型管理

在初步设计阶段，多个可能的设计方案并行设计并选择其最优方案是其核心工作之一。因此在这个阶段的构型管理需要能够支撑多方案的并行设计，在工作包级能够提供各初步设计模块多方案的管理能力，在整机级能够对各个多方案进行配置，从而为设计师提供可进行协同设计的整机配置以过滤产品结构树。如图 12-7 所示。

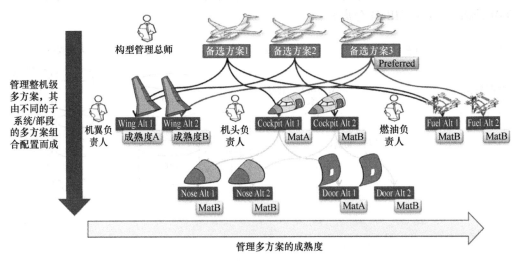

图 12-7　初步设计多方案并行设计阶段管理需求

基于与产品结构的关联，在初步设计阶段可通过选配项管理初步设计的并行多方案，通过整机配置管理多方案之间的组合，从而实现基于方案的数字样机过滤、方案快速比对等场景，支撑基于多方案的初步设计管理。如图 12-8 所示。

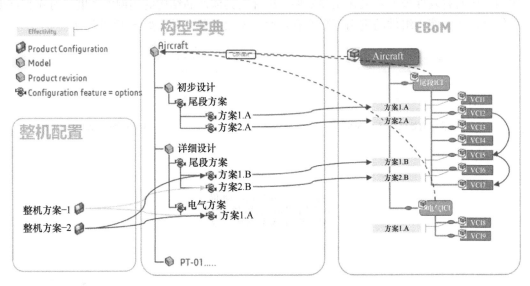

图 12-8　初步设计多方案管理

12.2.4　详细设计构型管理

对于详细设计阶段的构型管理，当前已经建立了较为完备的机制，面对的是更加精细化的构型管理要求。当前已经实现设计产品结构研制批单架次有效性的管理方式。然而对于研制批来说，往往单架次飞机多个状态都需要被记录追溯，甚至是单架次飞机多状态并行设计（并非多方案）。例如，所有飞机都要进行各类试验试飞的鉴定工作。在此阶段，飞机的设计构型状态不断变化，例如，试飞科目的不同可导致飞机上加改装的设备不同，由于故障的发现可能引起各类工程更改等。而对于审定工作来言，需要清楚地明晰审定试飞过程中的构型状态，从而保证审定数据来源于可追溯的目标构型，保证审定工作清晰有效。

对于 3DE 平台，可基于模型化的构型字典，利用设计分支管理单架次飞机的试飞状态，从而实现审定试飞过程的精细化管理。

一方面，在有效性上，可以实现在单架次有效性上进行多个试飞状态的派生，并记录其关联关系，保证各个状态都能够被单独维护，如图 12-9 所示；另一方面，可以在产品结构上设置试飞改装模块，管理飞机的试飞改装构型，从而能够更好地支撑研制批飞机的设计构型管理工作。

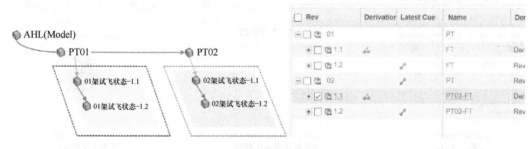

图 12-9　单架次飞机多试飞状态管理示意

12.2.5　系统视图管理

系统视图也是产品结构树 EBoM 的一部分，用于系统设计师在系统设计时对系统功能进行规划和分解及设备相关的构型数据的管理，该视图将系统功能描述信息与物理安装信息分开管理，这样可以分别针对设备的安装（设计视图管理）和设备的功能（系统视图管理）进行控制。系统视图在对系统功能进行规划和分解时，将包含所有与供应商相关的产品构型数据（包含软件信息），即亦体现了对供应商产品数据的管理。

系统视图的主要特点如下：

（1）结构层次描述：顶层结构划分为 4 层，分别是机型、ATA 章、ATA 节、ATA 段；构型层划分为 3 层，分别是构型项层、架次有效性层、模块层；底层结构由设备编号、供应商件号、设备原理图、设备数模及其他相关技术文档构成。其中构型项层还可进一步细分为两个或三个构型层（用于管理嵌套设备），但是原则上不允许超过三层。

（2）包含数据描述：DM 管理与设备相关的各种数据，如设备编号、供应商设备件号、供应商设备外形数模及安装件数模、功能规格、电原理图、电气接线图/接线表及设备相关的软件等信息。其他一些不属于具体设备的顶层 ICD 文件、原理图、电气接线图等需要单独进行构型控制，并挂接到相关的顶层节点。

（3）系统设备逻辑标识符（Equipment Logical Identifier，ELI）：根据系统/设备的管理特点，其模型的标识体现了系统设计的特点。所有设备均对应唯一的系统标识符，以代表特定的系统功能逻辑，在每个确定的飞机构型下应当对应唯一的系统模型。如图 12-10 所示。

系统设计包括 3 个方面的内容，如图 12-11 所示。

3DE 平台构建单一的产品结构树 EBoM 以包含所有系统安装的模型，同时构建系统设备和成

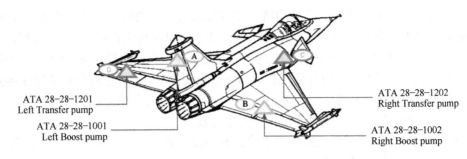

ATA 28-28-1201
Left Transfer pump

ATA 28-28-1001
Left Boost pump

ATA 28-28-1202
Right Transfer pump

ATA 28-28-1002
Right Boost pump

图 12-10　系统设备标识示例（左右设备标识不同但设备相同）

图 12-11　系统设计主要的 3 个业务场景

品库，管理系统设计或者供应商所提供的系统数模。系统视图的构型管理遵循上述统一的构型管理原则和方法。如图 12-12 所示。

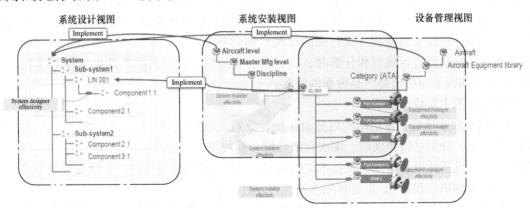

图 12-12　系统视图与产品结构的转换关系

在系统视图上可管理机载软件的设计发布版本，以及机载软件与硬件之间的关联关系，从而通过系统视图实现机械、电气、软件产品信息的管理，并能够在单一平台内实现整机结构安装、电气管路、成品、软件的设计构型管理。在系统视图上可以定义软件的模块，并与硬件模块关联。对于主机所的自研软件，3DE 平台可以与主机所软件部门的 IDE 环境结合，在软件发布后获取软件的状态以及代码，并可进行查询与管理。对于一些制造厂负责灌装的软件，可直接通过系统视图将数据发布给制造厂，从而使装机软件构型可控，机载软件构件管理如图 12-13 所示。

图 12-13　机载软件构件管理

12.3　飞机 EWIS 构型管理

本节主要引用自参考文献［3］，EWIS 设计构型从两个维度展开，即时间维度和功能维度。时间维度上的 EWIS 构型是一个"主动"的管理过程，其目标是通过建立清晰的构型基线和基线间的一致性、符合性，及对基线偏离和更改的管理，来确保 EWIS 产品符合其功能、性能的要求。功能维度上的 EWIS 构型是"被动"产生的不同构型基线状态，要在飞机 TC 取证构型状态的基础上，去适应研制阶段飞机由于更改、优化、测试、偏离、进度等因素产生的基线状态差异。

12.3.1　时间维度的 EWIS 构型应用

EWIS 构型基线管理的目标是通过建立清晰的基线和基线间的一致性、符合性，及对偏离和更改的管理，来确保 EWIS 产品符合其功能、性能的要求。

在时间维度上，可采用国际标准通用的"构型基线"概念对 EWIS 构型进行划分。构型基线是在项目研制过程中的某一特定时刻，被正式确认、并被作为今后研制、生产活动基准的技术状态文件。EWIS 研制阶段包括以下 4 类构型基线，其具体内容和研制阶段里程碑的关系如图 12-14所示。

1）EWIS 功能基线。源自适航规章、飞机级和各功能系统的需求，是开展 EWIS 研制的输入性或接口性技术状态文件，主要包括系统架构，需求以及 ICD 信息。

2）EWIS 分配基线。由功能基线捕获、分解和确认的 EWIS 系统级需求和性能指标，主要包括 EWIS 需求、电原理图及相关文档。

3）EWIS 设计基线。用于 EWIS 线束组件制造、安装和测试的图样和文档，主要包括电气接线图、线束安装组件图、线束展平组件图及相关文档。

4）EWIS 产品基线。EWIS 物理产品和相关维护手册及持续性适航说明文件，主要是实物的制造与安装和相关支持文档。

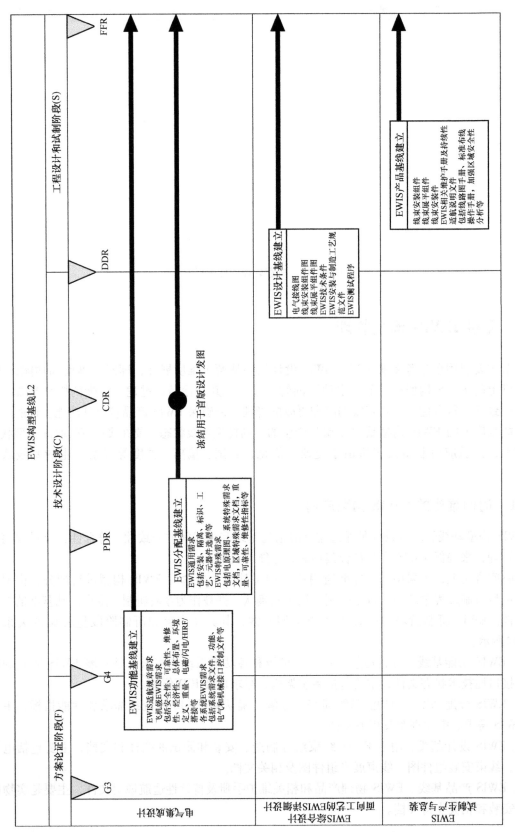

图 12-14　EWIS 构型的基线关系

12.3.2 功能维度的 EWIS 构型应用

在 EWIS 研制阶段，由于存在各系统、结构设计的更改和优化，试飞功能架次安排及改装、设计和制造的偏离、进度节点等诸多因素，会造成 EWIS 产生较多的功能构型，相关关系如图 12-15 所示。

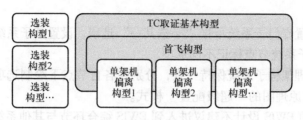

图 12-15　EWIS 功能构型关系

1）EWIS TC 取证基本构型。指型号合格证（TC）取证所关联的 EWIS 基本构型（必装项 + 必选其一的标准配置项）。

2）EWIS 首飞构型。指为能满足首飞功能需求的 EWIS 构型。

3）EWIS 单架机偏离构型。指由于研制阶段单架机结构、系统的特殊性，设计及制造偏离，或试飞改装而引起的 EWIS 在某单架机上特有的构型。

4）EWIS 选装构型。指 TC 或补充 TC（STC）取证所关联的由于系统选装项产生的 EWIS 选装构型。其中根据选项特征的不同，又可详细分为"必选其一非标准配置项"（如座舱布局）、"可选项"（如卫通系统）、"可选其一"（如机载娱乐系统）、"可选一个或多个"（如视频监控系统）等。

研制阶段飞机 EWIS 的功能构型的确定建议遵循以下 4 项原则，如图 12-16 所示。

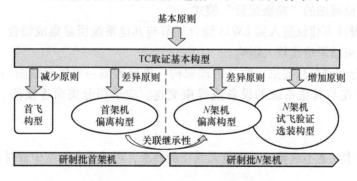

图 12-16　EWIS 功能构型的管理原则

1. 基本原则

EWIS 的初始研制（包括各阶段设计评审）应考虑采用 TC 取证基本构型。TC 取证基本构型包含了飞机取证必要的所有系统，设计内容是一个逐步迭代完善的过程，可能前期定义的基本构型会转为单架机偏离构型，并在后续机上产生新的基本构型。

在 3DE 平台中，建议基本构型作为一个大的整体"模块"开展 EWIS 相关设计，该构型下的所有系统按照全设计流程开展，即从物理架构→电原理图→EWIS 综合设计→电气接线图→安装组件图/展平组件图开展，在 EWIS 综合过程给出完整基本构型的成束方案，若飞机基本构型不发生全局性变化，则该方案作为其他构型的基准开展构型的演化工作。

基本构型的有效性标记为全架次，其中：

1）在子系统章节上标记物理架构/电原理图有效性；

2）在 EWIS 主通道分段上标记有效性；

3）在子系统章节上标记电气接线图有效性；

4）在安装组件图/展平组件图装配节点标记有效性。

"必选其一"的 EWIS 设计属于基本构型，建议采用模块化思路构建设计数据，在 3DE 平台中：

1）物理架构中设置专门子系统承接"必选其一"选项，设置其子系统代号（例如 xx－xx－11，xx－xx－12），在子系统节点标记不同选项。

2）电原理图与物理架构子系统保持一致，分别在各自节点下绘制选项部分的电回路，连接至系统设备，表现出电原理图的"超级配置"模式。

3）"必选其一"的 EWIS 设计不建议进入到 EWIS 综合环节与其他系统回路集成综合，避免由于选项不同对其他回路的成束结果造成较大影响。

4）建议该部分回路单独成束，即从物理架构→电原理图→电气接线图→安装组件图/展平组件图开展，若存在与其他系统的设备或线束交连，应采用分离面连接器、转接模块等组件隔开。

注意：在 EWIS 综合过程中需要注意给后续的选装构型进行提前协调预留好空间和资源（如分离面连接器、转接模块等），以达到良好的可扩展性。

2. 增加原则

在基本构型基础上，按不同架次试飞功能要求增加 EWIS 选装构型项。在 3DE 平台中，EWIS 选装构型项给出以下建议：

1）物理架构中设置专门子系统选装选项，在子系统节点标记选装选项。

2）电原理图与物理架构子系统保持一致，在选装节点下绘制选项部分的电回路，连接至系统设备，表现出电原理图的"超级配置"模式。

3）选装选项设计不建议进入到 EWIS 综合环节与其他系统回路集成综合，避免由于选项变化对其他回路的成束结果造成较大影响。

4）建议该部分回路单独成束，即从物理架构→电原理图→电气接线图→安装组件图/展平组件图开展，若存在与其他系统的设备或线束交连，应采用分离面连接器、转接模块等组件隔开。

3. 减少原则

如设计对象技术状态不成熟，试飞也无其功能要求，可从基本构型中暂时删除，待后续状态成熟后再行增加。

4. 差异原则

对由更改、测试、偏离等因素所产生的 EWIS 差异发出单架机甚至多架机的偏离构型。

12.3.3　EWIS 设计变更的基本原则

对于 EWIS，一般以子系统作为最小设计单元，一个子系统包含一套原理图，一般由一个设计师负责，因此变更的最小控制单元是子系统，统一控制其下的设备、连接器、导线等元素的版本。EWIS 设计各个阶段，变更控制最小单元如图 12-17 所示。

12.3.4　EWIS 设计变更与版本管控

子系统设计变更的基本流程：

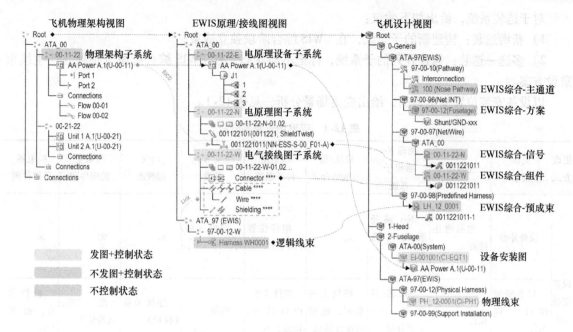

图 12-17　EWIS 结构树变更控制节点

1）变更发起与影响分析，得到需要变更的子系统编号；

2）相关子系统 CI 版本升级；

3）替换新版本 CI 节点至设计数据结构，并重构关联关系；

4）在升级后的子系统下协调执行变更内容。

以功能/子系统维度，开展 EWIS 的构型管控，如图 12-18 所示。

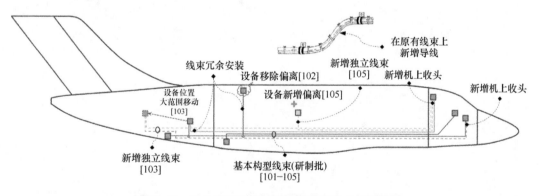

图 12-18　以功能/子系统维度开展 EWIS 的构型管控

基于系统的基本构型，给出如下建议：

1）在物理架构和电原理图结构树子系统构建 EWIS 基本构型：子系统 $1 \sim n$；

2）基于 EWIS 基本构型开展 EWIS 综合设计，将 n 个子系统混合成束；

3）当 EWIS 基本构型的部分子系统发生偏离时，包括：

① 设备减少偏离：维持 EWIS 基本构型成束方案不变，该架次安装多余的线束；

② 设备增加偏离：在原有子系统基础上增设子系统，单独成束。

4）经历若干架次的偏离演化后，重新评估型号 EWIS 基本构型的状态，将偏离的子系统构建成新的 EWIS 基本构型和选装构型。

对于选装系统，给出如下建议：

1）新增选装：构建新的子系统，在 EWIS 综合阶段独立成束；

2）多选一选装：构建并列的子系统，标记不同状态，在 EWIS 综合阶段分别独立产生线束敷设方案。

以设备安装位置变更为例，给出变更场景分析，见表 12-1。

表 12-1　变更场景影响分析

更改方式	更改要素	主通道	物理 Net 敷设子系统	模块/接地综合	线束组件子系统	线束 Wire 敷设	电气接线图	线束安装组件图	线束展平组件图
设备安装图	设备外形	主通道连接点	Net 路径敷设（微小）	无	组件位置（微小）	敷设（微小）	无	无	无
	设备安装位置－同部段	主通道连接点	Net 路径敷设、Net 实例分析	模块实例数量、选型与接线信息	组件位置、组件件号、接线关系	敷设	连接关系（模块）	组件位置、通道长度	组件位置、通道长度
	设备安装位置－跨部段	主通道连接点	Net 路径敷设、Net 实例分析	模块实例数量、选型与接线信息	组件位置、组件件号、接线关系	敷设	连接关系（模块、分离面）	组件位置、通道长度	组件位置、通道长度

第5部分　3DE 平台支持下的 EWIS 设计实践

第13章　支持 EWIS 设计的 3DE 平台的构建

13.1　平台环境搭建概述

3DEXPERIENCE（3DE）平台具有涵盖产品设计的全专业配置、多专业多角色基于单一数据源在线实时协同设计的特点和优势，对于越复杂的产品设计越能发挥其最大的价值。而对于飞机 EWIS 设计，3DE 平台配置了电气设计模块、标准化管理模块以及可基于企业具体业务流程客制化的业务规则定制开口，同时提供了开放性的嵌入式脚本二次开发工具，根据设计师的需要以实现自动化辅助设计。

基于 3DE 平台可以实现 EWIS 全流程的数字化设计研发，从概念设计、初步设计、详细设计到生产制造；从系统架构、功能逻辑到三维物理数字样机等，可支持各阶段的协同设计工作，并且由于具有同一数据架构，所有阶段的设计数据传递可实现无缝衔接，设计数据全流程可追溯，便于上下游数据一致性检查和验证。

3DE 平台可以集成配置 EWIS 设计标准、业务规则、模型模板库等数字化知识库。结合利用 3DE 平台中的知识工程和脚本二次开发工具，可自定义多种自动辅助设计和验证工具，提高设计效率并使得 EWIS 设计符合适航规章，如图 13-1 所示。

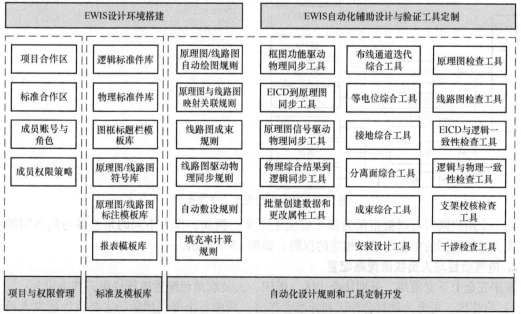

图 13-1　基于 3DE 的 EWIS 设计平台建设内容

13.2 EWIS 设计环境搭建与配置

13.2.1 项目与人员权限策略配置

1. 基础介绍

3DE 平台具有一套完整的项目管理与人员权策略配置方法。可根据实际项目执行需求，进行客制化定制，使整个项目不同专业之间有效合理地协同运行。通过定义安全上下文策略来管理项目成员所属的组织架构、项目运行所需的独立空间以及项目成员在项目中的角色和权限。

权限配置策略说明：组织、合作区、角色、用户、安全上下文以及数据生命周期管理方法。

用户：拥有账户和密码且可登录 3DE 平台的终端用户，用户隶属于某个组织，并拥有某个或几个角色。

组织：定义属于同一运营组织的一组人员，可以是一个业务单位或者是公司内的一个部门。

合作区：表示一个共享空间，用户可以在此共享内容或数据。有 4 种合作区类型可创建：

1）私有合作区：只有被分配在该合作区的用户才有权限访问合作区内的数据。

2）受保护合作区：该合作区的用户有权限访问合作区内的数据，而其他合作区用户仅可以访问该合作区中成熟度为发布或废弃的数据（无修改权限）。

3）公共合作区：任何其他合作区的用户皆可访问该合作区内的数据。

4）标准合作区：属于公共合作区，专门用于管理标准件数据。

角色：为用户定义可进行特定活动和访问级别或权限的身份。

安全上下文：由组织、合作区和角色 3 个元素组成，用户在登录 3DE 平台时需选择安全上下文才可访问数据信息。基于上述 3 个元素的组合和数据内容的所有权，用户可以被授权以访问、修改、保持和删除数据，如图 13-2 所示。

图 13-2　3DE 平台安全上下文架构

同一个用户同时可以被指派为多个安全上下文。例如，作为不同的角色参与到不同的项目中，那么基于不同的角色配置有相应的权限，如图 13-3 所示。

2. 电气项目与人员权限策略配置

基于安全上下文策略，分别从合作区、组织、人员和角色配置进行说明，其中包含：

1）合作区。可分为项目合作区和标准合作区，其中各个部门团队的主要设计研发人员皆从属于总体型号项目合作区，进行协作设计、共享设计空间和数据；而标准合作区内主要是管理标准公共数据，仅各个团队指定的管理员具有访问和编辑权限，但标准合作区中数据可供各个项目合作区的设计人员访问和使用，但不可编辑。对于电气设计而言，标准合作区主要管理逻辑和物理电气设备、元器件、模板等通用标准件，还有企业标准、规格以及通用业务规则配置信息等。

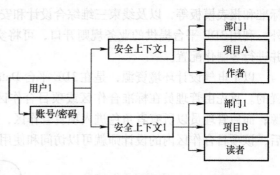

图 13-3 用户与不同的安全上下文关系

2）组织。可按照业务部门或设计团队来划分组织结构，划分组织便于管理组织中人员在项目合作区中的权限。对于电气设计组织划分，可基于实际业务流程分为电气逻辑架构、EWIS 综合设计、安装设计等团队。

3）人员和角色。人员从属于具体组织和合作区，而角色是人员在某合作区中可执行特定活动具有特定权限的身份表达。对于电气设计人员和角色配置，需要根据业务设计过程的任务划分来分别指派给具体人员，根据任务属性不同，对各个人员设置不同的角色与权限，例如，对于电原理图设计工作应至少包含专业管理员（所有者）、系统负责人（领导）和设计师（作者）等 3 种角色。其中专业管理员负责本项目中电原理图设计所需的绘图符号、标注模板、图纸标准和报表模板等环境资源配置；系统负责人负责本系统电原理图数据的审核、发布以及变更等设计数据的状态管控；设计师负责本系统下电原理图的绘制、数据修改、数据冻结和发起并启动数据签审流程等设计任务，根据系统的结构和任务量划分，可分别对应指派给多名设计人员负责。如图 13-4 所示。

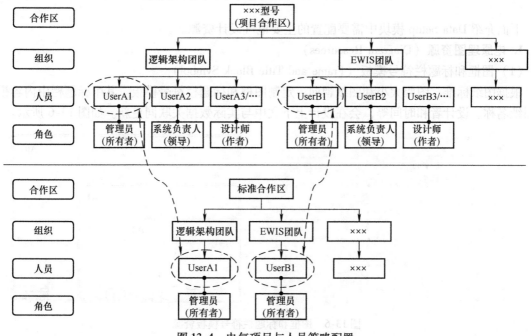

图 13-4 电气项目与人员策略配置

13.2.2 电气设计环境资源配置

所谓电气设计环境资源，指在 3DE 平台上进行电气设计所需的基础资源和基于实际业务的客制化资源，包括电原理图/电气接线图设计需要的逻辑元器件库、绘图符号、标注模板、图纸标准和报表模板等，以及线束三维综合设计和安装设计需要的物理元器件库、报表模板等。除此外，利用3DE平台提供的业务规则开口，可将实际设计规则规范通过代码开发进行数字化转换并进行客制化配置。

以上电气设计环境资源，是在3DE平台Data Setup模块中通过各团队的管理员角色来进行配置的。首先由管理员在标准合作区或项目合作区中创建标准件库、模板库和业务规则等具体资源；而后管理员以所有者角色进入项目合作区，把各电气资源集关联到当前合作区绑定树上。此后，该项目合作区内的设计师就可以访问和使用配置的环境资源。如图13-5所示。

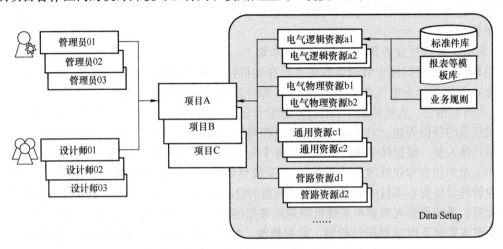

图13-5　基于3DE平台的电气设计环境资源配置

下面介绍Data Setup模块中需要配置的主要电气设计资源。

1. 电原理图资源（Diagram Resources）

（1）图框和标题栏符号模板（Frame and Title Block Symbol）

根据图纸标准、图幅大小和图纸朝向，定制图框和标题栏符号模板。其中标题栏中内容模板如图纸名称、设计者和时间等，会在设计上下文中与实际数据关联同更新。如图13-6所示。

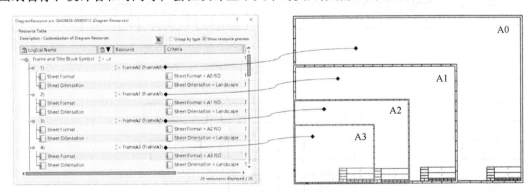

图13-6　图框和标题栏符号模板资源

（2）同图纸内电气连接转接符号（On Sheet Symbol for Same Sheet Context）

在同一图纸内定制表达电气连接的转接符号，同时可自定义转接符号标注内容模板，如去向连接符号的图纸位置和去向连接的设备、端口和针脚名称等。

（3）跨图纸电气连接转接符号（Off Sheet Symbol for Different Sheets Context）

在不同的图纸内定制表达电气连接的转接符号，同时可自定义转接符号标注内容模板，如去向连接符号的图纸位置和去向连接的设备、端口和针脚名称等。如图 13-7 和图 13-8 所示。

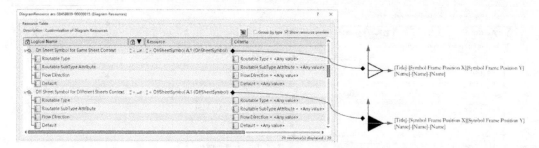

图 13-7　电气连接转接符号资源

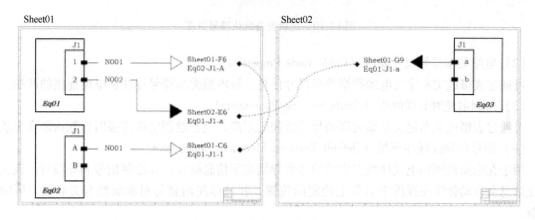

图 13-8　电气连接转接符号示例

2. 设备资源（Equipment Resources）

（1）**逻辑设备子类型**（Logical Equipment Subtype）

通过表格或文本定义逻辑设备子类型，作为逻辑设备的可选属性，用于区别设备类型，如图 13-9 所示。

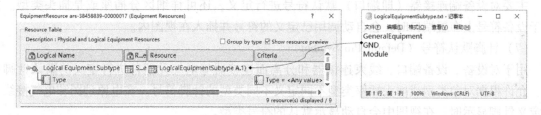

图 13-9　逻辑设备子类型资源

（2）**逻辑设备默认符号**（Logical Equipment Representation）

定制逻辑设备默认符号和符号文本标注，可利用子类型过滤区分不同的设备符号，如图 13-10 所示。

3. 电气逻辑资源（Electrical Logical Resources）

（1）**常用逻辑元器件库**（Favorite Logical Part Catalogs）

定义常用的逻辑元器件库，用于在通过库（Catalog）模式调用元器件时，可默认自动显示在当前库浏览列表中。若定义了元器件库，而没有配置关联到该资源集内，在通过库模式调用时，需要人工去数据库中搜索加载元器件库后，也是可正常调用的。

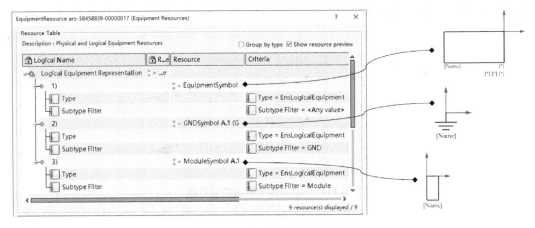

图 13-10 逻辑设备默认符号资源

（2）电缆类型符号尺寸属性（Cable Ends Properties）

可通过表格或文本定义电缆类型符号尺寸信息，该电缆类型符号标注在电缆连接的两端。

（3）绘制电缆时导线间距（Route Spacing Parameters）

可通过表格或文本定义电缆内部的导线之间的距离，当在绘制电缆连接时该默认距离生效。

（4）信号和导线标注模板（Default Texts on Electrical Conductors）

用于在电原理图和电气接线图中的信号和导线文字信息标注。在绘制信号和导线时，该文字标注信息会自动标注在视图中对象上约定的位置，并且标注信息与对象属性有关联性，可同步更新。

（5）电气元器件默认符号（Default Electrical Components Representation）

主要用于在电气接线图中的电气元器件对象的默认符号和文字标注模板的定义，如线束连接器、永久接头、接线端子等。在电气接线图中布置这些元器件时，会自动调用已定义的符号并插入在视图内。

（6）电气连接器端口默认符号（Default Electrical Connector Port Representation）

主要对设备端连接器（即端口）默认符号进行定义，还可详细区分插座或是插头类型。在基于设备符号上布置端口时，会自动调用已定义的符号并插入在视图内。

（7）针脚默认符号（Default Pin Symbol）

用于对设备、设备端口、线束连接器和分离面连接器等电气元器件进行定义的默认针脚符号，允许根据对象类型或插头插座类型不同定义不同类型的针脚符号。在电原理图和电气接线图中定义针脚显示时，在视图中会自动显示默认的符号类型。

（8）电缆类型默认符号（Default Cable Ends Representation）

主要用于在电气接线图中表达电缆类型的默认符号和文字标注模板的定义，如屏蔽电缆、绞合电缆和绞合多芯屏蔽电缆等。在绘制电缆连接时，电缆类型符号会自动标注在电缆连接的两端。

（9）信号组类型默认符号（Default Net Group Ends Representation）

主要用于在电原理图中表达信号组类型的默认符号和文字标注模板的定义，信号组类型与电缆类型一般对应一致。在定义信号组时，类型符号会自动标注在信号连接线的两端。

4. 逻辑至物理同步资源（Logical to Physical Synchronization Resources）

（1）计算逻辑至物理同步验证（L2P_ComputeSynchronizationValidity）

在逻辑与物理对象同步时，通过定义业务规则来控制对于选定的逻辑与物理对象是否能够被同步。

（2）计算部件零件号（L2P_ComputePartNumber）

在逻辑与物理对象同步时，通过定义业务规则来定义与逻辑对象对应的要实例化的物理对象零件号。

（3）计算设备布置父节点（L2P_ComputeFatherForPlacingEquipment）

在逻辑与物理设备同步时，通过定义业务规则来控制物理对象在结构树上的节点布置位置。

（4）计算元器件布置父节点（L2P_ComputeFatherForPlacingComponent）

在逻辑与物理元器件同步时，通过定义业务规则来控制物理对象在结构树上的节点布置位置。

（5）计算信号/导线/电缆布置父节点（L2P_ComputeFatherForPlacingRoutables）

在逻辑与物理导线和电缆同步时，通过定义业务规则来控制物理对象在结构树上的电气物理系统（EPS）节点布置位置。

（6）计算部件 3D 空间位置（L2P_ComputeComponent3DPosition）

在逻辑与物理对象同步时，通过定义业务规则来控制物理对象实例在三维空间的布置位置。

（7）逻辑对象属性至物理对象属性传递（L2P_ReportAttributes）

在逻辑与物理对象同步时，通过定义业务规则来控制逻辑对象属性至物理对象属性的映射与传递。

（8）计算对应多物理对象实施关系自动创建（L2P_ComputeMultipleCorrespondingPhysicals）

在逻辑与物理对象同步时，通过定义业务规则实现对一个逻辑系统对象与多个电气物理系统对象自动建立实施关系。

5. 电气物理系统设计资源（Electrical Physical System Design Resources）

（1）常用三维电气元器件库（3D Electrical Components Catalogs）

定义常用的三维电气元器件库，用于在通过库（Catalog）模式调用元器件时，可默认自动显示在当前库浏览列表中。若定义了元器件库，而没有配置关联到该资源集内，在通过库模式调用时，需要人工去数据库中搜索加载元器件库后，也是可正常调用的。

（2）导线敷设规则兼容表（Compatibility Table）

在执行导线敷设时，通过文本 Text 模式定义用于控制导线敷设的规则表，文本内分别采用导线和通道的"隔离代码"属性进行匹配对应。在执行导线自动敷设时，软件会自动依据该规则表进行一致性匹配。

（3）计算线缆通道更新（EWR_Update_ComputeBundleSegment）

在执行更新导线通道直径命令时，通过定义业务规则实现根据通道内部敷设的导线和电缆信息自定义计算并更新通道的外径和弯曲半径。

（4）自定义计算线缆通道填充率（EHI_Network_ComputeSegmentFillingRatio）

在执行通道网络分析命令时，通过定义业务规则实现自定义计算通道内部导线的填充率。

（5）验证导线敷设时与通道兼容性（EWR_ValidateSegmentInConductorRoute）

在执行导线敷设时，通过定义业务规则实现自动检查导线与通道是否兼容，一般通过导线和通道的"隔离代码"属性是否匹配来定义兼容规则。

（6）计算电气特征对象名称（Compute_Elec_Feature_Name）

通过定义业务规则实现对电气特征对象自动命名，包括通道分支（Branch）、分段（Segment）、导线（Conductor）和导线组（Conductor Group）。

（7）计算线缆通道颜色（EHI_ComputeSegmentColor）

通过定义业务规则实现对线缆通道自动设定颜色。一般可通过通道"隔离代码"或"子类型"属性自定义匹配颜色规则。

6. 电气特征自定义资源（Electrical Feature Customization Resources）

通过知识工程对电气特征对象和属性自定义扩展。一般常用于对特征导线扩展自定义属性。

7. 电气制造准备资源（Electrical Manufacturing Preparation Resources）

符号与标注模板库（Drawing catalogs），用于在自动生成钉板制造图时，对线束组件定义默认的二维符号和文字标注模板，这些模板通过库（Catalog）进行管理。

8. 报告模板定义资源（Report Template Definition）

通过知识工程自定义各类报表模板，可用于电原理图、电气接线图和三维设计等场景中的报表提取。

9. EKL 自定义方法库资源（Includable EKL Libraries）

用于管理自定义封装的 EKL 方法库。方便在通过 EKL 编写的业务规则、执行、检查等场景中重复调用。

13.3　电气标准件库构建方案

1. 电气标准件库创建

电气标准件库包括二维逻辑电气库（电缆库、元器件库、符号库、标注模板和报表模板库等）和三维物理电气库（电缆库、元器件库、报表模板库等）。构建和管理统一的电气标准件库是保证准确的二三维设计和物料统计的基础。

3DE 平台具有一套完整的建立和管理标准件库的方案，支持按照实际需求分角色和权限进行配置和管理。

2. 电气标准件库管理

生命周期管理：是指数据对象从开始创建到转变为废弃的过程。3DE 平台为数据对象定义了 5 个成熟度状态来表达数据的整个生命周期。5 个成熟度分别为私有、工作中、冻结、发布和废弃。成熟度状态之间转变需要由指定角色的用户来执行，并且不同成熟度状态的转变也要遵循一定的规则，如图 13-11 所示。

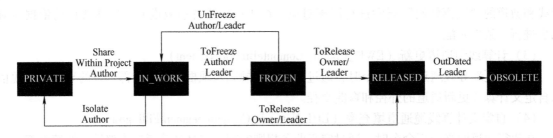

图 13-11　数据对象生命周期变化流程

3. 电气标准件权限配置

电气标准件的权限配置通过合作区、角色和零件的生命周期进行配置管理。

合作区：电气标准件库专门使用"标准合作区"模式创建标准件合作区，其他项目合作区用户皆可访问该合作区的内容。

角色：应在标准件合作区中分配"领导"角色作为电气标准件库管理员进行创建和修改等

维护操作。

生命周期：新建电气标准件的成熟度为"工作中"，当确认标准件可供用户使用时，应提升成熟度至"发布"状态，此时该零件将无法修改，若后续发生变更，需要通过提升新的版本（如 A.1 提升为 B.1）后才可修改。

4. 电气标准件维护流程

场景 1：新建电气标准件

1）电气标准件管理员使用"领导"角色，登录标准件合作区，创建电气标准件；

2）确认该标准件所有相关属性完整后，提升成熟度至"发布"；

3）把该标准件插入标准件库 Catalog。

场景 2：电气标准件变更

1）电气标准件管理员使用"领导"角色，登录标准件合作区，打开要变更的标准件；

2）把该标准件提升至新版本（如 A.1 提升为 B.1）；

3）对该新版本的标准件进行修改变更；

4）提升该新版本标准件成熟度至"发布"；

5）在电气标准件库 Catalog 中，把变更的原标准件替换为最新版本。

如图 13-12 所示为电气标准件管理维护流程示例。

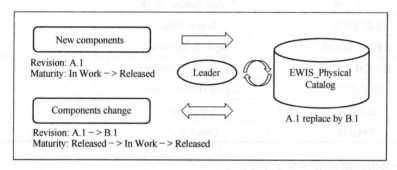

图 13-12　电气标准件管理维护流程

5. 电气标准件类型与属性

（1）连接器（Connector）：用于提供设备、缆束或电缆布线网络之间的电气接口的电气设备。连接器又细分为插头和插座。

1）插头（Plug）：连接器的组成部分，在分离状态下可自由移动。在电线对电线、光纤对光纤、电缆对电缆及板对板的连接系统中，插头将接触件插入插座中实现连接，接触件可以是插针或插孔。

2）插座（Receptacle）：连接器的组成部分，在分离状态下为不可移动的固定端，可能安装在支架上、轨道上、面板上或印制电路板上。在电线对电线、光纤对光纤、电缆对电缆及板对板的连接系统中，插座用于固定接触件，接触件可以是插针或插孔。

（2）尾附件（Backshell）：连接器附件或元件，可单独提供或与连接器一起提供，安装在连接器的尾部，便于在有限的空间内夹紧线束和固定线束的走向，与电线屏蔽层端接后，可提供耐电磁干扰保护，也可提供耐潮湿或防水保护。

（3）支撑件（Support）：用于支撑线束分段时所使用的支撑件。

6. 电气标准件库结构

飞机电气基础库是用于飞机电气设计建模的各类基础对象要素的模型的集合，库模型指各类组成对象在电气基础库中的模型定义。依据飞机电气综合设计建模所涵盖的范围，各类组成对象的库模型按照设计应用环境分为（电气）ECAD 模型和（机械）MCAD 模型，分别用于电气集成设计 ECAD 应用环境，以及 EWIS 综合设计、线束安装组件图设计、线束展平组件图设计 MCAD 应用环境。飞机电气基础库基于 3DE 设计环境下同步定义建模，确保两者之间必须具有一致性。

电气基础库 ECAD 模型指在飞机（电气）ECAD 设计建模过程中，定义系统电原理图模型、电气接线图模型的基础数据。电气基础库 MCAD 模型指在飞机 MCAD 设计建模过程中，构建电气设备安装模型、线束安装模型、三维线束模型等组件模型时，所需基础零部件的模型。

ECAD 库指支撑电原理图/电气接线图设计的逻辑模型对象，以及附着在内的参数属性与符号模板表达信息构成的库集合。

ECAD 电气逻辑元件库分类见表 13-1。

表 13-1　ECAD 电气逻辑元件库分类

分类	对象	电气库对象类型	标准功能	模型定义
元件类	逻辑线束连接器	Logical Harness Connector	是	逻辑参考（Logical Reference）
	逻辑断开	Logical Disconnect		
	逻辑端子板	Logical Terminal Block		
	逻辑继电器	Logical Relay		
	逻辑继电器触点	Logical Relay Contact		
	逻辑壳体连接器	Logical Shell Connector		
	逻辑动作设备	Logical Operating Device		
	逻辑铰接	Logical Splice		
	逻辑总线	Logical Busbar		

ECAD 电气逻辑线缆库分类见表 13-2。

表 13-2　ECAD 电气逻辑线缆库分类

分类	对象	电气库对象类型	标准功能	模型定义
线缆类	逻辑电缆	Logical Harness Connector	是	逻辑参考（Logical Reference）
	逻辑导线	Logical Disconnect		
	逻辑电源电缆	Logical Terminal Block		
	逻辑屏蔽电缆	Logical Relay		
	逻辑屏蔽	Logical Relay Contact		
	逻辑扭绞电缆	Logical Shell Connector		
	扭绞屏蔽电缆	Logical Operating Device		
	逻辑同轴电缆	Logical Splice		

MCAD 库模型均指三维机械 CAD 模型，用于支撑 EWIS 综合设计、线束安装组件图、线束展平组件图设计。MCAD 库模型应基于电气库（Electrical Catalog）中电气设备（Electrical Device）、电线（Conductor）、电缆（Conductor Group）以及保护覆盖层（Protective Covering）等组成对象的定义，将相关对象定义为标准电气对象类型，并按照飞机电气基础库的具体内容，组成扩展对象及其分类。

MCAD 物理元件库、线缆库分类见表 13-3。

表 13-3　MCAD 物理元件库、线缆库分类

分类	对象	电气库对象类型	标准功能	模型定义
元件类	单插式连接器	Single Insert Connector	是	物理零件（Physical Part）
	多插式连接器	Multi Insert Connector		
	尾附件	BackShell		
	接触件	Contact		
	密封塞	Filler Plug		
	壳体	Shell		
	支撑件	Support		
	永久接头	Splice		
线缆类	导线	Conductor	是	物理产品（Physical Product）
	导线组	Conductor Group		

MCAD 管套库分类见表 13-4。

表 13-4　MCAD 管套库分类

分类	对象	电气库对象类型	标准功能	模型定义
线缆类	热缩标记套	Protect Covering	是	物理产品（Physical Product）
	热缩管			
	波纹管			
	屏蔽套			
	编织套			
	布套			

MCAD 胶带及其他库分类见表 13-5。

表 13-5　MCAD 胶带及其他库分类

分类	对象	电气库对象类型	标准功能	模型定义
其他类	胶带	Protect Covering	是	物理产品（Physical Product）
	标记牌			
	热缩焊锡套			
	模缩套			
	分叉模缩套			
	绝缘帽	Physical Part	是	物理零件（Physical Part）

7. 电气连接点特征的匹配兼容性

见表 13-6 ~ 表 13-13，列出了连接点与设备的对应关系，哪些设备可以连在一起，连接点基数属性（为每个设备创建的连接点数量）在连接点之后的括号中提及：[0：1] 表示从 0 到 1，[0：n] 表示从 0 到多个，[1：n] 表示从 1 到多个。

表 13-6　设备架连接点对应关系

固定连接设备	固定连接设备	第二个可连接设备	第二个连接点	可移动设备
设备架	空腔 [0:n]	设备 设备架 壳体 单插式连接器 多插式连接器 接线柱 接线端子排 汇流条	空腔连接点 [0:1]	第二个可连接设备
	空腔连接点 [0:1]	设备架	空腔 [0:n]	第一个可连接设备

表 13-7　设备的连接点对应关系

固定连接设备	固定连接设备	第二个可连接设备	第二个连接点	可移动设备
设备	空腔 [0:n]	壳体 单插式连接器 接线柱 接线端子排 汇流条 接线端子 密封塞	空腔连接点 [0:1]	第二个可连接设备
	空腔连接点 [0:1]	设备架	空腔 [0:n]	第一个可连接设备
	尾附件连接点 [0:n]	尾附件	尾附件连接点 [0:1]	标准连接：第二个可连接设备

表 13-8　壳体的连接点对应关系

固定连接设备	固定连接设备	第二个可连接设备	第二个连接点	可移动设备
壳体	空腔 [0:n]	单插式连接器 接线柱 接线端子排 接线端子 密封塞	空腔连接点 [0:1]	第二个可连接设备
	空腔连接点 [0:1]	设备架 设备 壳体	空腔 [0:n]	第一个可连接设备
	壳体连接点 [0:1]	壳体	壳体连接点 [0:1]	第一个可连接设备
	尾附件连接点 [0:n]	尾附件	尾附件连接点 [0:1]	第二个可连接设备

表 13-9　连接器的连接点对应关系

固定连接设备	固定连接设备	第二个可连接设备	第二个连接点	可移动设备
单插式连接器	空腔 [0:n]	接线端子 密封塞	空腔连接点 [0:1]	第二个可连接设备
	连接器连接点 [0:1]	单插式连接器	连接器连接点 [0:1]	第一个可连接设备或当仅有一个设备在电气几何下，则该设备移动

（续）

固定连接设备	固定连接设备	第二个可连接设备	第二个连接点	可移动设备
单插式连接器	连接器连接点 [0:1]	多插式连接器	连接器连接点 [0:n]	第一个可连接设备
	空腔连接点 [0:1]	设备架 设备 壳体	空腔 [0:n]	第一个可连接设备
	尾附件连接点 [0:n]	尾附件	尾附件连接点 [0:1]	第二个可连接设备
多插式连接器	空腔连接点 [0:1]	设备架	空腔 [0:n]	第一个可连接设备
	连接器连接点 [0:n]	单插式连接器	连接器连接点 [0:1]	第二个可连接设备

表 13-10　接线柱、接头的连接点对应关系

固定连接设备	固定连接设备	第二个可连接设备	第二个连接点	可移动设备
接线柱	空腔连接点 [0:1]	设备架 设备 壳体	空腔 [0:n]	第一个可连接设备
	空腔 [0:n]	触点	空腔连接点 [0:1]	第二个可连接设备
永久接头	段定位点 [0:1]	通道分段末端	接头定位点 [0:1]	

表 13-11　汇流条和接线端子排的连接点对应关系

固定连接设备	固定连接设备	第二个可连接设备	第二个连接点	可移动设备
汇流条	空腔连接点 [0:1]	设备架 设备 壳体	空腔 [0:n]	第一个可连接设备
	空腔 [0:n]	触点	空腔连接点 [0:1]	
接线端子排	空腔连接点 [0:1]	设备架 设备 壳体	空腔 [0:n]	第一个可连接设备
	空腔 [0:n]	接线端子	空腔 [0:n]	

表 13-12　接线端子、密封塞和尾附件的连接点对应关系

固定连接设备	固定连接设备	第二个可连接设备	第二个连接点	可移动设备
接线端子	空腔连接点 [0:1]	设备 壳体 单插式连接器 尾附件 接线端子排 汇流条 接线柱	空腔 [0:n]	第一个可连接设备
密封塞	空腔连接点 [0:1]	设备 壳体 单插式连接器	空腔 [0:n]	第一个可连接设备

（续）

固定连接设备	固定连接设备	第二个可连接设备	第二个连接点	可移动设备
尾附件	尾附件连接点 [0：1]	单插式连接器 壳体 设备	尾附件连接点 [0：1]	第一个可连接设备
	空腔 [0：n]	触点	空腔连接点 [0：1]	第二个可连接设备

表 13-13　通道分段、通道分段末端的连接点对应关系

固定连接设备	固定连接设备	第二个可连接设备	第二个连接点	可移动设备
通道分段	通道分段末端	设备架 设备 壳体 单插式连接器 接线柱 接线端子排 汇流条 接线端子 尾附件 接头	段连接点 [0：n]	第二个可连接设备
通道分段末端	永久接头定位点 [0：1]	接头	段定位点 [0：1]	第二个可连接设备

13.4　EWIS 自动化辅助设计与验证

13.4.1　基于 3DE 平台的自动化辅助设计与验证概述

飞机电气线路互联系统的设计具有研发工作周期长、任务重、设计复杂且要求高等特点。采用符合满足 EWIS 设计研发流程的数字化工具平台，在整个研发过程中对于用户的协同设计和过程管理至关重要。为提高设计效率、降低成本和缩短研发周期，根据不同的企业或型号研发，通过对设计工具平台的扩展和定制使其更符合实际业务流程需要，形成高度自动化和智能化的研发平台。

基于 EWIS 设计流程，对于工具的自动化需求主要有三个方面：基于规则的自动化设计、自动化检查和自动化输出。充分利用好自动化工具可节省大量劳动力。

自动化设计主要指能够按照规则和要求批量创建或修改设计数据。例如，基于框图与 EICD 信息自动创建出电原理图数据，包括信号网络 Net 创建、信号与设备连接关系创建以及相关属性的映射填充。

自动化检查主要指能够按照规则和要求对已有的设计数据批量执行检查和验证。例如，二维电气接线图与三维线束安装组件图信息一致性检查等，检查结果通过可视化或报告形式输出给用户查看。除了对既有信息进行遍历式对比分析检查，还可以定制更高级的规则性检查，例如，基于规则自动寻找电气回路，并计算回路的电压降和载流量。

自动化输出主要指能够按照规则和要求对已有的设计数据一键式输出物料等设计信息。例如，一键输出所有线束、组件以及导线连接关系等信息报表。

3DE 平台提供了知识工程脚本语言（Enterprise Knowledge Language，EKL）以及丰富的功能接口，可以让设计师方便快捷地定制开发出符合自己设计意图的自动化辅助设计工具。根据不同的应用场景，提供了不同的工具可供设计师定制扩展。对于 EWIS 设计而言常用的工具有 4 种，即 Action、Business Rule、PLM Check 和 Knowledge Report，如图 13-13 所示。这 4 种工具可以涵盖上述的自动化设计、自动化检查和自动化输出场景。

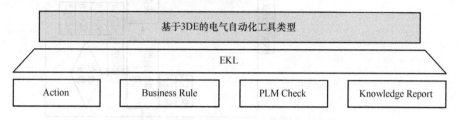

图 13-13　基于 3DE 的电气自动化工具类型

Action——可用于自动化设计、自动化检查和自动化输出，属于主动执行类。通过 Action 定制封装的工具，具有交互式的界面以执行相应操作。例如，遍历查询、对比、修改设计数据，与外部数据（Excel、Text、XML）的交互传递。

Business Rule——即业务规则，可用于自动化设计和自动化检查，属于被动执行类，在进行特定设计操作时会自动触发该业务规则，主要用于特定设计任务的嵌入式规则定制。例如，在导线自动敷设的设计场景中通过定制的业务规则可以实现导线自动敷设到兼容的通道内部。

PLM Check——即专家检查，主要用于自动化检查，属于主动执行类。通过 PLM Check 定制封装的检查工具，检查结果具有沉浸式的窗口展示，并且与当前被检查数据同步在一个界面展示。

Knowledge Report——即知识工程报告，主要用于自动化输出，属于主动执行类。通过定制不同的报告模板方式来实现快速生成设计报告。

13.4.2　EWIS 综合设计自动化辅助设计实践用例

基于第 2 章的 EWIS 设计业务流程以及 3DE 平台现有工具综合分析，分别基于不同的场景提供了多种客制化辅助设计工具，如图 13-14 所示。

SC01 电气集成设计

SC01.1 物理架构与 EICD 的集成交互

由于 EICD 具有数据量大、内容客制化程度高的特点，故基于物理架构模型开展 EICD 的集成交互工具开发，主要模块有：

1. 基于架构设备模型参考开发架构设备详细电气接口定义数据及交互界面

其主要功能有以下几个。

（1）逻辑设备（Logical Equipment）的属性扩展

基于逻辑设备（Logical Equipment）的参考扩展属性用于存储预定义的电气接口数据，该属性可进行隐藏操作，禁止进行直接编辑操作。

（2）基于连接器件号的接口选型

基于连接器库进行连接器的预选型，填写更新相关数据至逻辑设备（Logical Equipment）参考属性，并完成相关信息的编辑工作。

（3）基于架构设备模型参考实现与 Excel 的数据交互

相关信息支持打开 Excel 进行编辑工作，并将数据存储到逻辑设备（Logical Equipment）参考属性。

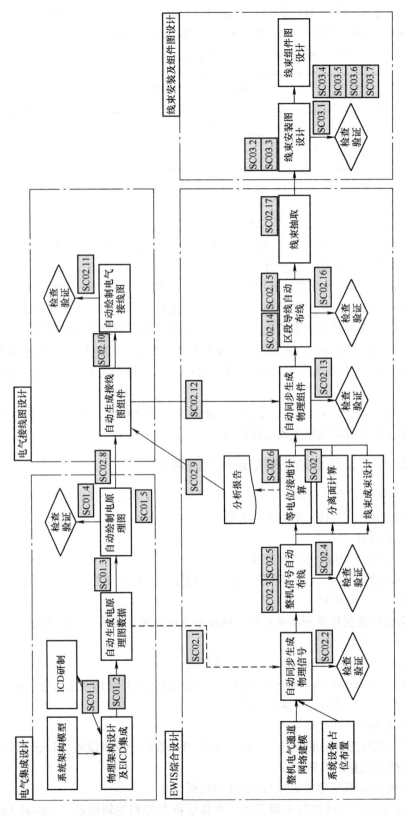

图 13-14　基于 EWIS 设计业务流程的自动化设计实践用例

界面样例如图 13-15 所示。

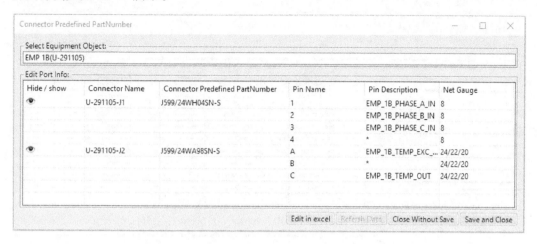

图 13-15　架构设备模型参考电气接口预定义界面

2. 基于架构设备模型实例开发架构设备 EICD 去向、信号组（Net Group）与信号网络（Net）的去向定义及协同交互检查界面

其主要功能有以下几个。

（1）设备交互选择

支持选择单独架构设备进行编辑操作，同时支持选择系统节点，列表产生当前系统下面所有的架构设备进行编辑操作。

（2）架构设备模型逻辑端口录入界面

读取架构设备模型电气逻辑端口相关信息进行列表显示。

（3）连接器编号选择与针脚（Pin）的数量定义

读取架构设备模型参考上面预定义的电气接口预定义相关信息进行连接器编号选择，以及针脚的填写。

（4）出发端信号组/信号网络定义

根据相关自定义规则对信号组/信号网络进行自动编码。

（5）到达端信息同步交互

根据架构设备模型电气逻辑端口连接到达端设备的相关 EICD 信息进行同步交互。

（6）基于架构设备模型实例实现与 Excel 的数据交互

支持架构设备模型实例的 EICD 信息记录，以及支持相关信息在 Excel 界面进行编辑同步操作。

（7）语法规范性检查

对相关 EICD 信息进行编写格式等语法检查。

（8）出发/到达端一致性检查

出发/到达端的架构设备的 EICD 设备进行相关定义的信号网络信息进行一致性校验。

（9）有效性定义与到达端同步获取

对完成 EICD 编辑的信号网络信息进行从到两端的有效性定义，只有出发端两端都达成有效性定义才算完成 EICD 的编辑操作。

（10）生成报表功能

支持导出单个架构设备以及架构系统节点下面所有架构设备的 EICD 信息表格。

界面样例如图 13-16 所示。

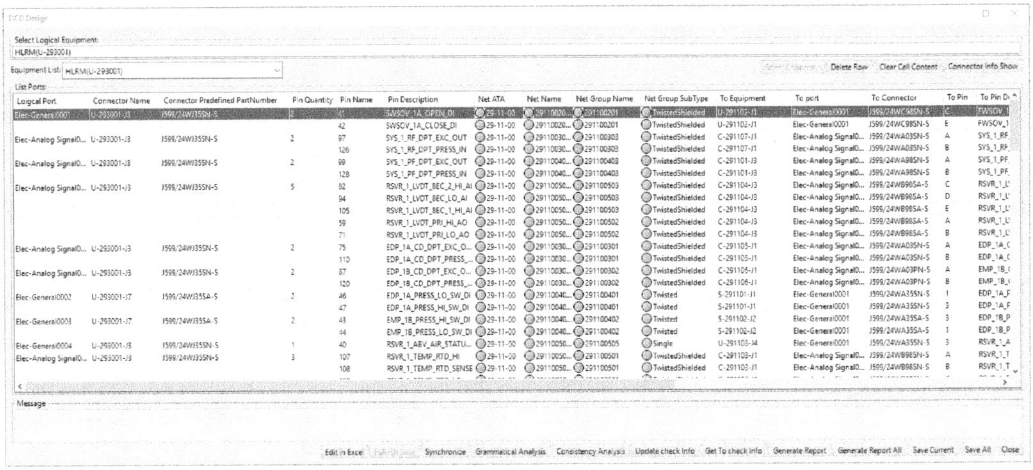

图 13-16　架构设备模型实例 EICD 编辑界面

SC01.3 自动绘制电原理图业务规则（符号位置、分页规则）

基于物理架构生成电原理图数据后需要按照一定业务规则将电原理图数据生成电原理图，在电原理图绘制过程中，为了图纸的标准化和可视化、易读性，在整图的布局上需遵循一定的规范，做到信号顺畅，布局匀称，功能单元电路布局清晰。

1）按照信号的流向整体布局时，可分为水平布局和垂直布局，在水平布局时，类似的项目应纵向对齐，并且在同一或类似的信号流上的项目应尽可能放置在同一水平线上。垂直布局时，类似的项目应横向对齐。

2）在布局时，应优先考虑功能布局法，功能相关联的项目类或功能单元电路应靠近绘制，以使电路关系表达得清晰明了。并且各个功能组之间应留有一定的分隔区间，以便于识别在组间的连线上定义的网络名，以及放置功能注释文字。

3）对于同等重要的并联通路的项目或功能相同的单元电路应依照电路对称的布置，使图的可分析性增强，电原理关系清晰明了。

4）对于信号的输入、输出的连接端口，在布局时，应按照信号的流向，输入放置在页面的左端，输出放置在页面的右端，并且应上下对齐，均匀排布，集中放置在一侧，这些端口一般不允许放置在页面中间，如果必须放置在中间时，也应集中排列。垂直布局时，输入应放置在上方，输出放置在下方。

5）对于电路中的解释，比如文字注释，在电路布局时应考虑其放置的位置，对特殊器件或功能单元电路的注释应放在靠近它的地方，对整个电路的注释可放置在页面的空白处。

6）在电原理图中，器件的放置一般只有两种方式，即竖直和水平，一般不允许将器件放置成不规则的状态。器件之间的摆放要均匀，不拥挤，能对齐的尽量要针脚对齐。

7）当电原理图中的若干个功能单元电路在布局时，如果不是区分得特别明显，可以用虚线框加以划分，虚线框可以是规则的，也可以是不规则的。在采用虚线框时，应注意包络框线不能和元器件图形符号、项目代号等属性相交。

8）由于内容太多，无法在同一张图纸上画完，这时需分多页绘制电原理图，分页绘制的电原理图，在结构属性上各页之间是同级平等的，相互可以拼接成一张图。分页绘制的首要规则是同一个子功能单元电路必须绘制在同一页上。

9）当分页绘制时，要注意此时网络标号和项目代号是全局变量，不同网络不能用相同的网络标号，即此时网络标号和项目代号在总图中是唯一的，不得有重复。如第一页中有 R30、R50、R52，则其他任何页上都不能有 R30、R50、R52 的项目代号出现。

基于已经同步生成的电信号结构以及相关从到设备信息，可以根据相关业务规则自动生成电原理图以及更新，主要模块有两个。

1. 获取当前激活的系统节点，获取以下信号网络以及从到设备信息自动生成电原理图

其主要功能有以下几个：

1）判断信号网络的连接是否完整。

2）判断每一个信号网络是否都有从到设备，同一个信号组里面的信号网络的从到设备是否有关联性，是否存在平行设备。

3）创建设备二维图符号。

4）根据基本电原理图基本布局创建设备对应的二维图符号，读取 Pin（逻辑针脚）创建对应的针脚符号。

5）创建信号网络连接二维图符号。

6）读取信号网络对应的从到设备信息，创建对应的二维图符号，根据基本规则合理布局布线。

2. 获取当前激活的系统节点，获取以下信号网络以及从到设备信息，同时获取对应的已经生成的电原理图，更新电原理图操作

其主要功能有以下几个：

1）判断信号网络的连接是否完整。

2）判断每一个信号网络是否都有从到设备，同一个信号组里面的信号网络的从到设备是否有关联性，是否存在平行设备。

3）更新设备二维图符号。

4）根据已经创建的电原理图的设备对应的符号位置信息，基于电原理图基本布局创建设备对应的二维图符号，以及设置对应位置信息，读取 Pin（逻辑引脚）创建对应的针脚符号。

5）创建信号网络连接二维图符号。

根据已经创建的电原理图的信号网络对应的符号位置信息，基于电原理图基本布局创建信号网络对应的二维图符号，以及设置对应位置信息。根据基本规则合理布局布线。

SC0.2，SC01.4 物理架构与电原理图一致性检查

由于完成 EICD 编辑之后，物理架构模型就具有数据量大、内容客制化程度高的特点，需要通过读取物理架构模型实例的 EICD 数据进行物理架构自动生成电原理图数据以及一致性检查的工具开发，主要模块有两个。

1. 基于架构设备模型实例 EICD 信息的电原理设备的同步及交互界面

其主要功能有以下几个：

1）交互选择系统架构节点和 EWIS 系统节点：选择系统架构节点读取节点下已经完成 EICD 编辑的架构设备模型实例的 EICD 中 EWIS 设备信息。

选择电原理图所需设备同步的 EWIS 系统节点用于生成 EWIS 系统逻辑设备。

2）校验设备的一致性：根据读取到架构层的架构设备实例的 EICD 信息与当前 EWIS 系统节点下面的 EWIS 系统逻辑设备行名称、属性、连接器、Pin 针脚等一致性校验，校验结果列表显示。

3）自动生成电原理图逻辑设备：基于读取到架构层的架构设备实例的 EICD 信息，按照架

构设备实例→参考的先后顺序判断预定义的电原理设备是否与其信息一致，一致则直接采用，若不一致，认为数据库中无匹配的电原理设备，直接创建新的电原理设备。

4）自动生成电气 EWIS 接地逻辑设备：基于读取到架构层的架构设备实例的 EICD 信息，根据填写的接地设备信息，直接将设备库中的接地设备进行实例化。

5）完成连接器以及 Pin 针脚创建以及属性同步：基于读取到架构层的架构设备实例的 EICD 信息，在创建电气电原理设备后，进行连接器以及 Pin 针脚的创建，同时根据连接器编号从连接器库中对创建的 Pin 针脚进行属性同步。

6）支持电原理图的逻辑设备更新操作：基于读取到架构层的架构设备实例的 EICD 信息，对已经生成的电原理图的逻辑设备进行属性、连接器编号，逻辑针脚的校验不一致的支持更新，对多余的逻辑设备进行删除操作。

交互界面样例如图 13-17 所示。

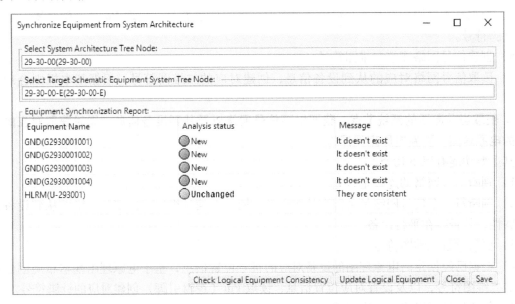

图 13-17　架构设备同步交互界面

2. 基于架构设备模型实例中的 EICD 信息，在电原理结构树中实现电气 EWIS 信号组以及信号网络的同步交互界面

其主要功能有以下几个：

1）交互选择系统架构节点和 EWIS 系统节点：选择系统架构节点读取节点下已经完成 EICD 编辑的架构设备模型实例的 EICD 中的信号组以及信号网络信息。

选择电原理图所需设备同步的 EWIS 系统节点用于生成 EWIS 系统逻辑设备。

2）校验信号组以及信号网络的一致性：根据读取到架构层的架构设备实例的 EICD 信息与当前 EWIS 系统节点下面的信号组以及信号网络进行名称、属性、连接去向等一致性校验，校验结果列表显示。

3）自动生成电原理图的信号组以及信号网络：基于读取到架构层的架构设备实例的 EICD 信息，自动生成信号组以及信号网络对象；读取架构实例中的 EICD 信号去向信息，在电原理结构树中查找相应的电原理设备及 Pin 针脚命令信号网络 Net 自动寻路创建或变更逻辑连接，支持自动寻路创建逻辑连接。

4）支持信号组以及信号网络的更新：基于读取到架构层的架构设备实例的 EICD 信息，对已经生成的电原理图的信号组以及信号网络进行属性以及连接去向的校验，不一致则支持更新，对多余的信号组以及信号网络进行删除操作。同时删除多余的逻辑连接。

交互界面样例如图 13-18 所示。

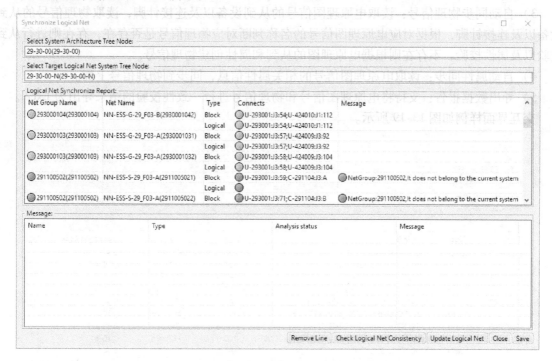

图 13-18　EICD 的信号组以及信号网络同步交互界面

SC01.5 技术设计阶段（C）的电路分析与报表输出

基于已经生成的电原理图，获取相关电气参数，包括电阻、高低电平、电流等电信号参数，进行基本的电路分析以及相关内容报表导出。

1）电气参数计算，按照电阻、电压、电流等电参数计算各个节点的功率以及功耗和转换效率，以此判断各电气数据的合理性以实现效果。计算理论研究相关数据是否符合设计要求。

2）信号统计整合，统计各类信号的类型以及作用，统计整体数量以及关联设备信息，由此产生表格和数据用于试验分析。

3）将以上电气数据按照特定需求进行整理，并按照用户所需的表格格式导出，以便用户进行设计数据的存档。

SC02 EWIS 综合设计

SC02.1 电原理图信号自动同步生成物理信号（NetL2P）

SC02.2 电原理图与物理信号一致性检查

由于完成 EICD 编辑后自动生成电原理图信号，数据量大，且数据结构复杂，因此需要根据电原理图信号信息自动生成物理信号，主要模块有基于电原理图信号和物理信号的一致性检查以及根据电原理图信号自动同步更新物理信号以及交互界面。

其主要功能有以下几个：

1）交互选择电原理图信号系统节点和物理信号系统节点：选择电原理图信号系统节点，获取所有的电原理图信号节点。选择物理信号系统节点，获取所有的物理信号节点。

2）校验电原理图信号和物理信号的一致性：读取电原理图信号的从到设备以及连接针脚，

读取物理信号的从到设备以及连接针脚，根据电原理图设备实例名称和物理设备实例名称进行比较，同时根据连接针脚名称进行比较，来判断电原理图信号和物理信号的一致性。校验结果交互界面展示。

3）自动同步物理信号：读取电原理图信号的从到设备以及连接针脚，读取物理信号的从到设备以及连接针脚，根据对应电原理图信号的名称判断对应物理信号是否存在，存在则进行从到校验以及属性校验，不存在则根据电原理图的从到和属性创建物理信号。

4）自动属性同步：读取电原理图信号的相关属性信息，同步到物理信号上面。

5）导出数据报告：支持将电原理图信号和物理信号进行一致性校验的结果导出为 Excel。

交互界面样例如图 13-19 所示。

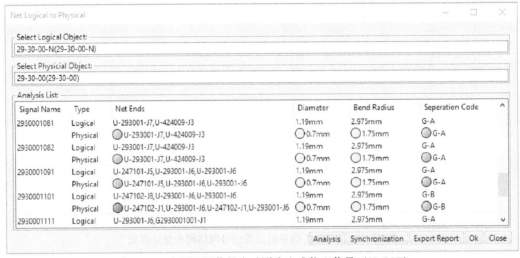

图 13-19　电原理图信号自动同步生成物理信号（NetL2P）

SC02.3 物理信号自动布线业务规则：

通过电原理图信号生成物理信号后，需要对物理信号进行敷设，敷设时需要遵循一定的敷设规则。

1）须遵循导线敷设兼容性：通过业务规则定义导线与主通道的隔离代码属性，在执行敷设时，自动进行隔离代码一致性匹配，从而保证导线敷设符合兼容性要求。

2）须满足主通道填充率要求：通过业务规则定义主通道的填充率范围，在进行导线敷设时，自动根据预设的填充率范围进行敷设导线。

SC02.4 物理信号与布线通道兼容性检查：

为符合兼容性要求，需要对物理信号与布线通道进行兼容性检查。物理信号与通道属性中均已标明兼容性代码，根据已标明的兼容性代码，实现规则如下：

1）通过读取自动布线后的结果，列出物理信号所经过的布线通道。

2）根据物理信号与布线通道已标明的兼容性代码，对比物理信号所定义的布线通道与实际经过的布线通道的兼容性代码。

3）列出每一段的对比结果，并标明不一致时的注释信息。

SC02.5 信号敷设分析：

选择 EPS 节点和逻辑系统节点的，自动进行等电位点与分离面计算，实际规则如下：

1）获取所有物理信号网络列表显示：比较 Logical 和物理信号网络的一致性。

2）自动计算等电位点：根据物理信号网络中每个子路径的走向的重叠和分开情况计算分叉

点的位置信息。

3）分离面自动计算：根据物理信号网络 Net 币的路径列表 Net pathlist 中所包含特定标识符（本方案为分段 Segment subtype 属性为 D），确定为经过了分离面，并自动计算位置。

4）整合 Path：按照以上信息分拆信号网络的全部 Path 路径分段。

交互界面样例如图 13-20 所示。

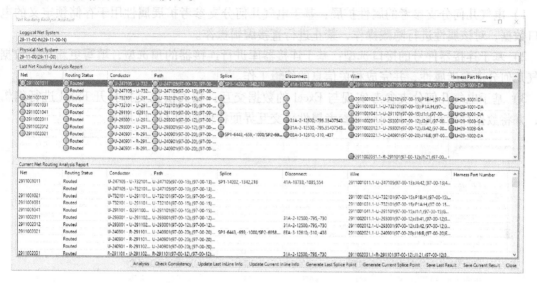

图 13-20　电原理图信号路径分析助手（NetRouting Analysis Assistant）

SC02.6 等电位与接地综合设计：

选择样机中的等电位模块或者接地模块，给等电位模块和接地模块分配系统编号，如果进行模块合并，选定模块在三维模型中的位置，分配模块的 Pin 针脚信息等。

1）生成模块：同一线束上的等电位接头可以综合成等电位模块，并填写该模块的件号，该件号是成品库中存在的综合模块件号。

2）Pin 针脚分配：分配等电位模块上的 Pin 针脚给所有经过模块的导线分支。

3）选定模块的位置：选择等电位模块包含的任一等电位点所在位置作为等电位模块的位置。

交互界面样例如图 13-21 所示。

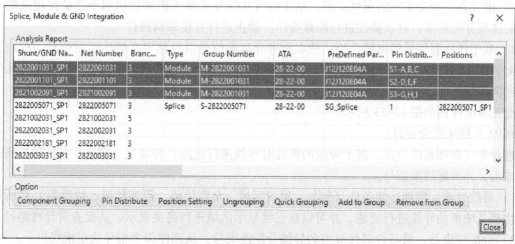

图 13-21　等电位和接地计算

SC02.7 分离面综合设计

基于获取电气几何分支下面的分支 Branch 和分段 Segment 特征，判断是否存在分离面标识，依次为模型对象开展连接器、导线、电缆预定义和分离面的连接器的 Pin 针脚分配。

1. 基于电气几何分支参考开发电气接口定义数据及交互界面

其主要功能有以下几个：

1）电气几何分支参考的属性扩展：基于电气几何分支参考扩展属性用于存储预定义的电气接口数据，对该属性进行隐藏操作，禁止进行直接编辑操作。

2）基于连接器件号的接口选型：基于连接器库进行连接器的预选型，填写更新相关数据至电气几何分支参考属性，并完成相关信息的编辑工作。

3）基于电气几何分支参考实现与 Excel 的数据交互：相关信息支持打开 Excel 进行编辑工作，并将数据存储到电气几何分支参考属性，交互界面样例如图 13-22 所示。

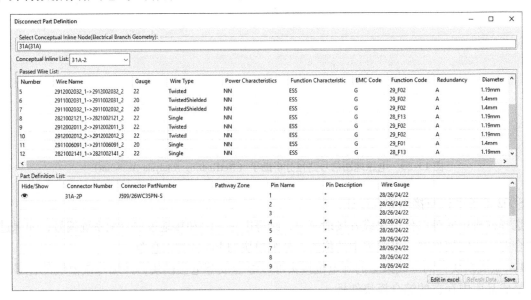

图 13-22　基于电气几何分支 Electrical Branch Geometry 的分离面选型功能

2. 基于电气几何分支参考和实例进行分离面电缆选型分配

其主要功能有以下几个：

1）电气几何分支实例的属性扩展：基于电气几何分支参考扩展实例用于存储预定义的电气电缆的选型分配结果，对该属性进行隐藏操作，禁止进行直接编辑操作。

2）基于连接器件号的电缆选型：获取所有分离面信息以及预定义的连接器信息，获取通过分离面的所有的信号信息，对通过的电信号进行电缆选型和 Pin 选型，分配结果存在电气几何分支的实例属性上面。

交互界面样例如图 13-23 所示。

SC02.8 线束综合设计：

选择电气物理系统节点，基于导线的属性对导线进行过滤，将满足一定属性条件的导线进行导线成束，并分配线束编号。

1）导线过滤：添加过滤条件（例如，通过区域、余度代码、隔离代码、线型等）对所选的电气物理系统里的导线进行过滤，并可以在三维显示区域进行高亮显示，从而查看导线路径。

2）分配线束号：对符合属性要求的导线分配线束号，从而使得多根导线组成线束。

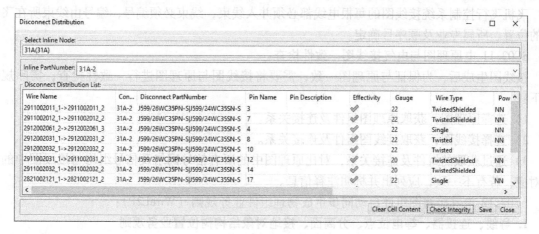

图 13-23　分离面 Pin 针脚分配功能

交互界面样例如图 13-24 所示。

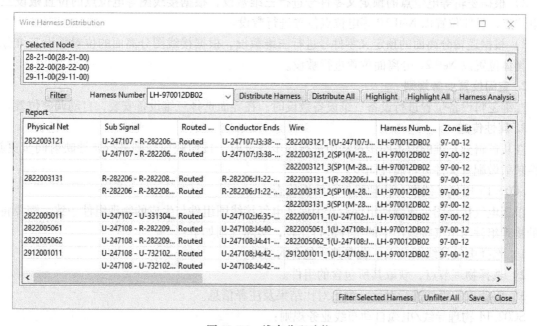

图 13-24　线束分配功能

SC02. 9　自动生成接线图组件（Net2Wire）：

接线图组件选型完成后，将根据选型结果生成接线图组件，实际规则如下：

1）选择三维选型结构，获取已选型的组件。

2）选择逻辑节点，指定为选型组件生成的节点。

3）根据已选三维选型结构及逻辑节点，在指定节点下生成接线图组件。

SC02. 10　自动绘制电气接线图业务规则：

接线图组件生成后，将根据接线图组件自动生成接线图。接线图的画法与原理图的绘制一样，必须按照电气制图规定、图样编码与成套性规定、制图标注规定、电气图用图形符号设计要求、飞行控制系统电气接口定义、飞行控制系统设备电气编号、机柜转接器或连接器接线号定义等相关文件的规定绘制，设备、器件完全相同，网络线改成了电线，增加了独立的连接器、连接模块和机柜转接器。

飞机飞行控制系统接线图的每根电线都必须并入线束，线束必须编号，编号由线束所在飞机上的位置、所属专业及顺序号确定。

SC02.11　电原理图与电气接线图一致性检查：

接线图生成后，为保证与原理图一致，需要将接线图与原理图进行一致性检查，实际规则如下：

1）选择原理图，获取原理图组件及连接关系。

2）选择接线图，获取接线图组件及连接关系。

3）通过获取的组件及连接关系，对比原理图中的所有信号网络及信号组均与接线图中的电缆对应，若有不一致，应列出并标明注释信息。

SC02.12　电气接线图组件自动同步生成物理组件业务规则（WireL2P）：

1. 导线、连接器、等电位点、分离面、接地对象结构树位置业务规则

1）根据电气逻辑组件预定义件号，将物理连接器接地组件等元件自动安装至正确的物理设备或预定义的空间上。

2）根据逻辑等电位点的预定义零件号进行三维敷设，根据接线图等电位点的位置敷设三维等电位点，具体位置以 NetL2P 等电位点位置进行敷设。

3）根据逻辑分离面的预定义零件号进行三维敷设，根据接线图分离面的位置敷设三维分离面，具体位置以 NetL2P 分离面位置进行敷设。

2. 空间位置业务规则

二维逻辑设备位置进行设备三维设备敷设时，在界面选择三维设备安装，自动调整位置。

3. 属性传递

在从逻辑到三维的设备同步过程中进行同步敷设时，按照映射规则进行属性映射同步更新，属性映射做配置文件进行属性同步。

SC02.13　电气接线图与物理组件一致性检查：

根据电气接线图生成物理组件后，为保证电气接线图组件与生成的物理组件一致，需要将生成的物理组件与电气接线图中的组件进行比较，实际规则如下：

1）选择电气接线图节点，获取其所包含的组件。

2）选择物理节点，获取其所包含的组件。

3）将获取的组件进行对比，列出对比结果及注释信息。

SC02.14　物理导线/电缆自动布线业务规则：

生成物理导线/电缆后，需要对物理导线/电缆进行布线，布线时需要遵循一定的布线规则。

1）物理导线/电缆自动布线必须基于电磁兼容规则：通过业务规则定义导线与主通道的隔离代码属性，在执行敷设时，自动进行隔离代码一致性匹配，从而保证导线敷设符合兼容性要求。

2）物理导线/电缆自动布线必须基于功能余度规则：不仅需要考虑单组回路的功能余度代码，还需要考虑多组相关回路功能是否满足余度要求，使之满足该功能下的任一回路失效时，其备份余度剩下的所有回路组满足功能要求。

3）物理导线/电缆自动布线必须基于通道填充率要求：通过业务规则定义主通道的填充率范围，在进行导线敷设时，自动根据预设的填充率范围进行敷设导线。

SC02.15　信号路径与导线布线路径匹配：

信号路径与导线布线路径需要按照一定规则匹配，实现规则如下：

1）信号路径与导线布线路径匹配时需符合电磁兼容性要求。

2）信号路径与导线布线路径匹配时需满足功能余度要求。

SC02.16 物理导线/电缆与布线通道兼容性检查：

物理导线/电缆布线完成后需对布线结果进行兼容性检查，实现规则如下：

1）通过读取自动布线后的结果，列出物理导线/电缆所经过的布线通道。

2）根据物理导线/电缆与布线通道已标明的兼容性代码，对比物理导线/电缆所定义的布线通道与实际经过的布线通道的兼容性代码。

3）列出对比结果并标明注释信息。

SC02.17 线束抽取：

由软件原生功能实现。

SC03 线束安装及展平组件图设计：

SC03.1 电气接线图与线束安装组件图一致性检查。

飞机线束对于飞机设计生产有着重要的意义，飞机上面的各个模块和系统之间的衔接，相当于飞机的血管功能，各部件之间的连接表达是其中的主要表现，那对于电气接线图和线束安装图的一致性检查就成了飞机设计过程中必要的一步。

1）校验电气接线图与线束安装图的线束号和导线号等属性的一致性。

2）校验电气接线图与线束安装图的导线走向的一致性。

3）校验电气接线图与线束安装图的系统的一致性。

SC03.2 线束详细路径的模板化辅助设计：

线束详细路径敷设的模板化辅助设计：根据线束外部与内部的限制条件，进行线束敷设路径的调整。

在信号敷设后，完成对线束的详细路径的统计、计算，判断线束的详细路径对我们需要的走势以及限制条件的影响，便于调整走势。制定好相关的模板后再进行线束路径的调整，以此实现线束详细路径的敷设。

SC03.3 线束直径和弯曲半径自定义计算业务规则：

线束安装时弯曲半径要远远大于直径，否则线束就会成为死头状态，线束的弯曲度过小也会引起其他安全隐患。

在自动布局布线时安装弯曲半径应大于直径两倍进行布线，个别弯曲角度要进行个别调整。

SC03.4 基于 EWIS 安装规则的线束直径和弯曲半径检查分析：

线束的布局布线要依据线束直径和弯曲半径进行检查，判断数据的正确性，线束的弯曲半径要大于直径两倍左右，否则线束安装则是打的死头。

按照线束直径以及线束走向对所有的弯曲半径进行检查，错误结果高亮显示。

SC03.5 基于 EWIS 安装规则的线束支架距离和载荷计算分析：

基于 EWIS 安装规则的线束布局，按照线束长度、重量以及松弛度等相关线束参数来对支架距离进行计算，判断支架安装是否合理，数据是否正确。

基于当前已经安装的线束信息以及支架实际载荷与设计载荷进行比较判断实际载荷是否超标，以此判断数据的正确性。

SC03.6 基于 EWIS 安装规则的线束最小隔离距离检查分析：

通过将导线按电磁兼容类别、余度功能、独立电源以及特殊系统线路进行分类，编制导线敷设的通道代码。

在规划线束通道时，将不同类别线束、线束与结构、管路、操纵钢索等按照一定的距离进行隔离，在不满足隔离距离的情况下，通过施加隔离保护装置的措施进行等效隔离，对于相关电气最小的隔离距离按照相关要求进行检查分析。

SC03.7 安装图及组件图报表清单输出：

给下游设计厂商需要交付安装图以及组件图报表清单。

1. 导出安装图 PDF 文件以及安装图结构

1）导出图纸的 PDF 文件。

2）导出整体安装图结构以及相关属性 XML 格式。

2. 导出组件报表清单

1）导出组件的类型、数量等重要参数。

2）导出组件的电气属性等参数。

第 14 章   基于 3DE 平台的 EWIS 设计的最佳实践

14.1   电气集成设计用例实践

14.1.1   物理架构设计——方案论证阶段（F）

1. 场景目标

系统设计师在方案论证阶段（F），基于功能基线开展物理架构搭建与系统设计工作，使系统具有完整的概念/选型设备构成，逻辑端口，以及设备级连接设计，形成设备级系统方案，该方案用于支撑后续物理架构详细设计流程。

2. 场景范围

在 3DE 中，系统总体设计师构建物理架构结构树顶层层级并分配至各系统，各系统设计师开展成品预选型或架构设备概念设计，并开展逻辑端口与设备级通信连接设计。

3. 场景流程

场景流程图如图 14-1 所示。

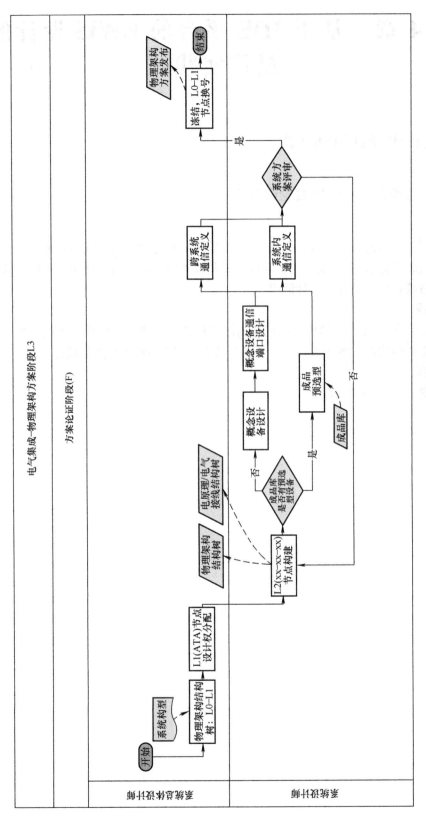

图 14-1 电气集成－物理架构方案阶段 L3 流程图

4. 主要操作步骤

建立系统结构树及工作包分配

该步骤通过表格导入方式构建物理架构结构树；构建完成后，对系统/子系统开展图框的预定义布局；通过生命周期管理工具分配数据权限与任务

输入：逻辑架构对飞机系统/子系统的定义文件或早期架构模型

输出：用于开展物理架构设计所必需的逻辑树结构

角色：系统总体设计人员

设计步骤： （1）初始操作 启动 3DE，单击罗盘 "3D" 象限	
选择 Systems Schematic Designer 角色→选择 Functional & Logical Design App	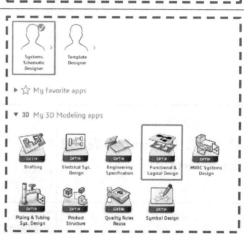
（2）创建物理架构结构树 选择 "＋" →新内容（New Content） <注：新内容（New Content）命令用于增加新的根节点参考，不适用于在结构树上增加新的实例>	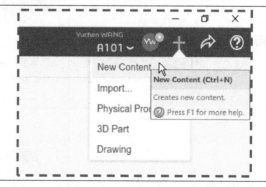
创建根节点类型为逻辑参考（Logical Reference） <注：可将 Logical Reference 右键添加至收藏（Favorites），方便下次使用> 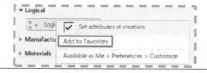	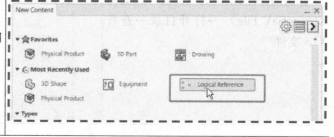

完成命名 <注：该界面来自于激活创建时设置属性（Set attributes at creation），命令通过右键单击后勾选激活>	
在逻辑层产生初始界面	
工具栏→编辑（Edition）→表格编辑器（Spreadsheet）	
单击根节点	
单击导入 XLS/CSV 文件（Import XLS／CSV File）→打开目录→查看 XLS 文件	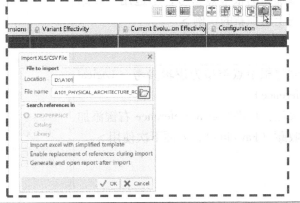

该 XLS 文件可通过 Microsoft Office Excel 软件编写，编写了将要构建的 ATA 系统——ATA 子系统数据结构树层级、类型、名称等信息	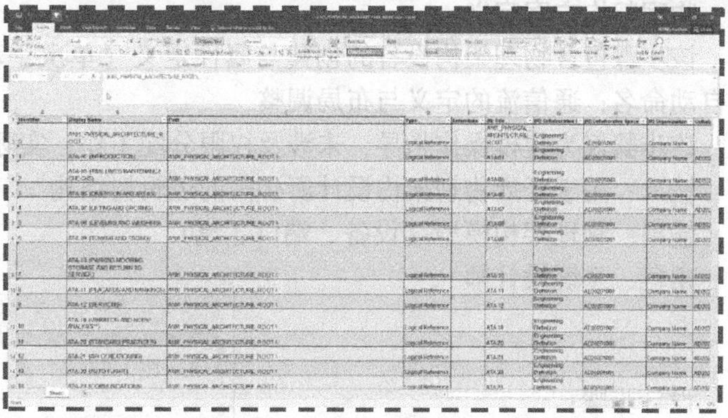
单击 OK	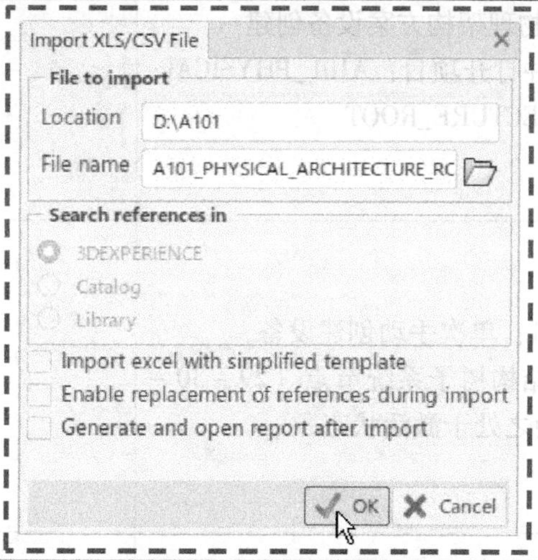
完成后按照 XLS 文件内容生成相应结构树与物理架构主视图	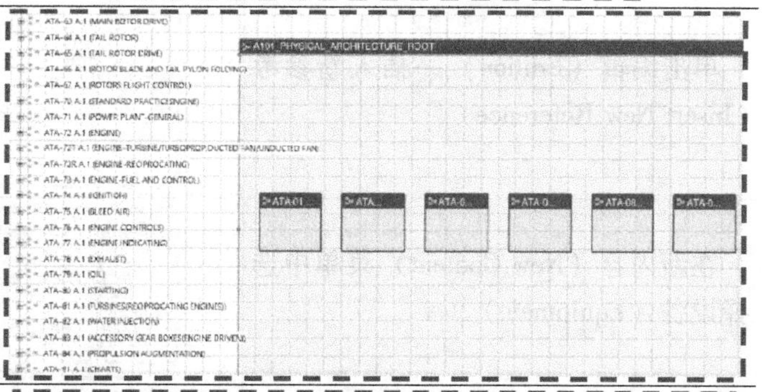
使用拖拽、对齐、均匀分布等功能调整主视图布局 　完成并保存数据	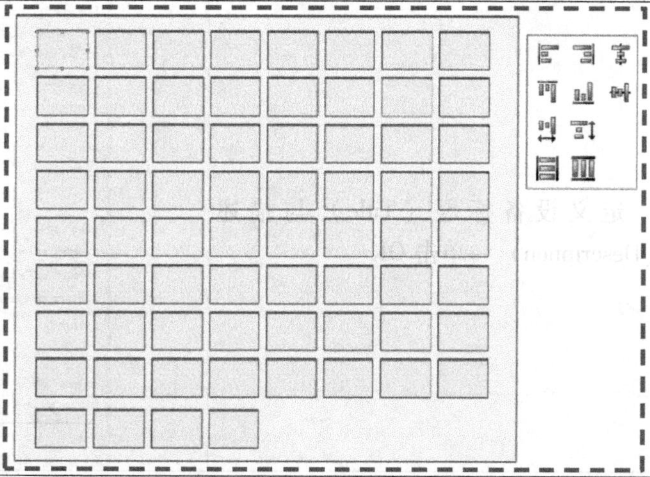

物理架构方案定义

该步骤包含物理架构设备的创建与属性定义（单次手动模式与批量模式）；设备端口定义与自动命名；通信流的定义与布局调整

该步骤仅为建模操作指导，未涉及权限分配工作，实际工作须在权限与任务约束框架下开展

输入：用于开展物理架构设计所必需的逻辑树结构

输出：物理架构模型（设备、端口、流）

角色：系统设计师

设计步骤： （1）物理架构方案设备创建 搜索并打开项目：A101_PHYSICAL_ARCHITECTURE_ROOT	
方法1：单次手动创建设备 双击结构树子系统节点（29-30-00），使之处于激活状态	
单击编辑（Edition）→插入新参考（Insert New Reference）	
在新内容（New Content）菜单中选择设备（Equipment）	
定义设备标题（Title）与描述（Description）→单击OK	

结构树与物理架构视图中出现了 HLRM 设备	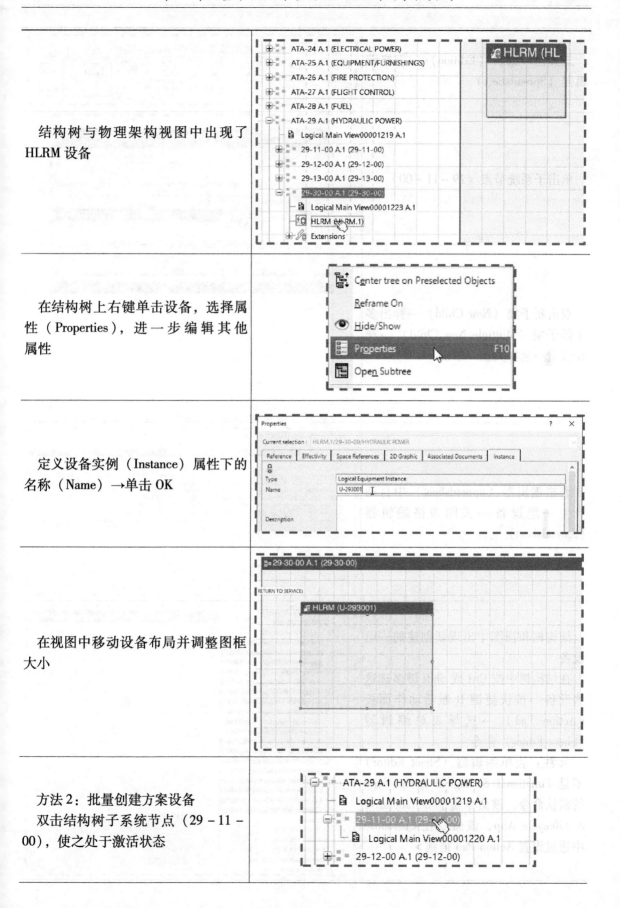
在结构树上右键单击设备，选择属性（Properties），进一步编辑其他属性	
定义设备实例（Instance）属性下的名称（Name）→单击 OK	
在视图中移动设备布局并调整图框大小	
方法 2：批量创建方案设备 双击结构树子系统节点（29－11－00），使之处于激活状态	

工具栏→编辑（Edition）→表格编辑器（Spreadsheet）	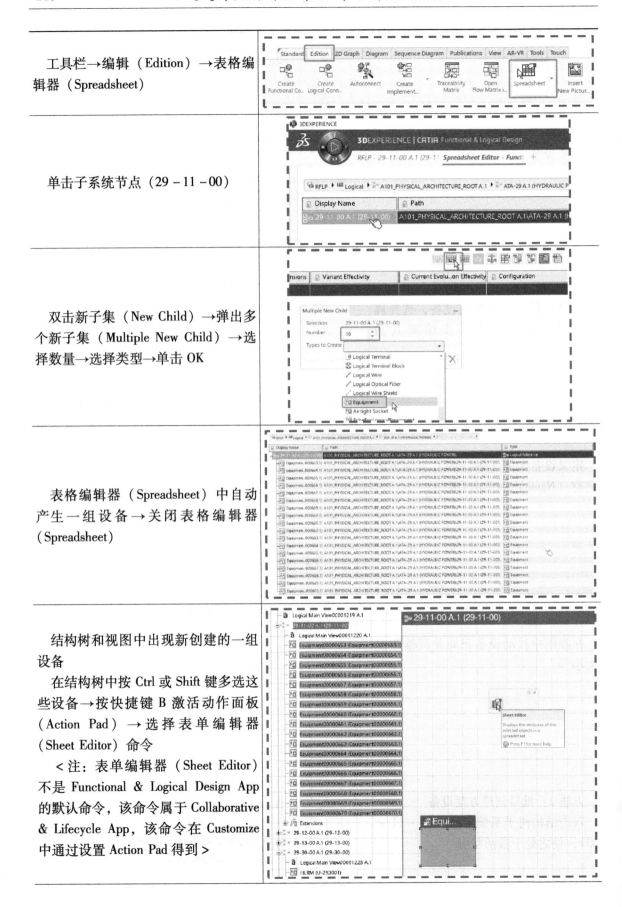
单击子系统节点（29-11-00）	
双击新子集（New Child）→弹出多个新子集（Multiple New Child）→选择数量→选择类型→单击 OK	
表格编辑器（Spreadsheet）中自动产生一组设备→关闭表格编辑器（Spreadsheet）	
结构树和视图中出现新创建的一组设备 在结构树中按 Ctrl 或 Shift 键多选这些设备→按快捷键 B 激活动作面板（Action Pad）→选择表单编辑器（Sheet Editor）命令 ＜注：表单编辑器（Sheet Editor）不是 Functional & Logical Design App 的默认命令，该命令属于 Collaborative & Lifecycle App，该命令在 Customize 中通过设置 Action Pad 得到＞	

在表单编辑器（Sheet Editor）中批量定义该组设备的属性→单击右上角确认按钮完成属性修改	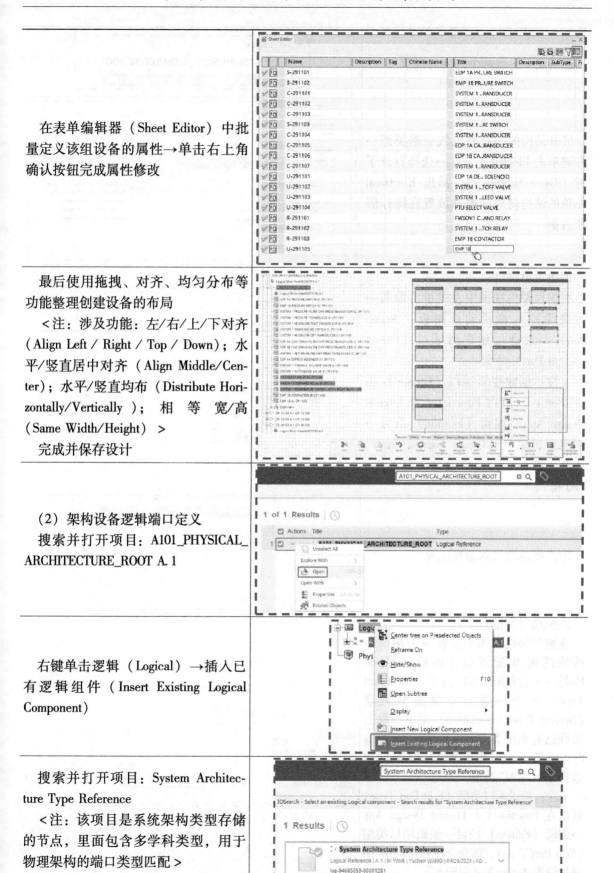
最后使用拖拽、对齐、均匀分布等功能整理创建设备的布局 <注：涉及功能：左/右/上/下对齐（Align Left / Right / Top / Down）；水平/竖直居中对齐（Align Middle/Center）；水平/竖直均布（Distribute Horizontally/Vertically）；相等宽/高（Same Width/Height）> 完成并保存设计	
（2）架构设备逻辑端口定义 搜索并打开项目：A101_PHYSICAL_ARCHITECTURE_ROOT A.1	
右键单击逻辑（Logical）→插入已有逻辑组件（Insert Existing Logical Component）	
搜索并打开项目：System Architecture Type Reference <注：该项目是系统架构类型存储的节点，里面包含多学科类型，用于物理架构的端口类型匹配>	

逻辑层下出现两个并列的根节点	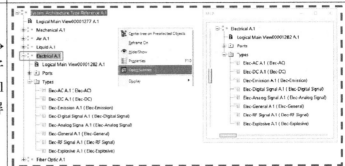
展开结构树→查看电气数据类型→右键单击 Electrical 节点→选择打开子树（Open Subtree）→弹出 Electrical 单独的结构树对话框并放置在操作屏幕右侧	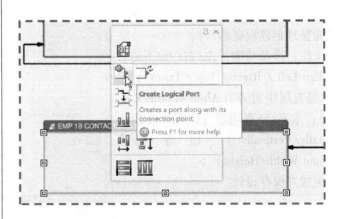
创建逻辑端口： 在物理架构视图中左键单击设备→按快捷键 B 激活动作面板（Action Pad）→选择创建逻辑端口（Create Logical Port）命令 <注：创建逻辑端口（Create Logical Port）默认在 Functional & Logical Design App→编辑（Edition）条目→创建逻辑端口（Create Logical Port），该命令在 Customize 中通过设置 Action Pad 得到>	
单击拖动端口移动其位置	
匹配端口类型： 在物理架构视图中左键单击端口→按快捷键 B 激活动作面板（Action Pad）→选择编辑端口类型（Edit Port Type）命令→弹出系统类型关联（System Type Association）菜单→单击关联已有系统类型（Associate Existing System Type）→在子树（Subtree）中选择 Elec－AC 类型 <注：编辑端口类型（Edit Port Type）默认在 Functional & Logical Design App→编辑（Edition）条目→编辑端口类型（Edit Port Type），该命令在 Customize 中通过设置 Action Pad 得到>	

结构树上展开设备→端口（Port）→查看到逻辑端口已经匹配了端口类型 　　使用知识库（Knowledge Catalog）调用 EKL Action 基于规则批量命名逻辑端口（Logical Port）	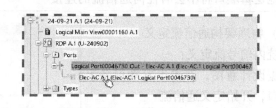
单击工具（Tools）→目录浏览器（Catalog Browser） 　　在选项中选择 A101_EWIS_Knowledge 　　弹出知识库选择界面→选择 EKL_Physical Architecture 章节（Chapter）→双击选择 Logical Port Automatic Naming	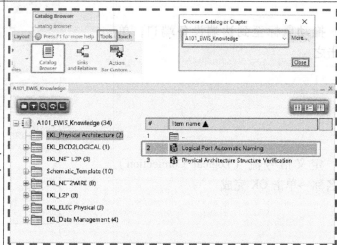
弹出 Action 对话框→选择根节点：A101_PHYSICAL_ARCHITECTURE_ROOT→单击 OK 执行 Action	
逻辑树上所有未按照规则命名的逻辑端口（Logical Port）均按照端口类型-流水码的模式进行不重复命名 　　<注：命名规则在 EKL Action 中内嵌，具体规则基于实际业务有所不同> 　　完成逻辑端口的定义	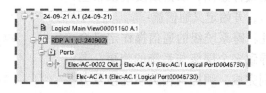
（3）接地逻辑端口的定义 　　接地逻辑端口定义操作方式与逻辑端口的方式相同，直接在设备上定义逻辑端口，按照接地类匹配端口类型，端口类型分为机架地和回路地，端口方向设计为无方向（No Direction）	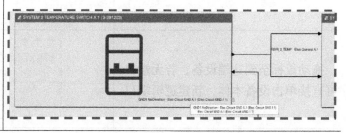

接地逻辑端口将不会有任何通信流的连接

（4）物理架构通信流定义 系统内信号流定义： 根据设计意图，双击出发端设备上的端口，开始定义通信流	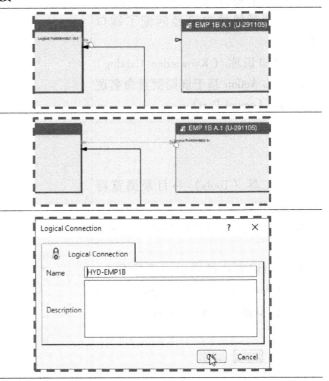
拖动鼠标至到达端设备端口，单击之	
定义信号流（Logical Connection）名称→单击 OK 完成	
完成的信号流体现在视图上 　＜注：系统产生信号连接时，会将整条链路上的所有端口及流的类型按照链路上已有的类型自动进行匹配，若出发/到达端端口类型不一致，则无法完成连接＞	
跨系统/子系统信号定义： 　根据设计意图，双击出发端设备上的端口，开始定义通信流 　＜注：跨系统级的通信操作定义会同时导致多个层级与系统的变更，若要顺利完成，须协调相关系统涉及方提前解除或放宽管理权限＞	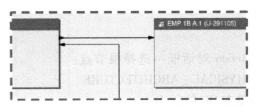 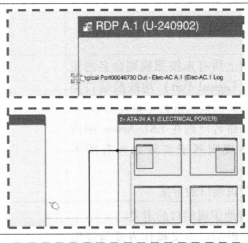
拖动鼠标至到达端设备，若无端口，可直接单击设备本体，新建逻辑端口	

定义信号流（Logical Connection）名称→单击 OK 完成	**Logical Connection**　?　× Logical Connection Name　HYD-EMP1B Description OK　Cancel
完成连接后系统产生多级逻辑端口（Logical Port）与逻辑连接（Logical Connection） 双击该链路上任意连接，即可激活整条链路	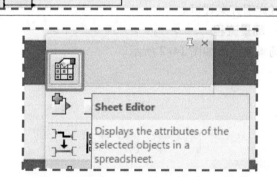
按快捷键 B 激活动作面板（Action Pad）→选择表单编辑器（Sheet Editor）命令 <注：表单编辑器（Sheet Editor）不是 Functional & Logical Design App 的默认命令，该命令属于 Collaborative & Lifecycle App，该命令在 Customize 中通过设置 Action Pad 得到>	**Sheet Editor** Displays the attributes of the selected objects in a spreadsheet.
在表单编辑器（Sheet Editor）中批量定义该链路上的端口及连接的属性→单击右上角确认按钮完成属性修改	**Sheet Editor** Name　Description FWSOV_1A_OPEN/CLOSE　Flow_X FWSOV_1A_OPEN/CLOSE　Flow_X FWSOV_1A_OPEN/CLOSE　Flow_X Elec-General-0001 29-11-00-P0001 29-11-00-P0002 Elec-General-0001
通信流布局调整： 单击并拖拽通信流上的直线处的控制点即可完成对通信流布局位置的调整 若需增加通信流的转折次数，可以单击并拖拽通信流上的折角处的控制点 完成物理架构的绘制并保存设计	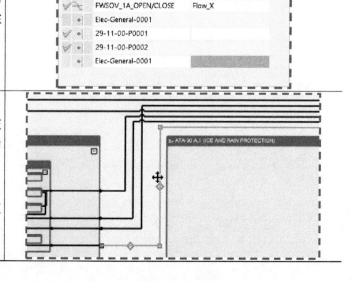

5. 注意事项

1）物理架构绘制中的名称是否符合规范，设备 U 号是否满足语义要求，是否重号等。

2）逻辑端口定义名称是否符合规范，名称是否符合语义要求，是否重号等。

3）逻辑端口是否正确匹配并使用了定义范围内的系统类型。

4）是否完整定义了通信连接关系，避免出现断点。

5）是否准确定义了分叉通信连接，所有分叉通信流均表示带有分叉的并联信号。

6）是否遵循尽可能少的端口及逻辑连接数量表示同一效果。

14.1.2 物理架构设计——技术设计阶段（C）

1. 场景目标

在技术设计阶段（C），各系统设计师通过协同电气集成设计师开展物理架构详细工作，完成所有物理架构详细方案搭建，该方案产生的最终结果作为数据基准，是支撑飞机 EWIS 设计后续各阶段的设计输入。

2. 场景范围

通过转移设备设计权限至 EWIS，开展各系统设备电气专业的接口定义与信号分配，在架构中形成电气回路；各系统设计师在该阶段同时需要负责从成品库中将所有概念设备选型替换，最终通过详细方案评审。

3. 场景流程

场景流程图如图 14-2 所示。

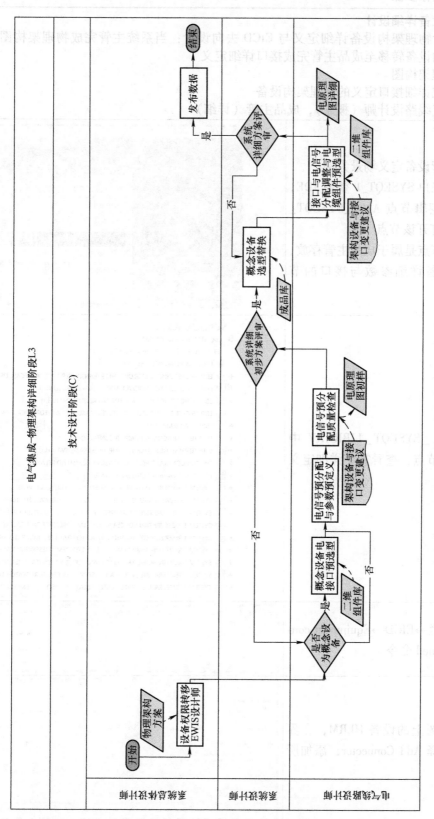

图 14-2　电气集成－物理架构详细阶段 L3 流程图

4. 主要操作步骤

物理架构设备详细设计

该步骤包含物理架构设备详细定义与 EICD 去向设计：当系统主管完成物理架构图绘制后，将架构图中的设备转移至成品主管完成接口详细定义

输入：物理架构图

输出：完成详细接口定义的物理架构设备

角色：电气线路设计师（概念），成品主管（详细）

设计步骤： 以成品主管设备定义场景为例： 成品主管账户 SYSEQT_1 登录 3DE，搜索并打开逻辑节点 A101_SYSEQT_LIBRARY，打开该节点 ＜注：该节点是属于成品主管存放、编辑架构设备详细参数与接口的节点＞	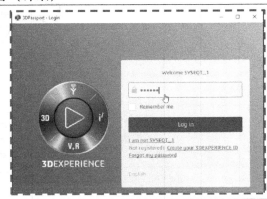
打开 A101_SYSEQT_LIBRARY 中 29−11−00 节点，查看需要详细定义的设备	
单击工具栏→EICD→Equipment connector predefined 命令	
选择结构树上的设备 HLRM，在界面中右键选择 Add Connector，添加所需的连接器	

添加三个新的连接器，定义其代号	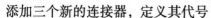
在界面中编辑 Connector Name、Connector Predefined PartNumber 等信息，填写 Connector Predefined PartNumber 后 Pin Name 会自动匹配，自动填写 　＜注：Connector Name 是设备连接器实例代号，如 U – 293001 – J1；Connector Predefined PartNumber 是该代号下连接器选型件号，当键入了正确的件号后，系统会搜索元器件库并将该件号的 Pin 与 Pin 所兼容的导线线规自动载入，方便设计＞	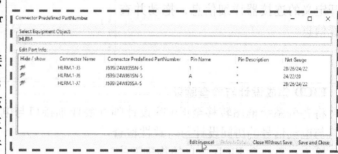
单击界面的 Edit in excel，系统给出 EICD 的底层格式，支持在 Excel 中编辑并返回至 3DE	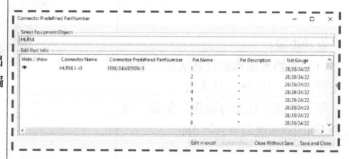
成品主管可根据成品供应商提供的设备规格参数与接口特性文档，在该表中填写或粘贴相关信息，如在 Excel 中打开后编辑针/孔信号名称（Signal Name）、匹配连接器件号（推荐）[Mating Connector Part Number (Recommended)] 等信息	

编辑完成后关闭 Excel，单击界面中的 Refresh Data，会将 Excel 中所填内容载入进界面中，单击 Save and Close ＜注：关闭 Excel 后的 Refresh Data 命令是强制性的，避免数据丢失＞	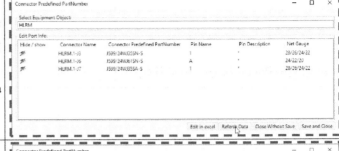
单击 Hide／Show 图标可在界面中展开定义的连接器详细信息，拖动并查看信息	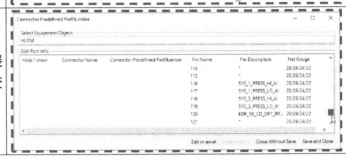

EICD 集成设计与检查验证

将各分系统框图转移至 EWIS 设计师开展详细接口与电气信号分配，并完成相关设备之间接口与电气信号的协同设计与一致性检查

输入：不包含 EICD 信息的物理架构

输出：包含完整 EICD 信息的物理架构

角色：电气线路集成设计师

设计步骤： （1）将物理架构的设备实例从系统主管分配至 EWIS 设计人员 　单击罗盘"社交与协作"象限，选择 Collaborative Lifecycle App	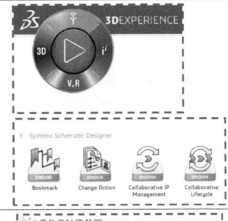
在结构树中选择需要转移所有权的设备	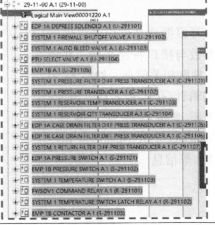

单击工具栏→协作（Collaboration）→更改所有者（Change Owner）	
在更改所有者（Change Owner）窗口勾选传播到实例（Propagate to instance）	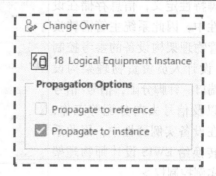
在搜索栏搜索需要转移的 EWIS 设计人员（SYSEWIS_2），并选择搜索结果中的人员，将这些设备完成从系统主管道 EWIS 设计人员的权限分配	
经过之前的权限转移，查看设备属性，参考（Reference）所有者为设备主管（SYSEQT_1）	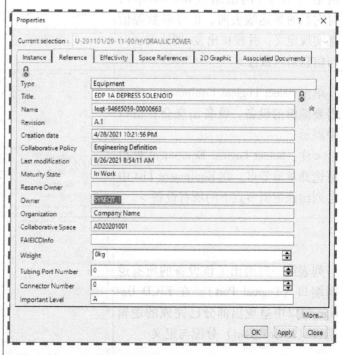

实例（Instance）所有者（Owner）已经更改为 EWIS 设计人员（SYSEWIS_2）

<注：在物理架构详细设计中，设备主管负责物理架构设备的连接器、针脚及针脚特性定义，信息存储在设备参考属性中，因此系统主管需转换给成品主管物理架构设备的参考控制权；EWIS 设计人员负责物理架构设备的逻辑端口–针脚分配，信号/信号组定义，以及信号去向分配等工作，信息存储在设备实例属性中，因此系统主管需转换给 EWIS 设计师物理架构设备的实例控制权 >

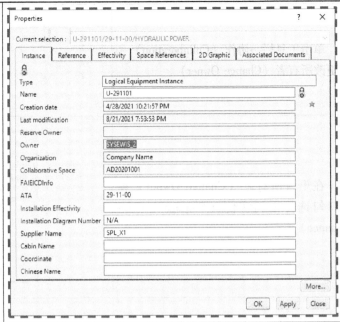

（2）基于 EICD 的信号分配与定义

对成品主管已完成连接器定义的设备开展基于 EICD 的信号在本侧的分配与定义

单击工具栏→EICD→EICD Design

<注：该功能是用于对物理架构中的设备逻辑端口（Logical Port），实现针脚（Pin）级别的接口分配与通信网络（Net）/网络组（Net Group），对它们的到达端去向、信号参数等信息实现定义，并校核出发/到达端去向与信息的一致性 >

单击 Select Logical Equipment，选择需要编辑的设备，设备信息会在窗口中展示

<注：Select Logical Equipment 处也可选择逻辑节点，在 Equipment List 中会列出该逻辑节点下的所有设备 >

列表第一列给出了该设备的所有逻辑端口（Logical Port），在 EICD Design 窗口中呈现出部分已完成的逻辑端口（Logical Port）分配与定义

选择需要分配的逻辑端口（Logical Port），图形区会高亮显示其所对应的逻辑端口（Logical Port），双击逻辑连接可高亮显示整个通信流情况，辅助逻辑端口（Logical Port）的分配	
单击选择连接器（Select Connector），选择件号为 J599/24WJ35SN – S 的 J3 连接器，针脚列表（Pin List）显示了该连接器下所有针脚（Pin）的特性值，单击 OK 　＜注：此操作为所选的逻辑端口（Logical Port）选择其所属的设备连接器，对于连接器类型，规定一个端口只能属于一个设备连接器，对于接线柱类型，一个端口可对应多个接线柱＞	 **Select Connector** ─ ✕ Select Connector: U-293001-J3 ▾ Connector Predefined PartNumber: J599/24WJ35SN-S Pin List 1| ▾ OK Cancel
选择完成后，端口列表（List Ports）显示该行端口为分配了连接器的状态。单击针脚数量（Pin Quantity）栏，输入数量为 2 　＜注：输入数量表明该逻辑端口（Logical Port）在已经选定的连接器中将要占据 2 个针脚（Pin）＞	
单击 Pin Name 下的 TBD 单元格	
在弹出的 Select Pin 窗口选择需要对应的 Pin Number，可看到该设备连接器下的针脚特性（Pin Description）以及该针脚（Pin）所对应的信号网络线规（Net Gauge）信息，选择完成单击 OK	 **Select Pin** ─ ☐ ✕ Select Pin Part Num J599/24WJ35SN-S Pin Number 35|EDP_2A_PRESS_HI ▾ Pin Description EDP_2A_PRESS_HI_SW_D Net Gauge 22 ▾ OK Cancel
EICD Design 窗口自动显示所选的 Pin Name 及 Pin Description	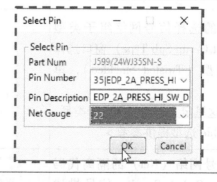

单击未设置 Net ATA 属性的单元格	
弹出的 Select Net ATA 窗口选择需要的 Net ATA（29 - 12 - 00），单击 OK <注：根据规则，所选设备上连接的信号网络（Net），要么属于该设备所属的 ATA，要么属于到达端设备所属的 ATA，故界面弹出的选项列表来自该信号所连接的所有设备的父级 ATA >	
设置完成后在 EICD Design 窗口显示设置的 Net ATA（29 - 12 - 00），信号网络名称（Net Name）、信号网络组名称（Net Group Name）会将前半部分的系统代号自动写入	
单击网络名称（Net Name）增加后四位流水号，相应的信号网络组名称（Net Group Name）会自动设置	
单击信号网络组子类型（Net Group Sub Type）的单元格	
在弹出的选择信号网络组子类型（Select Net Group Sub Type）窗口选择需要的类型（Twisted Shielded），单击 OK <注：这里定义了同一网组子类型，为将来 Cable 选型提供参考 >	
填写信号网络（Net）的隔离代码（Separation Code）S - B、信号描述（Signal Description）EDP_2A_PRESS、信号网络线规（Net Gauge）22、功能名称（Function Name）29_F03	

单击 EICD Design 窗口的 Edit in Excel，在 Excel 打开 EICD 继续编辑信号方向、功能特性代码、电源特性、是否为控制线路、是否为成品线等属性信息，编辑完成后保存并关闭 Excel	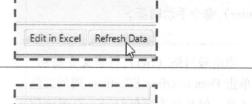
回到 EICD Design 窗口，单击 Refresh Data，可以在 EICD Design 窗口查看在 Excel 中编辑的内容	Edit in Excel　Refresh Data
单击 Save Current，提示 Data saving completed，表明数据保存成功，单击 Close 关闭 EICD Design 编辑窗口	Save Current　Save All　Close

保存数据

（3）基于 EICD 的信号去向分配

当所选逻辑端口（Logical Port）完成了所有侧的针脚（Pin）分配，即可在授权下开展任意一侧的信号网络（Net）的去向分配工作

单击工具栏→EICD→ EICD Design	Edition　EICD　2D Graph　Diagram　Sequence Diagram　Publications　View　Tools　Touch Copy　Paste　Undo　Update　Equipment connector pre...　EICD Design
弹出 EICD Design 界面，在选择逻辑设备（Select Logical Equipment）处选择需要编辑的设备 HLRM（U－293001）	EICD Design Select Logical Equipment: HLRM(U-293001) Equipment List:　HLRM(U-293001)
选中可以分配去向的逻辑端口（Logical Port），单击所编辑行的 To Pin 单元格，在弹出的 Select Pin 窗口选择 Pin Number、Pin Description、Net Gauge，选择完成单击 OK <注：根据本侧针脚特性，判断对侧针脚特性值，根据两侧填写内容理解选择匹配的针脚>	Select Pin　—　□　× Select Pin Part Num　J599/24WA03SN-S Pin Number　A|SYS_1_RF_DPT_EXC ∨ Pin Description　SYS_1_RF_DPT_EXC_IN Net Gauge　24 OK　Cancel

在弹出的提示窗口单击 OK 后，在 EICD Design 窗口显示所同步的 Pin 信息

<注：该功能仅对信号行中的空格属性进行同步，若单元格已赋值，则保留原始值避免信息损失，若需要刷新已有值，选择单击同步（Synchronize）命令手动刷新>

当信号网络（Net）行定义完整后，单击 From Interface Effectivity 列的红色叉号，使其变为绿色对勾，表明该信号网络（Net）行定义本侧有效

<注：有效定义的标准：Net 名称、Net Group 名称、隔离代码、信号描述、信号线规、功能名称必须完成定义>

（4）信号出发/到达端一致性检查与同步

单击一致性分析（Consistency Analysis），弹出提示窗口，单击 OK 关闭提示窗口，在 EICD Design 窗口可以查看分析结果

<注：该命令仅对已成功分配的信号网络（Net）行执行分析，若去向分配不完整则不执行分析>

单击分析不一致的单元格，界面下方会出现不一致的分析原因供参考

若需要同步对侧信息，单击同步（Synchronize），弹出同步（Synchronize）窗口，窗口显示另一端的信息，可对信息进行修改，单击 OK，可以看到 Net Gauge 信息已经变为 22

若需要同步对侧信息，单击同步（Synchronize），弹出同步（Synchronize）窗口，窗口显示另一端的信息，可对信息进行修改，单击 OK，可以看到 Net Gauge 信息已经变为 22

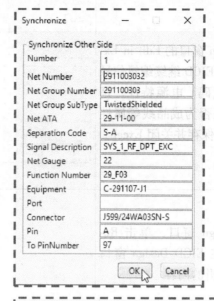

再次单击一致性分析（Consistency Analysis），Net Gauge 单元格信息分析通过

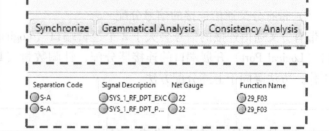

单击 From Interface Effectivity 列的红色叉号，使其变为绿色对勾

单击 Get Tocheck Info，会将对侧信号网络（Net）行的有效性状态同步至本侧，当对侧信号网络（Net）行有效时，To Interface Effectivity 列变为绿色对勾，单击 Save Current 保存当前操作

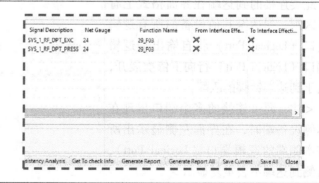

单击 EICD Design 窗口的 Edit in Excel，在 Excel 打开 EICD 继续编辑信号方向、功能特性代码、电源特性、是否为控制线路、是否为成品线等属性信息，编辑完成后保存并关闭 Excel	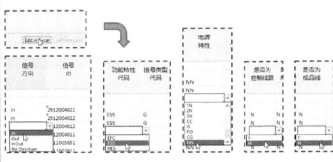
回到 EICD Design 窗口，单击 Refresh Data，可以在 EICD Design 窗口查看在 Excel 中编辑的内容	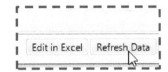

保存数据

（5）带有分叉通信连接的信号分配

　　带有分叉通信连接的信号会大于 2 个逻辑端口（Logical Port）相连接，其中基于每个逻辑端口（Logical Port）开展端口的连接器分配、针脚数量（Pin Quantity）定义及针脚（Pin）分配工作，方法等同于上述分配方法

此类连接的到达端在界面格式上有所区别，到达至其他设备的所有逻辑端口（Logical Port）将自输出端逻辑端口（Logical Port）行向下依次展开，用于到达端针脚的匹配 　　＜注：同一连接的多个端口出现在本侧设备端时，在界面左侧显示出所有本侧端的逻辑端口（Logical Port），右侧到达端不会重复显示＞	
所有去向逻辑端口（Logical Port）分配的信号网络（Net）信息必须一致，界面会在设置时保持强制一致	

当各设备完成分配后,一致性分析功能会根据已经完成匹配的针脚(Pin)展开分析,同理,所有端口对应的分配行必须一致才表示为通过	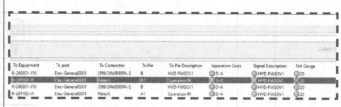
完成多点分配的结果在 Excel 中,接口数量为 $N-1$(N 为该连接的逻辑端口(Logical Port)总数)、接口设备件号、接口连接器件号,接口针/孔编号填写在一个单元格,用分号隔开表达	

5. 注意事项

1)设备连接器的选型是否与标准件库一致且处于最新状态。

2)连接器特性定义是否符合规范,特性描述是否满足语义要求,便于协调理解。

3)基于 EICD 的逻辑端口(Logical Port)及针脚(Pin)分配是否完整分配。

4)表格内分配的其余必要信息是否完整有效。

5)出发/到达端 From/To 的定义是否为有效的通过状态。

14.1.3 电原理图设计

1. 场景目标

为清晰表明设备的工作原理及各电器元件间的作用,直接体现电子电路与电气结构以及其相互间的逻辑关系,以便在分析电路时,通过识别图纸上所画各种电路元件符号,以及它们之间的连接方式,直观了解电路的实际工作时情况,为此我们定义电原理图。

2. 场景范围

在 3DE 中,电原理图的输入条件来自上游系统物理架构,经过配置相关规则与标准,通过自动出图 + 手动调整或手动出图的方式生成标准的电原理图。

3. 场景流程

场景流程图如图 14-3 所示。

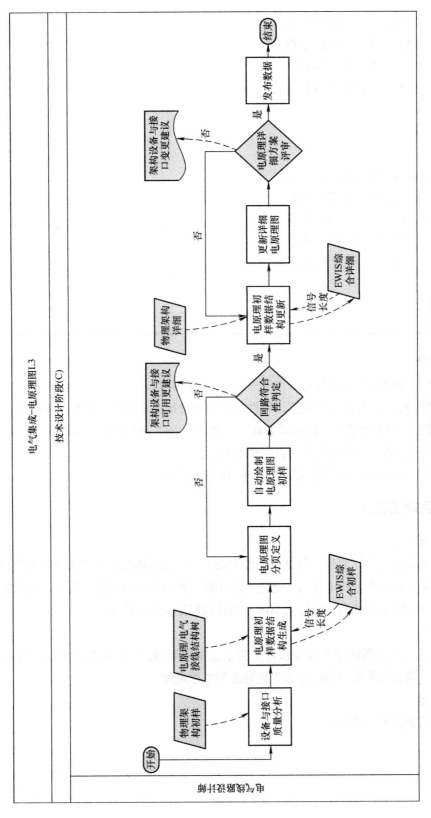

图 14-3　电气集成 – 电原理图 L3 流程图

4. 主要操作步骤

手动绘制电原理图

该步骤通过结构树操作及图面操作的方式创建电原理结构树及电原理图，包含电原理设备定义、信号网络（Net）/网络组（Net Group）定义，及它们之间的连接关系

输入：系统/子系统电气设计意图，物理架构图及其 EICD 信息

输出：电原理图数据结构及其图纸

角色：EWIS 线路设计师

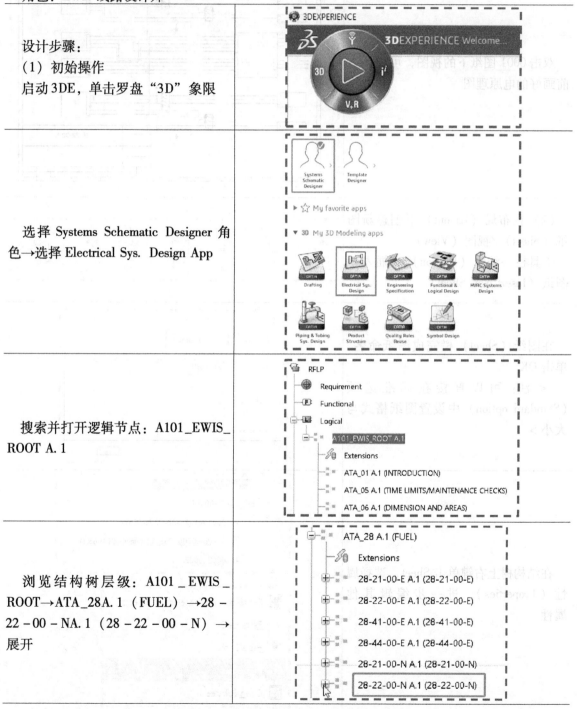

设计步骤：

（1）初始操作

启动 3DE，单击罗盘"3D"象限

选择 Systems Schematic Designer 角色→选择 Electrical Sys. Design App

搜索并打开逻辑节点：A101_EWIS_ROOT A.1

浏览结构树层级：A101_EWIS_ROOT→ATA_28A.1（FUEL）→28-22-00-NA.1（28-22-00-N）→展开

展开 28 – 22 – 00 – N 节点后可以看到布局（Layout）—图纸（Sheet）—视图（View）三层级结构，即是该章节段包含的所有电原理图	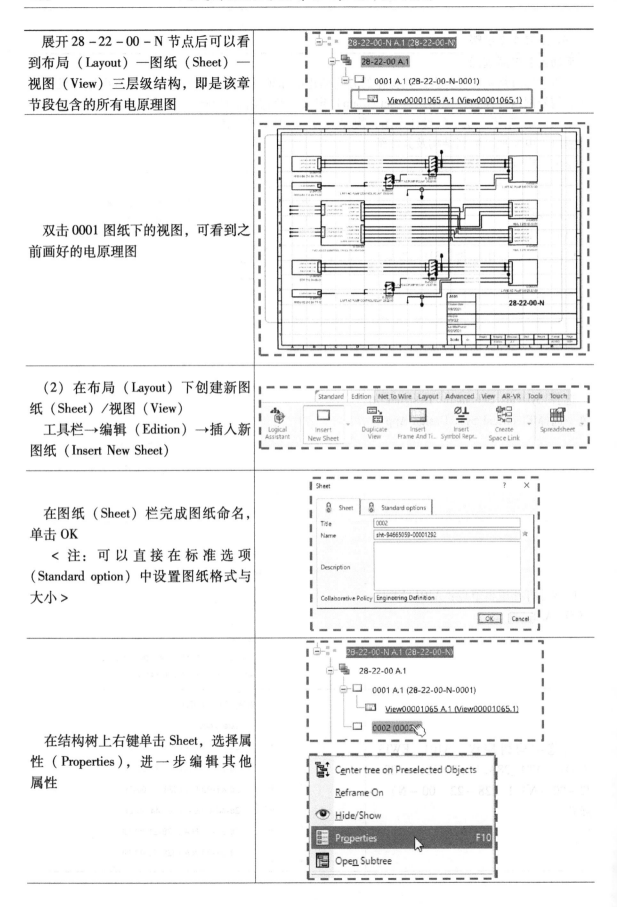
双击 0001 图纸下的视图，可看到之前画好的电原理图	
（2）在布局（Layout）下创建新图纸（Sheet）/视图（View） 工具栏→编辑（Edition）→插入新图纸（Insert New Sheet）	
在图纸（Sheet）栏完成图纸命名，单击 OK ＜注：可以直接在标准选项（Standard option）中设置图纸格式与大小＞	
在结构树上右键单击 Sheet，选择属性（Properties），进一步编辑其他属性	

定义 Sheet Instance 属性下的实例名称（Name）→单击 OK	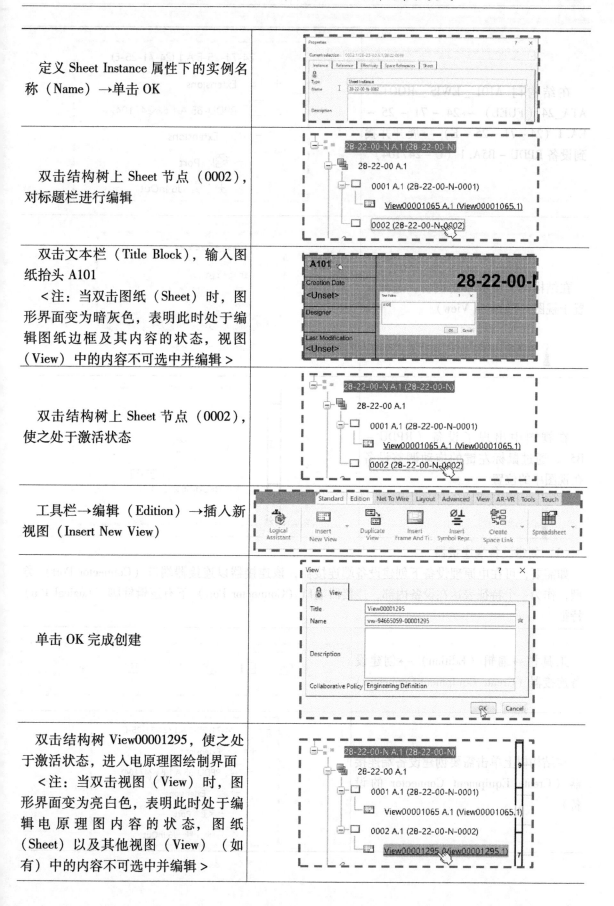
双击结构树上 Sheet 节点（0002），对标题栏进行编辑	
双击文本栏（Title Block），输入图纸抬头 A101 <注：当双击图纸（Sheet）时，图形界面变为暗灰色，表明此时处于编辑图纸边框及其内容的状态，视图（View）中的内容不可选中并编辑>	
双击结构树上 Sheet 节点（0002），使之处于激活状态	
工具栏→编辑（Edition）→插入新视图（Insert New View）	
单击 OK 完成创建	
双击结构树 View00001295，使之处于激活状态，进入电原理图绘制界面 <注：当双击视图（View）时，图形界面变为亮白色，表明此时处于编辑电原理图内容的状态，图纸（Sheet）以及其他视图（View）（如有）中的内容不可选中并编辑>	

在结构树 A101_EWIS_ROOT→ATA_24（FUEL）→24 – 71 – 25 – EA.1（24 –71 –25 – E）→展开并找到设备 RPDU – B5A.1（U –247104）	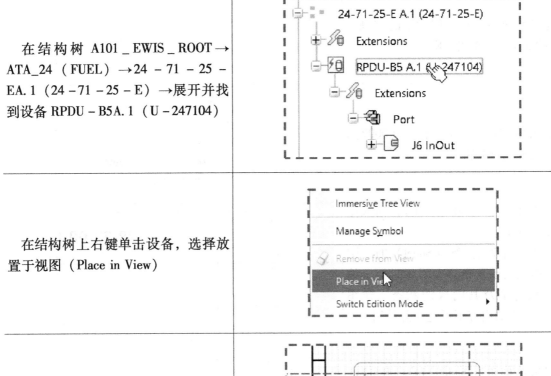
在结构树上右键单击设备，选择放置于视图（Place in View）	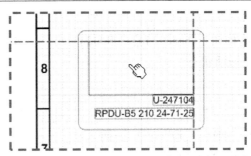
在视图中出现了设备（RPDU – B5），通过鼠标左键的拖动调整设备在视图中的位置	

（3）创建设备端连接器

如需要，可在电原理设备下创建设备端连接器，该连接器以连接器端口（Connector Port）类型，作为一个特征表达在设备内部，连接器端口（Connector Port）下有逻辑针脚（Logical Pin）特征

工具栏→编辑（Edition）→创建设备连接器（Create Equipment Connector）	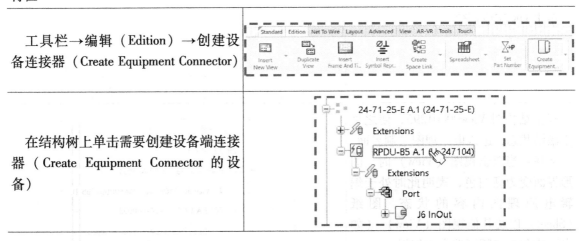
在结构树上单击需要创建设备端连接器（Create Equipment Connector 的设备）	

弹出创建菜单，定义连接器（Connector）名称为 J7，定义 J7 下所有针脚的名称与排序→单击 OK	
单击视图中的设备→弹出浮动命令栏→选择管理设备连接器显示（Mange Equipment Connector Display）	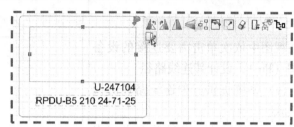
定义属性参数及需要在视图中显示的 Connector 数量→单击 OK	
选择多个 Connector，按快捷键 B 激活动作面板（Action Pad）→选择表单编辑器（Sheet Editor）命令 ＜注：表单编辑器（Sheet Editor）不是 Electrical Sys. Design App 的默认命令，该命令属于 Collaborative & Lifecycle App，该命令在 Customize 中通过设置 Action Pad 得到＞	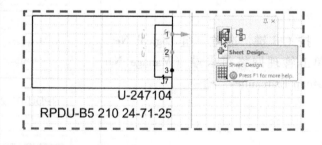
在表单编辑器（Sheet Editor）中批量定义设备显示针脚的属性（信号名（Signal）/操作电压/操作电流等）→单击右上角确认按钮完成属性修改	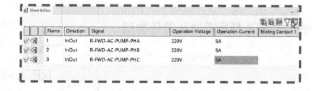

（4）创建逻辑网络（Net）/网络组（Net Group） 单击编辑（Edition）→插入新参考（Insert New Reference）	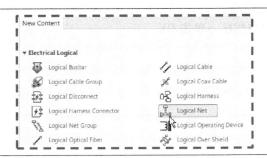
在新内容（New Content）菜单中选择逻辑网络（Logical Net）	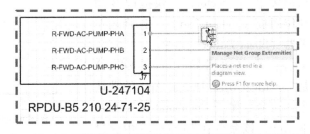
在视图中依次单击需要连接的设备针脚（Pin），设计其连线路径 ＜注：系统提供三种连线路径的设计模式： 1）√直线模式：通过单击中间点定义路径，可以不定义为水平或竖直线 2）∕带角度的直线模式：通过指定的角度（90°或45°）将路径定义为水平或竖直方向，若需定义非水平/竖直的分段，按 Ctrl 键，指定的角度会在路径移动时得到保留 3）⌐肘线模式：不需要定义过程路径＞	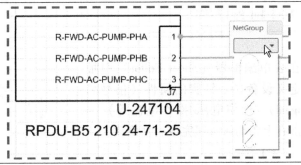
按 Ctrl 键，选择一组 Logical Net，单击管理网络组末端（Manage Net Group Extremities）命令	
在对话框选择所需屏蔽符号类型	

展示将出现并会随鼠标移动，将展示放置在适当的位置处，然后单击

　✔：验证展示与网络端口之间的链接

　注：建议的链接是具有网络最近端子的链接

　✖：从视图中移除展示并终止命令

　♻：允许为具有展示的链接选择其他端口

　注：如果选择此选项，则需要选择✔以验证选择

　如果选择✔或♻，符号会被置入图表视图中

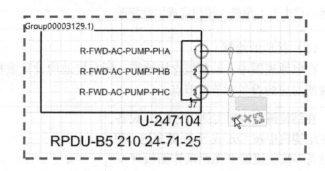

多点位信号网络（Net）的设计：

　基于两点连接的信号网络（Net）定义，在视图中选择逻辑网络（Logical Net），单击增加网络连接（Add Net Connections）命令

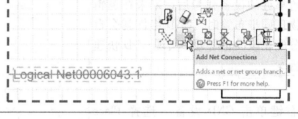

系统会自动引出网络分支点及分支线，选择需要连接的另一针脚（Pin）端点，创建一条分支

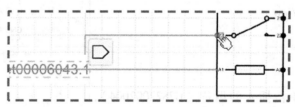

完成逻辑网络（Logical Net）及逻辑网络组（Logical Net Group）连接后，在结构树中按 Ctrl 或 Shift 键多选逻辑网络（Logical Net）及逻辑网络组（Logical Net Group）→按快捷键 B 激活动作面板（Action Pad）→选择 Sheet Design 命令，进行参数批量输入

　<注：表单编辑器（Sheet Editor）不是 Electrical Sys. Design App 的默认命令，该命令属于 Collaborative & Lifecycle App，该命令在 Customize 中通过设置 Action Pad 得到>

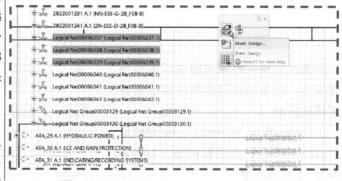

在表单编辑器（Sheet Editor）中批量定义该组逻辑网络（Logical Net）及逻辑网络组（Logical Net Group）的属性→单击右上角确认按钮完成属性修改			

（5）接地的绘制

在电原理图中，绘制概念接地符，所有接地均设计成标准的接地端子设备，放置在该图章节段所对应的设备章节段节点

在结构树上找到实例化的 GND 设备，在结构树中按 Ctrl 或 Shift 键多选 GND 设备→按快捷键 B 激活动作面板（Action Pad）→选择 Sheet Design 命令，输入 GND 实例名称以及在标签（Tag）中输入 GND 布置靠近的设备代号 ＜注：在标签（Tag）中输入 GND 布置靠近的设备代号后，未来在逻辑到物理同步布置时，GND 组件就会自动分配在该设备附近，实现 GND 快速布置＞	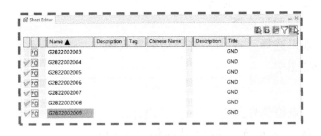
右键单击 GND 设备→选择 Place in View	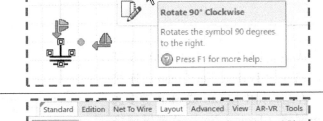
单击插入的设备（G2822002004），选择顺时针旋转 90°（Rotate 90° Clockwise）命令，将设备方向调整	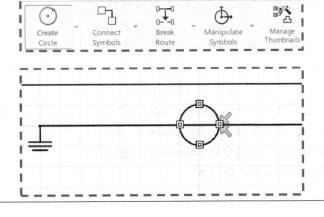
屏蔽线接地在电原理图中不做模型化表达，故使用几何绘制功能绘制屏蔽线的接地 工具栏→布局（Layout）→创建圆形（Create Circle），在逻辑网络（Logical Net）上创建圆形	

工具栏→布局（Layout）→创建直线（Create Line），在逻辑网络（Logical Net）上创建直线，将圆形与 GND 设备连接 　＜注：电流回路地、机架地的设计方案与普通设备布置与逻辑网络（Logical Net）连接方式相同，参考本节上文＞	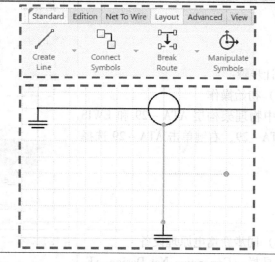
（6）电原理图设计的检查 　工具栏→工具（Tools）→业务智能基础（B. I. Essentials）	
在 B. I. Essentials 对话框下拉选项中选择电气：连接性审查（Electrical：Connectivity review）	
视图中以不同的颜色标明电原理图的连接状态	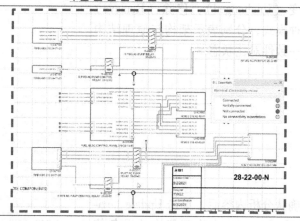

检查结束后，设计完成并保存数据

电原理设备同步创建与变更

该步骤通过物理架构定义的设备生成电原理设备

输入：物理架构设备

输出：电原理设备

角色：EWIS 线路设计师

设计步骤：

（1）初始操作

选中物理架构层 ATA-29 和 EWIS 层 ATA-29，右键单击 ATA-29 选择打开

（2）同步新增电原理设备

工具栏→Generative Net Design→Equipment Block To Net

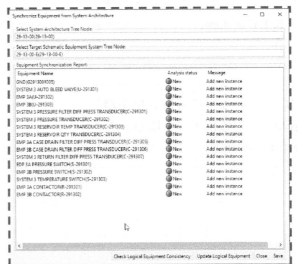

Select System Architecture Tree Node 处选择物理架构的 29-13-00 节点，Select Target Schematic Equipment System Tree Node 处选择 EWIS 的 29-13-00-E 节点，单击 Check Logical Equipment Consistency，查看检查结果

＜注：分析状态（Analysis Status）包括新增（New）、变化（Changed）、不变（Unchanged）、移除（Remove）四种模式，分别表示架构与原理结构树一致性对比状态＞

确认分析内容后，单击 Update Logical Equipment，将物理架构的设备信息同步到 EWIS 设备节点

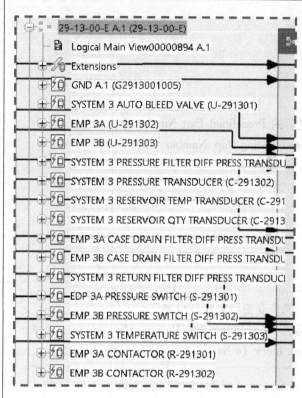

同步完成后，单击模型查看同步新增情况，例如展开原理结构树的 29 – 13 – 00 – E 节点

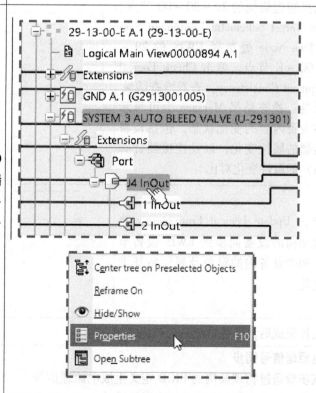

选择逻辑设备 SYSTEM 3 AUTO BLEED VALVE，右键单击 J4 InOut 端口，选择属性（Properties），查看 Predefined Part Number 和 Predefined Mating Part Number

变更后的 Predefined Part Number 和 Predefined Mating Part Number 如右图所示

（3）同步变更后电原理设备

工具栏→Generative Net Design→Equipment Block To Net

Select System Architecture Tree Node 处选择物理架构的 29 - 30 - 00 节点，Select Target Schematic Equipment System Tree Node 处选择 EWIS 的 29 - 30 - 00 - E 节点，单击 Check Logical Equipment Consistency，查看检查结果

＜注：检查结果 Message 中可显示具体设备内容的变化状态，包括设备连接器的属性变化，以及连接器针脚（Pin）的属性变化对比＞

单击 Update Logical Equipment，将物理架构的设备同步到 EWIS 设备节点，相关设备内的对象及属性特征发生变化

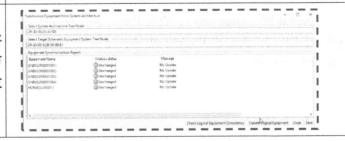

设计完成后，保存数据

电原理信号同步

该步骤通过物理架构的 EICD 定义生成电原理信号

输入：包含 EICD 的物理架构详细设计

输出：电原理信号数据结构

角色：EWIS 线路设计师

设计步骤：

（1）初始操作

根据需要同步的设计范围，选中物理架构层 ATA - 29 和 EWIS 层 ATA - 24、ATA - 29、ATA - 33、ATA - 42、ATA - 73、ATA - 97，右键单击 ATA - 97 选择打开

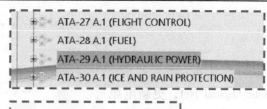

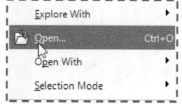

（2）同步电原理信号

工具栏→Generative Net Design→Net Block To Net

在选择系统架构结构树节点（Select System Architecture Tree Node）栏处选择物理架构的 29 - 11 - 00，在选择目标逻辑信号网络系统树节点（Select Target Logical Net System Tree Node）栏处选择 29 - 11 - 00，单击 Check Logical Net Consistency，查看检查结果

<注：选择系统架构结构树节点（Select System Architecture Tree Node）栏得到检索物理架构及 EICD 的范围，选择目标逻辑信号网络系统树节点（Select Target Logical Net System Tree Node）栏决定了在上述范围内过滤出该选项节点所在的 ATA 章节段的信号网络（Net）生成及同步

例如，物理架构选择了 29 - 11 - 00，范围内包含该节点下所有 EICD，包括 24 - 71 - 00、29 - 11 - 00、29 - 30 - 00 的信号网络（Net），原理结构选择 29 - 30 - 00，则会过滤出 29 - 30 - 00 的信号网络开展分析和同步>

在 Message 中选择检查结果信息，单击 Remove Line，删除选中的提示信息

<注：分析显示的删除信号网络组（Net Group）和信号网络（Net）的部分，有两种可能的情况：①所选目标 ATA 章节段确实需要删除变更的信号网络组（Net Group）和信号网络（Net）；②所选的物理架构源头 ATA 章节段内不包含所有目标 ATA 章节段的信号网络组（Net Group）和信号网络（Net），上述操作属于后者>

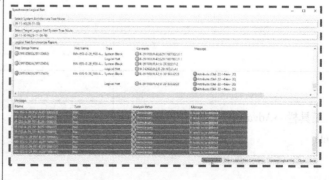

单击 Update Logical Net，更新电原理信号信息	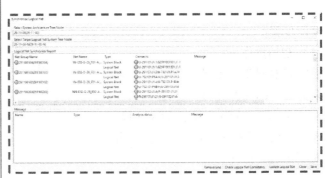
同步完成后，单击模型查看同步新增情况，例如右键单击 291200102 选择属性（Properties）	
属性中的信息来自物理架构的 EICD 设计	
工具栏→Advanced→RFLP Linked Objects	

在结构树中选择 2912001021，查看其所链接的设备对象	

设计完成后，保存数据

自动绘制电原理图
该步骤通过生成网络图功能自动生成网络图，并手动调整网络及设备的位置
输入：完整有效的电原理数据结构
输出：电原理图图纸
角色：EWIS 线路设计师

设计步骤： （1）初始操作 启动 3DE，单击罗盘"3D"象限	
选择 Systems Schematic Designer 角色→选择 Electrical Sys. Design App	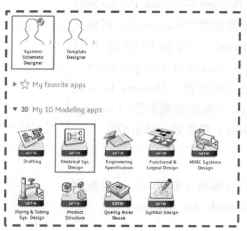
搜索并打开逻辑节点：A101_EWIS_ROOT A.1	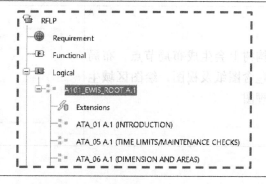

展开结构树并选择逻辑节点：ATA_24、ATA_29、ATA_42	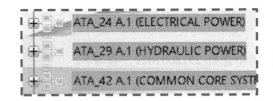
右键单击 ATA_42（COMMON CORE SYSTEM），选择打开（Open）	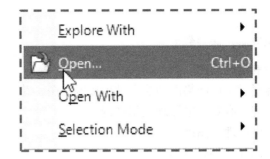
（2）绘制电原理图 工具栏→编辑（Edition）→线路和网络生成参数 Wiring And Net Diagram Generator Parameters	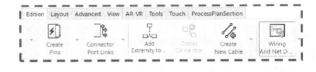
在线路和网络生成参数（Wiring And Net Diagram Generator Parameters）对话框设置标准（Standard）、页格式（Sheet format）、每页网络最大值（Maximum number of nets per sheet）、网络组之间的距离（Distance between net groups）、视图排列间距（Arrange view spacing）等参数，单击 OK	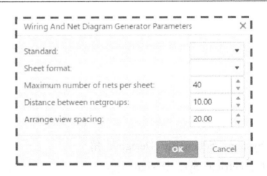
工具栏→编辑（Edition）→生成网络图（Generate Net Diagram）	
在结构树上会生成布局节点，布局节点下包含图纸及视图，绘图区域生成电原理图	

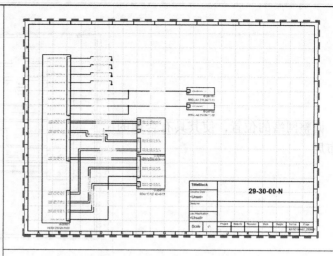

分别右键单击属性布局及图纸，修改布局的参考标题为 29 – 30 – 00 – N，图纸的参考标题为 0001，实例标题为 29 – 30 – 00 – N –0001

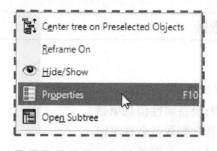

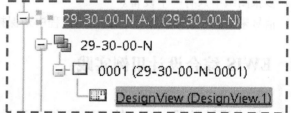

拖动设备，调整设备在视图中的位置

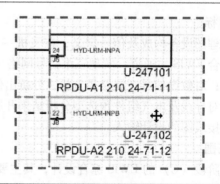

单击视图中的设备→弹出浮动命令栏→逆时针旋转 90°（Rotate 90°Counterclockwise）

调整网络的位置，使其具有合理的布局	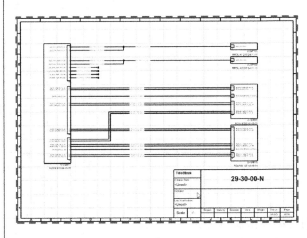

调整完成后保存数据

5. 注意事项

可能产生的错误如下：

1）在构建设备时设备属性信息填错。

2）设备连接器和针脚数量名称填错。

3）多张图纸中只有一个设备。

4）信号未存在于正确的节点，在绘图过程中未保持结构树的实时正确。

14.2　EWIS 综合设计用例实践

14.2.1　技术设计阶段（C）的 EWIS 综合设计

1. 场景目标

基于电原理图设备构成及信号定义，在飞机一（二）级样机中实现设备初步占位与信号的三维定义；结合 EWIS 主通道，实现三维信号网络（Net）依据设计规则的敷设定义，使之满足初步成束要求；对敷设信号开展路径分析，分析出信号经过的分叉点、分离面，给出相应接线信息推荐方案；对导线及电气组件预选型分析结果开展线束成束分析，得到飞机线束构型方案，作为下阶段电气接线图的设计输入。

2. 场景范围

技术设计阶段（C）的 EWIS 综合设计，其主要设计输入条件包括：电原理图、含 EWIS 主通道的飞机一（二）级样机，基于信号敷设设计规则，通过自动 + 手动调整的方式完成信号的路径敷设，经过分析迭代得到接线信息的确定推荐方案。

3. 场景流程

场景流程图如图 14-4 所示。

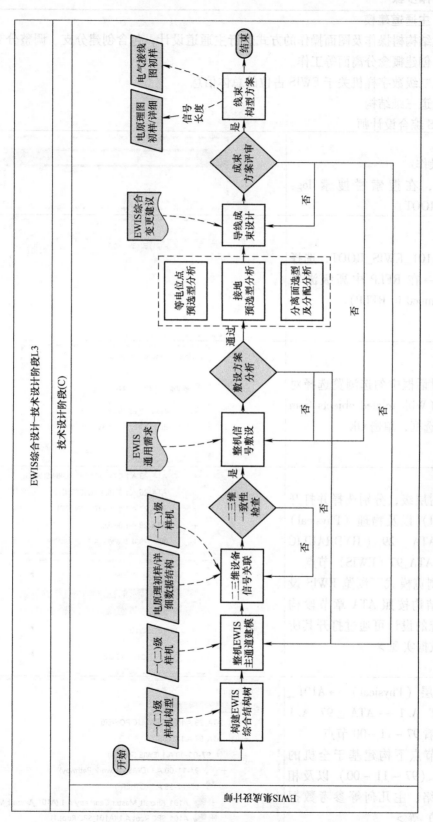

图 14-4　EWIS 综合设计 – 技术设计阶段 L3 流程图

4. 主要操作步骤

整机 EWIS 主通道建模

该步骤通过结构树操作及图面操作的方式进行主通道设计，包含创建分支、调整分支、创建标准分支点、创建概念分离面等工作。

输入：飞机二级数字样机关于 EWIS 占位的总体信息

输出：主通道三维结构

角色：EWIS 综合设计师

设计步骤	
（1）初始操作 启动 3DE，在搜索栏搜索 log：A101_EWIS_ROOT	
右键单击 A101_EWIS_ROOT，选择 Explore With→在 RFLP 中高级浏览（Explore Advanced in RFLP）	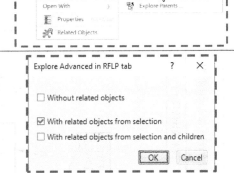
在弹出的对话框中勾选浏览选择对象关联对象（With related objects from selection）复选框，单击 OK	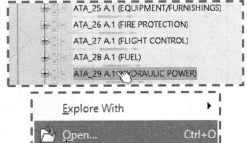
浏览结构树层级，分别选择并打开逻辑（Logical）以及物理（Physical）层级下的 ATA_29（HYDRAULIC POWER）与 ATA_97（EWIS）节点 ＜注：在浏览模式下浏览 EWIS 设计结构，该结构按照 ATA 章节段构建，不同系统的设计可通过打开其所需要的部分数据实现＞	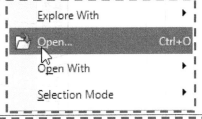
展开物理层（Physical）→A101_EWIS_ROOT A.1→ATA_97 A.1（EWIS），查看 97-11-00 节点 ＜注：该节点下构建基于全机的 EWIS 主通道（97-11-00）以及相关飞机外包络、主几何等参考数据（97-11-99）等＞	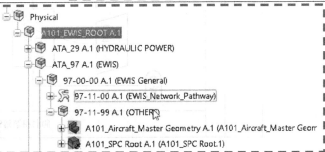

隐藏 97 – 11 – 99 A. 1（OTHERS）下的子级结构，可以查看主通道模型	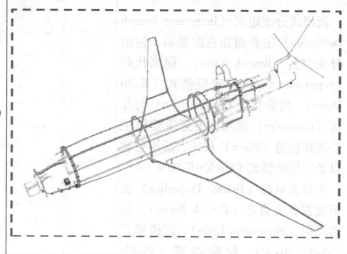
展开 97 – 11 – 00 A. 1（EWIS_Net-work_Pathway）节点查看其子级结构 其中，97 – 11 – 99 存储概念分离面，97 – 11 – 01 ~ 97 – 11 – 10 存储各部段主通道框架模型 ＜注：概念分离面节点下，按照区域代码设计各分段的概念分离面模型；每个部段主通道节点下，按照主要隔离代码类别设置不同类别通道建模集合＞	97-11-00 A.1 (EWIS_Network_Pathway) 97-11-99 A.1 (Conceptual Interconnection) 97-11-01 A.1 (Nose) 97-11-02 A.1 (Fuselage) 97-11-03 A.1 (Tail) 97-11-04 A.1 (Empennage) 97-11-05 A.1 (Engine Left) 97-11-06 A.1 (Engine Right) 97-11-07 A.1 (Wing Left) 97-11-08 A.1 (Wing Right) 97-11-09 A.1 (Doors) 97-11-10 A.1 (EE)
单击结构树上的节点查看对应的模型	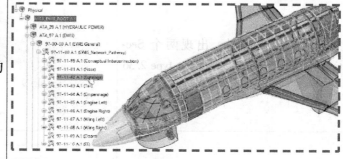

（2）创建主通道分支

3DE 中包含两种分支布线工具：传统分支定义（Classic Branch Definition）和沉浸式分支定义（Immersive Branch Definition），传统分支定义继承自 CATIAV5 线束功能，本书不再详细展开

工具栏→分支（Branch）→沉浸式分支定义（Immersive Branch Definition）	

沉浸式分支定义（Immersive Branch Definition）主界面如右图显示，包括分支命名（Branch Name）、隔离代码（Separation Code）、建模模式（Build Mode）、轮廓类型（Profile type）与几何（Geometry）选项。主通道建模主要选择松弛（Slack）模式、圆形轮廓以及定松弛模式（Slack=0.00%）

在分支属性（Branch Properties）面板设置分支命名（Branch Name）、隔离代码（Separation Code）、建模模式（Build Mode）、轮廓类型（Profile type）与几何（Geometry）选项与折弯半径（Bend Radius）等属性值

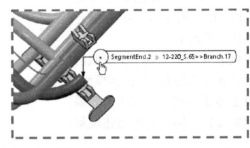

在绘图区单击已有分支（Branch.17），选择已有分支的末端点SegmentEnd.2 >> 12−22O_S.65 >> Branch.17

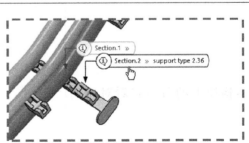

单击卡箍支撑件，出现两个Section，选择Section.2 >> support type 2.36

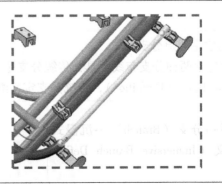

在两个支撑件之间创建了一条分支，依次完成其他支撑件间分支的创建

（3）调整分支 单击主通道上黄色穿越点，单击箭头选择下一个控制点的创建方向 🔹：穿越点将放置在选定的线路元素之后 🔹：穿越点将放置在选定的线路元素之前	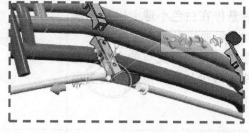
选择手动敷设模式（Manual Routing Mode）→拖拽 Robot 至空间一个位置，完成一个控制点的创建	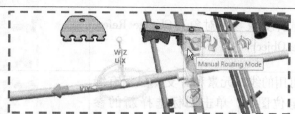
单击主通道上黄色穿越点，选择移动模式（Move Mode），操作 Robot 使其沿 U丨X 方向移动	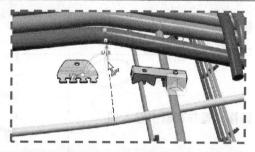
松开 Robot，该分支已有的控制点随 Robot 的移动而改变位置，模型根据 Robot 位置调整自动适应	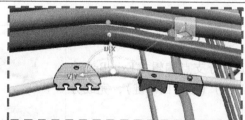
（4）创建标准分支点 单击主通道控制点中间的分段部分→弹出对话框→选择创建模式（Creation Mode）	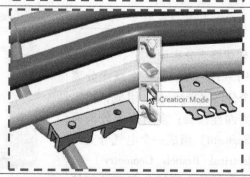
选择添加标准分支点（Add Standard Branch Point）	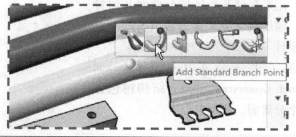

将鼠标悬停在白色小球上以显示操作器，然后沿曲线拖动箭头 如果参考点位于分支点的左侧，拖动左箭头可减少长度，拖动右箭头可增加长度	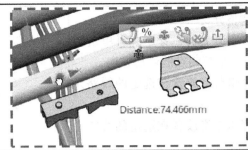
选择更改参考对象（Change Reference Object）	
可用的线路元素和分支点显示有绿色定位图标，单击图标选择新的参考点 选择新的参考点后，分支点参考标尺即会以此点为坐标原点	
单击偏移标签并在框中输入值	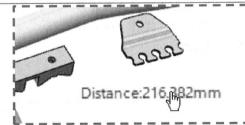
单击退出分支点编辑（Exit Branch Point Edition）（或按回车键），完成分支点创建	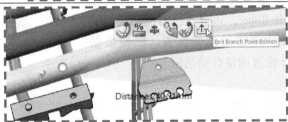
（5）创建概念分离面 展开 97 - 11 - 99，每一个概念分离面由两个分段（Segment）组成，代表一对分离面连接器；多对概念分离面分段（Segment）组成一个电气分支几何（Electrical Branch Geometry）节点，用来存储某个区域分离面几何特征，辅助概念分离面分段（Segment）的设计 展开电气分支几何（Electrical Branch Geometry）节点，结构树包含一个分离面、两个中心点	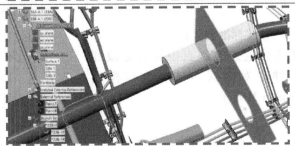 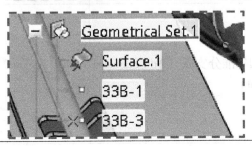

选择工具栏→分支（Branch）→沉浸式分支定义（Immersive Branch Definition）	
在分支属性（Branch Properties）面板设置分离面隔离代码（Separation Code）D – C、直径（Diameter）30mm、弯折半径（Bend Radius）30mm	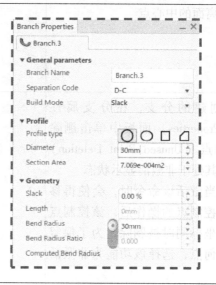
单击分离面的参考中心点，创建分支的起始点	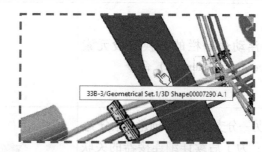
单击已有分支的端点，创建分支的结束点	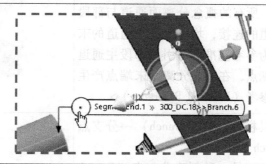
创建第一截分段（Segment）	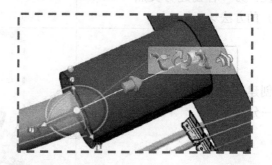

选择分离面的中心点	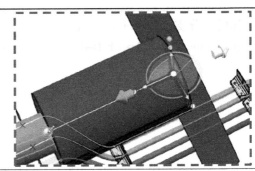
选择创建的分支，在分支属性（Branch Properties）面板中单击删除未使用的点（Unused Point Deletion）选项，使其处于非激活显示状态 <注：当激活该命令时，会使得移除分支上控制点的操作后，该控制点的几何点坐标同时被删除，为了保留原先的几何点，选择该功能为非激活状态>	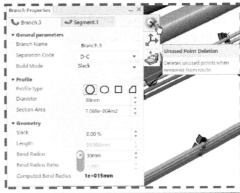
单击浮动命令栏的替换敷设元素（Replace routing element）命令	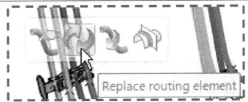
单击另一分支的端点，创建一条分支 <注：为了后续详细连接器的关联设计，所有的概念分离面通道与部段主通道的连接，均以部段主通道的末端点为参考基准，即引用部段主通道的末端点，在概念分离面末端点产生外部参考（External Reference）>	
工具栏→分支（Branch）→分支点（Branch Point） <注：另一种创建分支点（Branch Point）的方法>	
在创建的概念分离面分支上单击，创建一分支点	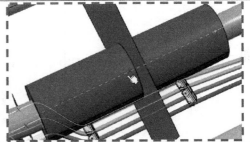

单击偏移标签并在框中输入值（50mm），此时一个分支（Branch）被分为两个分段（Segment）

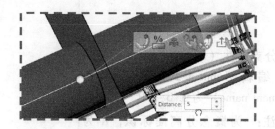

双击在结构树中的 Branch. 3，在分支属性（Branch Properties）面板中编辑 Branch. 3 的分支名称（Branch Name）为*33B - 3，作为其表示

<注：*为概念分离面标识>

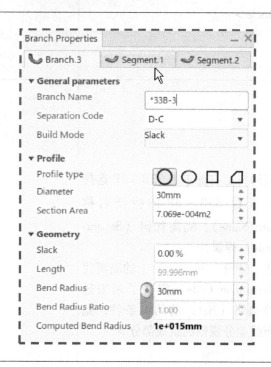

在分支属性（Branch Properties）面板中编辑 Segment. 1 的段名称（Segment name）为*33B - 3P

<注：*为概念分离面标识，P 为 Plug >

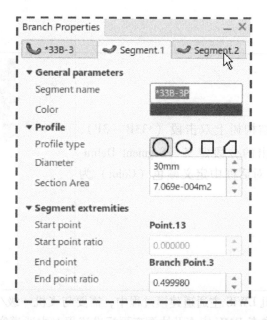

在分支属性（Branch Properties）面板中编辑 Segment.2 的分段名称（Segment name）为*33B−3R <注：*为概念分离面标识，R 为 Receptacle>	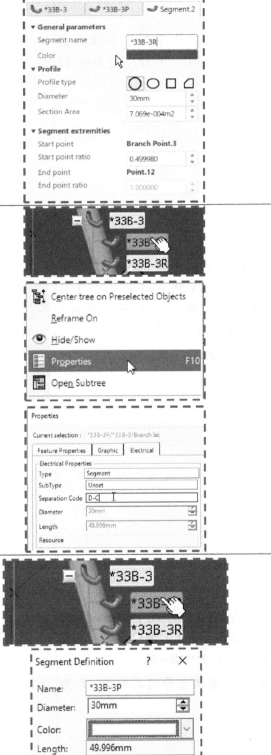
在结构树上右键单击*33B−3P 选择属性，查看*33B−3P 的特征名称（Feature Name）、隔离代码（Separation Code）等属性 <注：分段（Segment）上的隔离代码（Separation Code）定义了未来通过信号网络（Net）的约束条件，是信号布线业务规则的组成部分>	
在结构树上双击段（*33B−3P），在弹出的分段定义（Segment Definition）对话框中定义颜色（Color）为白色	

整机 EWIS 主通道建模过程中，需要与飞机一级/二级样机部段进行空间协调更改与检查，该流程参考 DMU 审查及协调变更标准流程对主通道实施上述操作

设备的占位与布局

该步骤通过逻辑到物理助手分析，基于电原理图的设备定义，实现设备的三维占位选型与布局

输入：电原理图

输出：三维空间设备布局及二三维关联

角色：系统设计师，EWIS 综合设计师

设计步骤：	
（1）初始操作 启动 3DE，在搜索栏搜索 log：A101_EWIS_ROOT	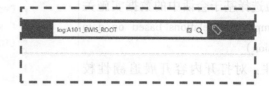
右键单击 A101_EWIS_ROOT 选择 Explore With→在 RFLP 中高级浏览（Explore Advanced in RFLP）	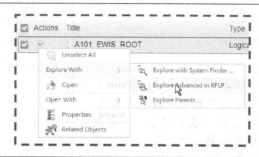
在弹出的对话框中勾选浏览选择对象关联对象（With related objects from selection）复选框，单击 OK <注：With related objects from selection 将会加载与选定对象有实施关系（Implement Relation）的所有相关节点>	Explore Advanced in RFLP tab　？　✕ ☐ Without related objects ☑ With related objects from selection ☐ With related objects from selection and children OK　Cancel
浏览结构树层级：A101_EWIS_ROOT，按 Ctrl 键在结构树中逻辑系统选择 ATA_28 A.1（FUEL），物理系统选择 ATA_28 A.1（FUEL）、ATA_97 A.1（EWIS）	ATA_27 A.1 (FLIGHT CONTROL) ATA_28 A.1 (FUEL) ATA_29 A.1 (HYDRAULIC POWER) ATA_27 A.1 (FLIGHT CONTROL) ATA_28 A.1 (FUEL) ATA_29 A.1 (HYDRAULIC POWER) ATA_91 A.1 (CHARTS) ATA_97 A.1 (EWIS)
右键选择打开（Open）所有选中的节点	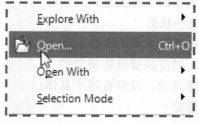

工具栏→工具（Tools）→业务智能基础（B. I. Essentials）	Import/Export Branch Device Product Modification View AR-VR Tools Touch App Options / Object Properties / Action Pad / B.I. Essentials / Add To Favorites / Catalog Browser
下拉选择基于会话中的数据实施关系（Implement relations based on data in session） <注：对打开内容开展追溯性校核>	**B.I. Essentials** — ✕ Choose information to reveal ▾ Core Material definition Design Limits Design State EBOM Collaboration Intention EBOM Collaboration status Exact geometry Readiness Geometric Accuracy Harness Flattening: Link Status **Implement relations based on data in session** Major Revision Status
业务智能基础（B. I. Essentials）对话框显示了颜色说明及表达的意义 　绿色：实施（会话中），选定对象在会话中实施另一个对象 　蓝色：被实施（会话中），选定对象由会话中出现的对象实施 　黄色：实施以及被实施（会话中），选定对象在会话中实施和被实施 　灰色：无关系，选定对象在会话中未被实施且未实施任何实体	**B.I. Essentials** — ✕ Implement relations based on data in session ▾ Implements (in session) ⬤ Is implemented (in session) ⬤ Implements and is implemented (in session) ◯ No relation (in session) ◯
逻辑结构树蓝色对象表达已被实施的设备，灰色对象表达未实施的设备，即在物理结构树中没有对应三维设备的逻辑设备	A101_EWIS_ROOT A.1 　ATA_28 A.1 (FUEL) 　　28-21-00-E A.1 (28-21-00-E) 　　　Refuel SOV 1 A.1 (U-282101) 　　　Refuel SOV 2 A.1 (U-282102) 　　　Refuel SOV 3 A.1 (U-282103) 　　　FUEL QUALITY CONTROL RELAY 2 A.1 (R-282101) 　　　FUEL QUALITY CONTROL RELAY 1 A.1 (R-282102) 　　　FRDC BATT PWR RELAY A.1 (R-282103) 　　　RDCP PWR RELAY A.1 (R-282104) 　　　Defuel SOV A.1 (U-282104)
三维模型中同样以不同的颜色表达基于会话中数据的实施关系，其中绿色表达已实施的状态 <注：在审查过程中单击蓝色的逻辑设备对象，对应的绿色物理层的三维设备会高亮显示，以审查某个具体的实施关系情况>	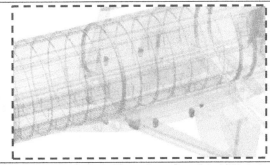

（2）设备逻辑到物理同步分析与设计 工具栏→设备（Device）→逻辑到物理助手（Logical to Physical Assistant）	
在逻辑到物理助手（Logical to Physical Assistant）对话框首选项（Preferences）下选择设备（Equipment）复选框	
在结构树上选择包含要分析的系统（28 - 21 - 00 - E A.1）	
选择的逻辑参考出现在逻辑到物理助手对话框，单击左下角的分析按钮 ＜注：分析功能会将所选节点下的所有设备进行检索，分析其本身所有属性，以及基于实施关系（Implement Relation）对应的所有物理设备及其属性，而后给出对比清单报告＞	
在对话框中会展示 2D 示例（2D instance）、系统（System）、预期的 3D 参考（Expected 3D reference）、当前的 3D 参考（Current 3D reference）、3D 示例（3D instance） ✓：仅检索一个候选项 ⚠：有多个候选项 ！：在数据库中未找到预期的对象 ＜注：给出设备的对照表解释： 1）2D instance：逻辑设备的参考名，一般是设备 U 号	

2）System：逻辑设备的父级逻辑参考节点，系统名

3）Expected 3D reference：逻辑设备中的预定义零件号（Predefined Part Number）参考属性

4）Current 3D reference：当前物理设备的参考名，即物理设备件号，正向驱动时，与Expected 3D reference 一致

5）3D instance：当前关联的物理设备实例名，一般为设备U号，与2D instance 一致

6）Expected 3D Parent：预定义的物理设备的父节点

7）3D Parent：物理设备父节点

8）Expected 3D Space：逻辑设备中的空间参考属性，正向布置时，可自动安放物理设备至该空间重心处，设备实际布置完成后可与三维空间编号比对

9）Synchronization Status：逻辑设备与物理设备的同步状态 >

单击2D实例（2D instance）可以在电原理图中查看对应的设备以及该2D实例（2D instance）在结构树中的位置、当前的3D参考（Current 3D reference）在模型中的位置	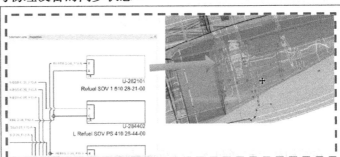
在对话框中批量选择 R – 282101 – 04 设备，这些设备已设置了预期的3D参考（Expected 3D reference）RE-LAY1，单击工具栏的设置父级（Set-parent）命令	
在结构上选择设备放置的父级节点（28 – 21 – 00 A.1），参考名为 RE-LAY1 的物理设备实例将会创建在该节点下	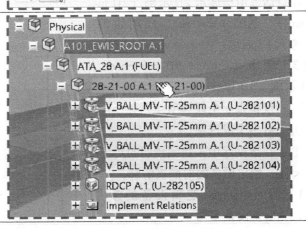

选择父级节点后单击设置父级（Set-parent）命令，回到逻辑到物理助手（Logical to Physical Assistant）对话框	
选中 2D 实例（R – 282101）单击工具栏的手动放置（Manual Place）放置命令，弹出放置设备的三维交互命令窗	
选择工具栏的通过偏移量定位（Positioning with Offset）命令 <注：该命令支持拾取几何环境表面快速将设备贴合至选择面>	
在模型上需要放置的平面单击放置，并通过调节机器人对设备的位置进行调整	
完成设备初步位置摆放后，使用工具栏的捕捉（Snap）命令，将插入的设备实现精确对齐摆放 <注：Snap 命令是 Assembly Design App 的标准功能，可通过定制化（Customize）设置将该命令置于 Electrical 3D design App 中>	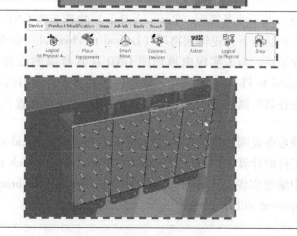

对于未在逻辑设备（Logical Equipment）中设置 Predefined Part Number 的情况，在布置物理设备时需要首先定义其期望的 3D 参考（Expected 3D reference）值 选择 2D 实例（U-282105）单击工具栏的设置 3D 参考（Set 3D reference）命令	
单击从数据库中选择（Select from Database）命令	
在搜索栏搜索 EQT03 并选择搜索结果	
在逻辑到物理助手（Logical to Physical Assistant）对话框可以看到已选择的 EQT03，通过设置父级（Setparent）、通过偏移量定位（Positioning with Offset）命令将设备放置在结构树及模型中	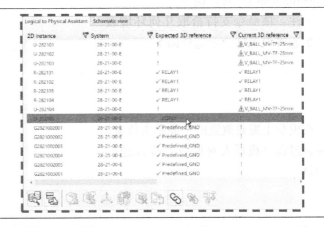

（3）基于业务规则（Business Rule）快速布置 GND 的初步方案

缺省状态下，逻辑到物理（Logical to Physical）命令将会把预定义的设备放置在设计的绝对坐标原点。为了实现电原理图 GND 在其所属的设备附件快速批量布置，在执行逻辑到物理（Logical to Physical）命令布置设备的过程中，调用知识工程语言中的业务规则（Business Rule）实现在其所属的设备下方（0，0，-100）快速布置预定义的 GND 占位设备

该业务规则在逻辑至物理同步（Logical to physical synchronization）资源集下的在将要放置的新组件时计算 3D 位置（Compute 3D position at which new component will be placed）业务规则条目中编程实现：DataSetup→Logical to physical synchronization→Compute 3D position at which new component will be placed

该规则生效的前置条件有：

1）电原理图逻辑GND设备的实例标签（Tag）属性记录了其要伴随的主设备实例名

2）该主设备实例已经在3D中完成布置并存在逻辑与物理的实施关系（Implement Relation）

在电原理图的逻辑结构中按Ctrl或Shift键选择多个逻辑设备（GND）→按快捷键B激活动作面板（Action Pad）→选择表单编辑器（Sheet Editor）命令，查看逻辑GND的标签（Tag）定义

＜注：表单编辑器（Sheet Editor）不是Electrical 3D Design App的默认命令，该命令属于Collaborative & Lifecycle App，该命令在Customize中通过设置Action Pad得到＞

在表单编辑器（Sheet Editor）中查看实例标签（Tag）的定义情况	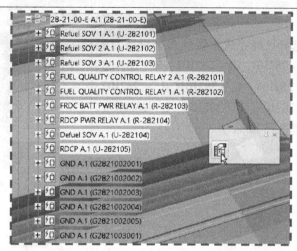
查看完成后，单击工具栏的逻辑到物理（Logical to Physical）命令 ＜注：Logical to Physical 命令是 Generative Electrical 3D Design App 的标准功能，可通过定制化（Customize）设置将该命令置于 Electrical 3D Design App 中＞	
在结构树中选择需要分析的逻辑节点（28 – 21 – 00 – E），单击分析（Analyze） 软件将会分析该逻辑节点（28 – 21 – 00 – E）下的所有对象，并基于实施关系（Implement Relation）（如存在）与物理对象进行一致性比对，给出分析结果	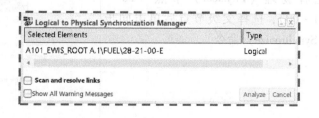

选择已经完成布置的多个设备对象（R – 282101、R – 282102、R – 282103、R – 282104、U – 282101、U – 282102、U – 282103、U – 282104、U – 282105），右键选择 Reject

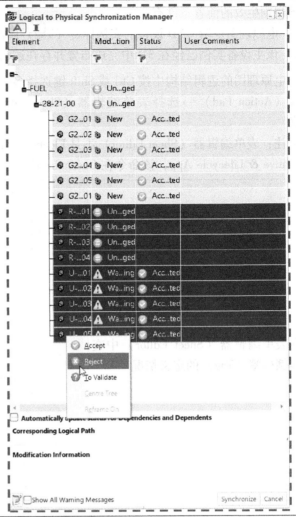

选择多个对象（G2821002001、G2821002002、G2821002003、G2821002004、G2821002005、G2821003001），右键选择设置父级（Set father），并在结构树上选择物理（Physical）节点（28 – 21 – 00），选择父级节点后单击同步（Synchronize）命令

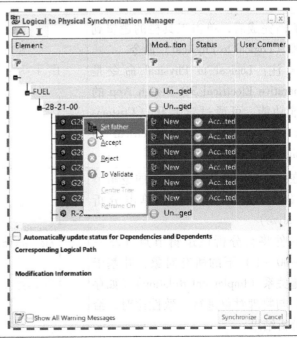

在结构树上会出现新增的设备（Predefined_GND），实例名从逻辑 GND 的实例名继承而来，这些新增设备将按照业务规则自动放置在伴随设备的下方 100mm 处

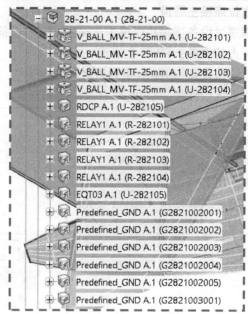

单击工具栏的智能移动（Smart Move）命令，拾取几何元素快速摆放 GND 设备

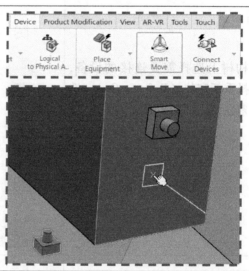

单击工具栏的捕捉（Snap）命令，完成 GND 设备的精确对齐摆放
　完成并保存设备布置方案

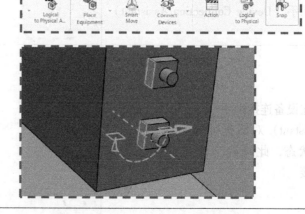

设备占位连接主通道

该步骤通过设备连接功能将未连接到网络的设备连接到网络中

输入：占位设备，EWIS 主通道

输出：占位设备与 EWIS 主通道之间的连接

角色：系统设计师，EWIS 综合设计师

设计步骤： （1）查看设备连接状态 在结构树上选择设备 RELAY（R-282101）、RELAY（R-282102）、RELAY（R-282103）、RELAY（R-282104）	
在结构树上选择需要连接的设备，右键选择重新定位（Reframe On），选定的元素在绘图区居中显示	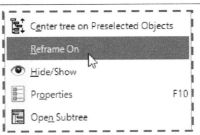 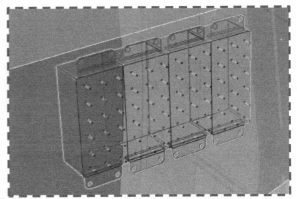
工具栏→设备（Device）→设备连接助手（Device Connection Assistant）	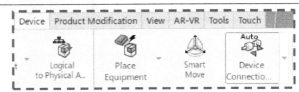
在设备连接助手（Device Connection Assistant）对话框可以查看设备的连接状态，此时四个设备的状态为未连接	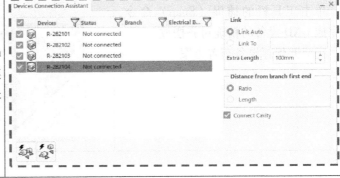

工具栏→设备（Device）→网络助手（Network Assistant）查看设备与通道的连接状态	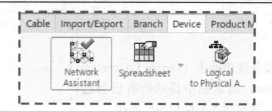
在绘图区选择设备分析关联的网络 　＜注：可将三种颜色类型应用到反映其电气连接状态的工作区域中的电气元素： 　● 绿色：实体完全连接 　● 橙色：实体包含在网络循环中 　● 红色：实体部分连接（至少一端未连接）＞ 　可查看到所选设备为红色未连接状态	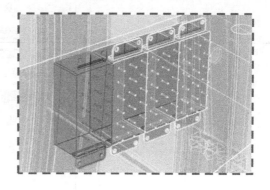

（2）使用设备连接助手连接设备
方法 1：给出批量自动连接的功能

工具栏→设备（Device）→设备连接助手（Device Connection Assistant）	
在结构树上选择需要连接的设备	
在设备连接助手（Device Connection Assistant）对话框设置附加长度（Extra Length）为 50mm，为远程链接添加附加长度可改进导线的传递，取消勾选连接空腔（Connect Cavity），单击左下角的连接设备 　　注：将来布线通过该设备的所有信号长度均会增加所设置的附加长度	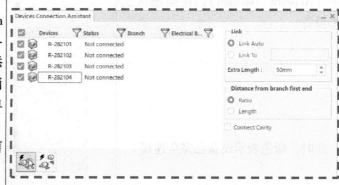

在设备连接助手（Device Connection Assistant）对话框中提示所有设备已连接，并在状态列标记为已连接	
选择设备可在绘图区查看连接长度	
工具栏→设备（Device）→网络助手（Network Assistant），在绘图区选择设备	
此时，绿色表示设备已完全连接	

方法 2：设备的手动连接

工具栏→设备（Device）→连接设备（Connect Devices）	
在绘图区选择设备，将鼠标在分支上单击创建分支点	
在 Distant Link Definition 对话框设置附加长度为 50mm，连接空腔为在设备上选取的 J1，单击 OK <注：当选择空腔连接到 EWIS 主通道时，系统记录其为该空腔到主通道的空间距离>	 

电原理图信号同步

该步骤通过网络逻辑到物理（Net Logical to Physical）功能，依据逻辑关系电原理图，在 3D 空间通过导线组和导线模型，创建等效信号网络（Net）回路

输入：电原理图（Net 部分）

输出：物理网络信号（Physical Net Signal）

角色：EWIS 综合设计师

设计步骤： （1）电原理图信号查看 　启动 3DE，搜索并浏览 A101_EWIS_ROOT A.1	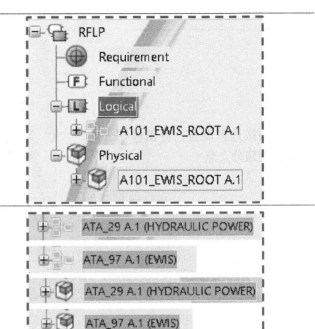
展开结构树并选择逻辑节点 ATA_29、ATA_97，物理节点 ATA_29、ATA_97	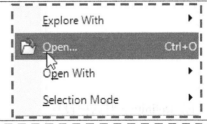
右键单击高亮节点选择打开（Open）	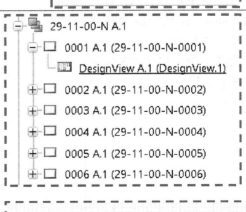
展开逻辑（Logical）→ ATA_29（HYDRAULIC POWER）→ 29-11-00-N，查看 29-11-00 下的一组电原理图纸 　<注：其他章节的共享设备在刚才的操作中未打开（如 ATA_24、73），故查看电原理图纸属于 24、73 部分的设备，以蓝色带叉的形式展示，表示未加载的状态，如需对该电原理图中此种设备进行编辑，需将其所属节点一并打开>	

加载 29 – 11 – 00 涉及的所有其他系统的共享设备，展开结构树并选择逻辑节点 ATA_24、ATA_33、ATA_42、ATA_73，物理节点 ATA_24、ATA_33、ATA_42、ATA_73	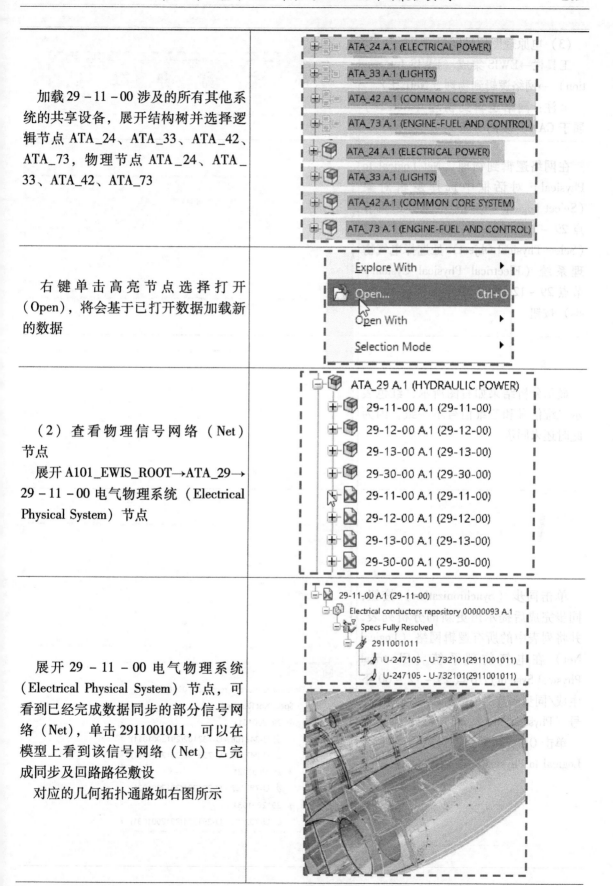
右键单击高亮节点选择打开（Open），将会基于已打开数据加载新的数据	
（2）查看物理信号网络（Net）节点 　　展开 A101_EWIS_ROOT→ATA_29→29 – 11 – 00 电气物理系统（Electrical Physical System）节点	
展开 29 – 11 – 00 电气物理系统（Electrical Physical System）节点，可看到已经完成数据同步的部分信号网络（Net），单击 2911001011，可以在模型上看到该信号网络（Net）已完成同步及回路路径敷设 　　对应的几何拓扑通路如右图所示	

（3）电原理图信号同步

工具栏→EWIS 集成（EWIS Integration）→网络逻辑到物理（NetL2P）

<注：网络逻辑到物理（NetL2P）属于 CAA 开发的功能>

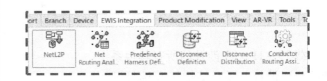

在网络逻辑到物理（Net Logical to Physical）对话框中选择逻辑对象（Select Logical Object）处选择逻辑节点 29 - 12 - 00 - N，选择物理对象（Select Physical Object）处选择电气物理系统（Electrical Physical System）节点 29 - 12 - 00，单击分析（Analysis）按钮

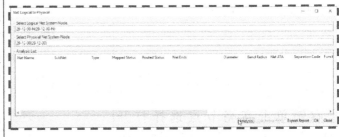

显示分析结果如右图所示，红色表示二维信号和三维信号不一致，因为此时还未同步

单击同步（Synchronization）按钮，同步完成后提示出更新的分析列表，并将列表中的所有逻辑网络（Logical Net）在电气物理系统（Electrical Physical System）节点 29 - 12 - 00 下生成/同步修改对应的等效物理网络信号（Physical Net Signal）特征

单击 OK 关闭网络逻辑到物理（Net Logical to Physical）对话框

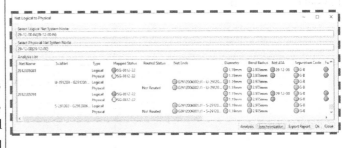

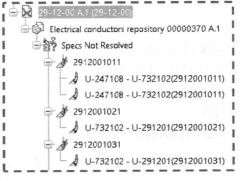

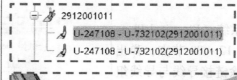

在电气物理系统（Electrical Physical System）节点结构下查看对应的物理网络信号（Physical Net Signal）特征，例如单击导线组 2912001011 下的导线 U-247108-U-732102，在数字样机中显示出该物理网络信号（Physical Net Signal）的三维从到状态，此时三维信号还未敷设，只显示从到关系

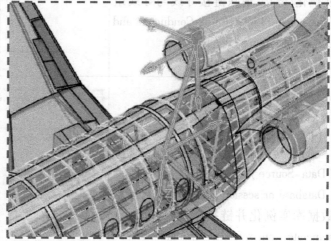

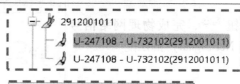

右键单击导线 U-247108-U-732102 选择属性（Properties），查看其属性

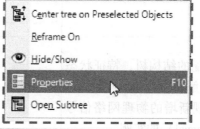

在属性（Properties）页面可以查看到从逻辑端同步的物理网络信号（Physical Net Signal）的初步信息，包括名称（Name）、弯曲半径（Bend Radius）、直径（Diameter）、线密度（Mass）、隔离代码（Separation Code）、外径（Outside Diameter）、参考零件号（Reference Part Number）等

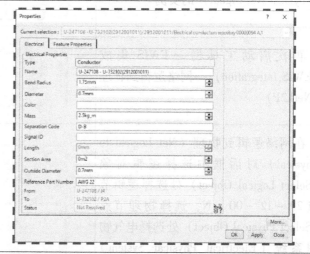

单击工具栏→导线（Conductors）→映射导线（Map Conductors）

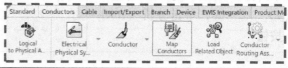

选择电气物理系统（Electrical Physical System）29 – 12 – 00 节点，弹出实例化/链接/消除链接导线与导线组（Instanciate/Link/Unlink Conductors and Conductor Groups）对话框	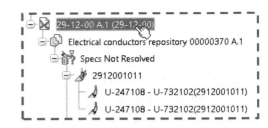
选择列表中所有导线，数据源（Data Source）选择数据库或会话（Database or session）栏，单击自动从数据库实例化并链接参考（Auto Instanciate from reference in database and link）按钮，完成物理网络信号（Physical Net Signal）的匹配	
查看完成匹配的结构树，特征状态显示规格完整解析（Specs Fully Resolved），并出现新增的物理网络信号（Physical Net Signal）的实例	
再次启动工具栏→EWIS 集成（EWIS Integration）→网络逻辑到物理（NetL2P）	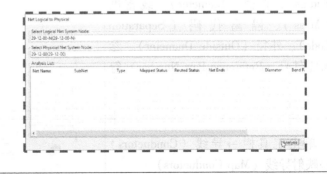
在网络逻辑到物理（Net Logical to Physical）对话框中选择逻辑对象（Select Logical Object）处选择逻辑节点 29 – 12 – 00 – N，选择物理节点（Select Physical Object）处选择电气物理系统（Electrical Physical System）节点 29 – 12 – 00，单击分析（Analysis）按钮	

查看分析结果，单击同步（Synchronization）按钮，将剩余的逻辑网络（Logical Net）信息同步至已经匹配的物理网络信号（Physical Net Signal）实例的相应属性中，完成同步并关闭功能

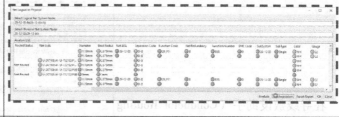

查看物理网络信号（Physical Net Signal）实例中的同步信息，记录逻辑网络（Logical Net）中的相关信息，以及电原理图中该信号具体的出发/到达端的信息

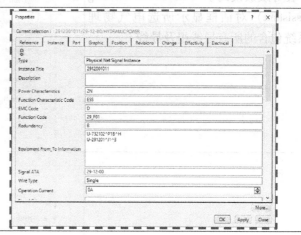

设计完成后，保存数据

信号路径敷设

该步骤通过导线敷设完成信号路径敷设

输入：物理网络信号（Physical Net Signal）

输出：带有信号敷设路径结果的物理网络信号（Physical Net Signal）

角色：EWIS 综合设计师

设计步骤：

（1）初始操作

打开物理（Physical）→29 - 11 - 00，可以查看电气物理系统下的导线组及导线

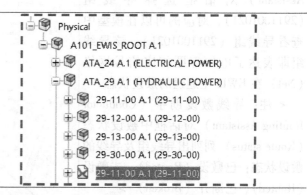

（2）信号敷设查看

打开信号敷设工具：工具栏→导线（Conductors）→导线敷设助手（Conductor Routing Assistant）

在结构树中选择电气物理系统 29 - 11 - 00

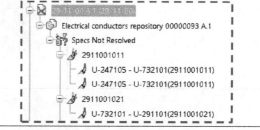

在导线敷设助手（Conductor Routing Assistant）对话框显示所选电气物理系统包含的所有导线组及导线

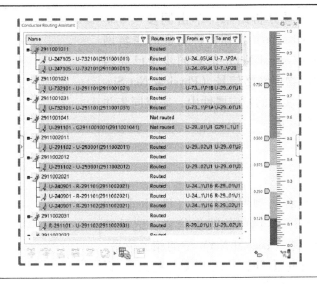

在导线敷设助手（Conductor Routing Assistant）对话框选择导线组（2911001021），对应的可以在模型中查看导线组（2911001021），该导线组即表达了电原理图相应信号网络（Net）在 EWIS 主通道的敷设状态

< 注：导线敷设助手（Conductor Routing Assistant）对话框中敷设状态（Route status）列列出导线组及导线的敷设状态：已敷设（Routed）、未敷设（Routed）、已断开（Broken）>

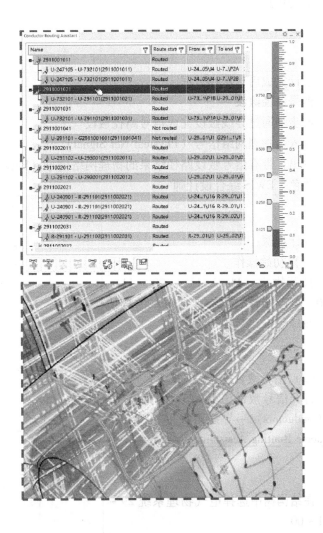

（3）信号自动敷设

单击列过滤器，勾选未敷设（Not routed），取消勾选已敷设（Routed），单击过滤器框外的任意位置，可以关闭该框并应用过滤器

<注：默认情况下，列过滤器的值列表中选择所有值，可根据需要对列进行过滤。将过滤器应用后，过滤器图标由 ▽ 更改为 ▼，要移除特定列的过滤器，可以选中所有复选框并单击过滤器框中的全部重置（Reset all）>

在导线敷设助手（Conductor Routing Assistant）对话框中选择多个未敷设（Not routed）的导线组，单击自动完成所选导线的敷设（Complete route of selected conductor（s） automatically）命令

在信息栏会列出敷设结果：敷设是否成功以及敷设失败的原因

<注：信号敷设失败的原因主要有：

● 未找到出发端/到达端设备，即设备同步及布置未开始

● 出发端/到达端设备未连接至 EWIS 主通道

● 未求解出符合规则要求的路径：①路径不连通或断开；②所有路径不满足隔离代码要求，或不满足填充率要求>

2911001041 : Not routed.
U-291101 - G2911001001(2911001041) : End device not connected to any network
2911002051 : Successfully routed.
S-291103 - R-291102(2911002051) : Route already complete.
S-291103 - R-291102(2911002051) : Route already complete.
2911002061 : Not routed.
U-291102 - G2911002001(2911002061) : End device not connected to any network
2911002071 : Not routed.
U-331303 - G2911002002(2911002071) : End device not connected to any network
2911002081 : Not routed.
R-291102 - G2911002003(2911002081) : End device not connected to any network
2911002091 : Not routed.
R-291102 - G2911002004(2911002091) : End device not connected to any network
2911003011 : Successfully routed.
C-291105 - U-293001(2911003011) : Route already complete.
2911003012 : Successfully routed.
U-293001 - C-291105(2911003012) : Route already complete.
2911003021 : Successfully routed.
C-291106 - U-293001(2911003021) : Route already complete.

选择信号并查看信号敷设状态	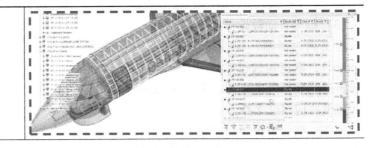

（4）基于手动约束的信号敷设

对于自动算法求解出的不理想结果，可以手动设置其必经主通道分段来达到优化求解结果的效果

选择导线（C – 291106 – U – 293001），单击手动敷设选定导线（Route selected conductor（s）manually）命令	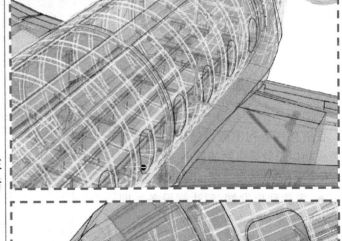
在模型中选择敷设时需要经过的主通道，这里设置了两处约束，选中后导线敷设将必须经过选中的主通道	

此时导线（C – 291106 – U – 293001）的敷设状态（Route status）变为已断开（Broken），可以将该约束复制到其他相似路径的信号上，单击将选定导线复制到其他导线（Copy selected conductor route onto other conductor（s））命令

<注：仅当选择单个导线（全部敷设或部分敷设）时，才能启动将选定导线复制到其他导线（Copy selected conductor route onto other conductor（s））命令；在导线上无法定义约束和例外，因此，复制导线敷设线路不包含任何选项，如复制带/不带约束和例外的敷设线路>

选择未敷设（Not routed）的导线（U – 293001 – C – 291106、C – 291107 – U – 293001、U – 293001 – C – 291107），选择后敷设状态（Route status）变为已断开（Broken），再次单击将选定导线复制到其他导线（Copy selected conductor route onto other conductor（s））命令，取消选中状态

选择导线 C – 291106 – U – 29300、U – 293001 – C – 291106、C – 291107 – U – 293001、U – 293001 – C – 291107，单击自动完成所选导线的敷设（Complete route of selected conductor（s）automatically）命令

<注：该命令支持基于已有必经约束分段，在其余主通道中求解满足规则约束的最短路径>

导线 C – 291106 – U – 29300、U – 293001 – C – 291106、C – 291107 – U – 293001、U – 293001 – C – 291107 的敷设状态变为已敷设（Routed）	
对比查看前后敷设路径结果的不同，手工敷设的路径经过了指定的主通道路径	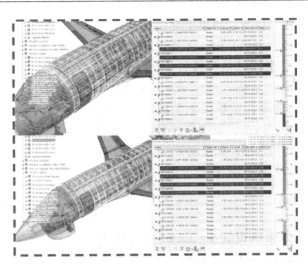

敷设方案分析

该步骤通过信号路径敷设结果完成信号路径分析，包括信号网络（Net）的敷设路径记录、信号分叉点统计、分离面敷设及选型统计，以及预定义线束号统计，形成的分析报告是后续生成电气接线图的输入数据源

输入：信号路径敷设结果

输出：信号路径分析结果

角色：EWIS 综合设计师

设计步骤： 选择工具栏→EWIS 综合（EWIS Integration）→信号网络路径分析助手（Net Routing Analysis Assistant） 　＜注：该功能基于 CAA 开发＞	
在信号网络路径分析助手对话框中逻辑信号网络系统（Logical Net System）处选择 29 – 11 – 00 – N 　＜注：分析功能需载入信号网络（Net）所在的逻辑节点，获取信号网络（Net）对象的详细参数＞	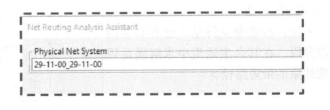

加载出逻辑信号网络（Net）对象的已有信息，包括：网络（Net）编号，子网络（Sub - Net）编号，导线敷设状态，从到端设备编号信息等。

单击分析（Analysis）按钮，对逻辑信号进行分析

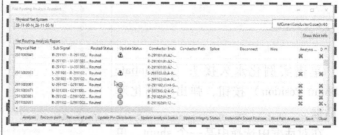

分析完成后，程序会按照信号敷设路径相关信息进行计算，并给出信号网络（Net）路径中的铰接点（Splice）位置以及信号网络经过的分离面（Disconnect）信息，显示在对话框中

单击对话框中的显示导线信息（Show Wire Information）按钮，在弹出的窗口中的物理信号网络列表（Physical Net List）中选择某物理信号网络，便可在三维显示区域高亮显示该物理信号网络在样机中的具体路径，包括路径经过的分离面以及分叉点信息

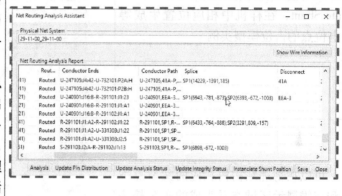

单击更新针脚分配（Update Pin Distributed）按钮，对 29 - 11 - 00 子系统中所有的物理信号网络的从到端设备针脚信息进行自动分配

＜注：这里的针脚分配信息是在 EICD 里面定义的，同步到设备属性信息里面后被信号路径分析助手程序所获取＞

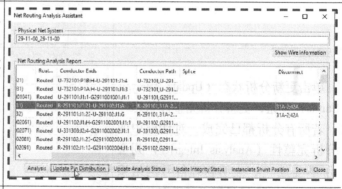

使用显示导线信息（Show Wire Information）功能查看物理信号网络信息。对比针脚分配前后物理信号网络信息，信号网络 Net - 2911002031 的从到端设备的针脚分配已经更新

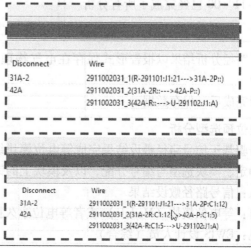

单击实例化永久接头（Instantiate Shunt Position）按钮，弹出实例化对话框

在对话框中选择中某一个 shunt，单击 Select Parent，在弹出的列表中选中 shunt 放置的父节点，之后单击 Generate Shunt，在样机中相应位置生成等电位点的占位模型实例

可以在物理结构树相应的父节点下和三维展示区域查看生成的永久接头占位模型实例

单击更新分析状态（Update Analysis Status）按钮，更新分析完整性状态

若所有分析都已完成，对话框中的分析完整性（Analysis Integrity）列会由 ✖ 变成 ✔，表明物理信号网络系统 29–11–00 已经完成了所有分析

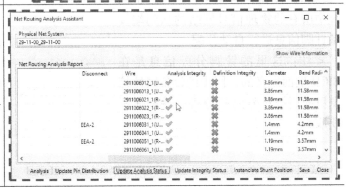

信号路径分析结果以报告形式保存在电气物理系统（Electrical Physical System）的相关实例属性中

分析完成后，保存数据

等电位预选型分析

该步骤基于信号路径敷设结果完成等电位模块综合设计，包括等电位模块成组，等电位模块位置确定、模块选型与编号分配，以及模块上的针脚（Pin）分配。

输入：信号路径敷设结果

输出：等电位模块（Module）或者等电位永久接头（Splice）

角色：EWIS 设计人员（综合）

设计步骤：	
选择工具栏→EWIS 综合（EWIS Integration）→等电位模块和接地功能（Splice，Module & GND Integrity） <注：该功能基于 CAA 开发>	
在等电位模块和接地功能弹出的对话框中，使用框选功能在三维显示区中选择多个等电位占位实例模型。选取到的等电位模型会出现在分析报告（Analysis Report）里面 <注：选取多个等电位实例需要考虑等电位在样机中的空间位置，距离相近的等电位实例模型可以成组，这样可以减重>	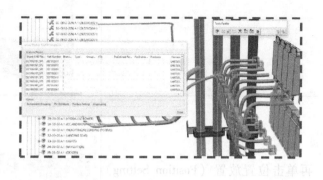
按 Shift 键选取属性兼容的多个等电位实例模型。以 2822003121_SP1、2822003131_SP1、2022005071_SP1、2822005072_SP2 为例。单击组件成组（Component Grouping）按钮。在弹出的输入框中输入组件号（Group Number）、类型（Type）、预定义零件号（Predefined Part Number），以及 ATA 章节号，单击 OK <注：组件成组的类型分为铰接点（Splice）和模块（Module）两种。预定义零件号名称须是来自于库里面的标准件>	 
再单击针脚分配（Pin Distribution）按钮，在弹出界面为每个等电位模型选取连接端口（Connector Port）和针脚（Pin），单击 OK 确认 <注：等电位模块连接针脚（Pin）的选择采用消耗的方式，即当某个针脚被分配给一个等电位模型后，其他等电位模型就不能选取了>	

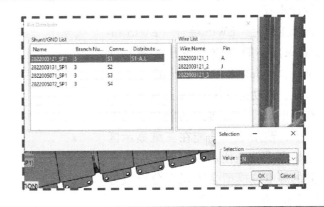

再单击位置放置（Position Setting）按钮，在弹出的窗口中选择一个等电位实例，该实例所在的位置将作为生成模块实例模型在样机中的位置，单击 OK 确认

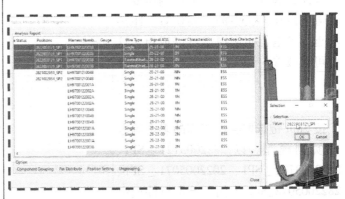

等电位模块选型完成后的数据保存在电气物理产品（Electrical Physical Product）实例的属性中

选型分析完成后，保存数据

接地预选型分析

该步骤基于信号路径敷设结果完成接地综合模块分析，包括接地模块成组，接地模块选型与位置确定及编号分配，以及接地模块的针脚（Pin）分配等

输入：信号路径敷设结果

输出：接地模块综合设计结果

角色：EWIS 设计人员（综合）

设计步骤：

选择工具栏→EWIS 综合（EWIS Integration）→等电位模块和接地功能（Splice，Module & GND Integrity）

<注：该功能基于 CAA 开发>

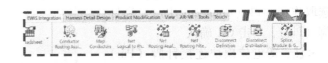

在等电位模块和接地功能（Splice, Module & GND Integrity）弹出的对话框中，使用框选功能在三维展示页面框选出需要综合的接地模型实例。选取到的接地模型会出现在分析报告（Analysis Report）里面

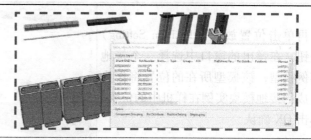

按 Shift 键选取多个可以组成接地模块的接地实例模型，以 G2822001002、G2822001005、G2822002001 为例。单击组件成组（Component Grouping）按钮。在弹出的输入框中输入组件号（Group Number）、类型（Type）、预定义零件号（Predefined Part Number），以及 ATA 章节号，单击 OK

<注：接地组件成组的类型分为端子 lug 和模块（Module）两种。预定义零件号名称须是来自于库里面的标准件>

再单击针脚分配（Pin Distribute）按钮，在弹出的窗口中为每个接地模型选取连接端口（Connect Port）和针脚（Pin），单击 OK 确认

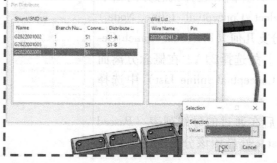

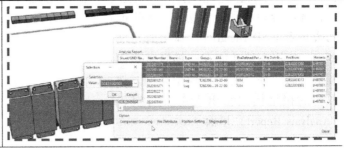

再单击位置放置（Position Setting）按钮，在弹出的窗口中选择一个接地实例模型，该模型所在的位置将作为生成的接地模块实例在样机中的位置，单击 OK 确认

接地模块选型完成后的数据保存在电气物理产品（Electrical Physical Product）实例的属性中
选型分析完成后，保存数据

分离面选型及分配分析

该步骤基于信号路径敷设结果完成分离面综合设计，包括概念分离面的组件选型与信号网络（Net）在已选型分离面连接器上的针脚（Pin）分配

输入：信号路径敷设结果

输出：分离面组件选型与信号网络（Net）的针脚（Pin）分配

角色：EWIS 设计人员（综合）

设计步骤：

（1）概念分离面的组件选型

单击概念分离面设计节点（97 – 00 – 10a），查看概念分离面的设计及布局情况

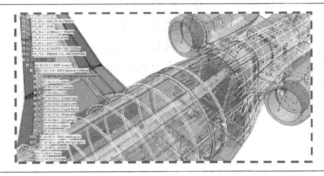

工具栏→EWIS 综合（EWIS Integration）→分离面定义（Disconnect Definition）

<注：该功能基于 CAA 开发>

在分离面零件定义（Disconnect Part Definition）界面的选择概念分离面节点（Select Conceptual Inline Node）[电气分支几何（Electrical Branch Geometry）]处选择 31A，在概念分离面列表（Conceptual Inline List）中选择 31A – 2

选中后在通过的导线列表（Passed Wire List）处显示该分离面通过的导线信息

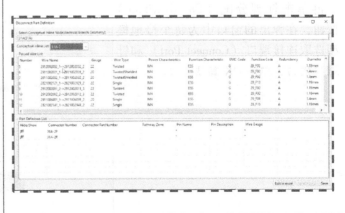

在零件定义列表（Part Definition List）栏下面的连接器零件号（Connector Part Number）处填写数据库中已有/新建的连接器零件号，自动识别出该连接器的针脚号（Pin Name）、针脚描述（Pin Description），以及导线规格（Wire Gauge）

＜注：针脚描述（Pin Description）上可设计分离面的分区，方便后续的信号网络（Net）的分配＞

概念分离面的组件选型完成后的数据保存在电气分支几何（Electrical Branch Geometry）内的实例属性中

选型分析完成后，保存数据

（2）信号网络（Net）在已选型分离面连接器上针脚（Pin）分配

工具栏→EWIS 综合（EWIS Integration）→分离面分配（Disconnect Distribution）

在分离面分配（Disconnect Distribution）界面的选择分离面节点（Select Inline Node）处选择 31A，在分离面件号（Inline Part Number）处选择一对分离面 31A – 2

单击针脚名称（Pin Name）列的单元格，弹出该连接器所有为空的针脚列表选项，选择该信号网络（Net）需要使用的针脚（Pin）

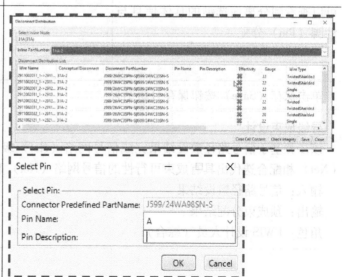

单击检查有效性（Check Effectivity）按钮，有效性（Effectivity）列变为绿色对勾，表示该针脚（Pin）的分配有效，单击保存（Save）按钮保存编辑内容

（3）传递分离面综合结果至信号网络路径分析助手（Net Routing Analysis Assistant）

工具栏→EWIS 综合（EWIS Integration）→信号网络路径分析助手（Net Routing Analysis Assistant）

　　<注：该功能基于 CAA 开发＞

在信号网络路径分析助手（Net Routing Analysis Assistant）对话框中物理信号网络系统（Physical Net System）处选择 29 - 12 - 00 节点，单击更新针脚分配（Update Pin Distribution）按钮，将分离面针脚（Pin）信息更新到信号网络路径分析中，生成更为详细的信息

单击导线信息（Wire Information）可以查看到分离面选型的具体信息与针脚（Pin）分配

单击保存（Save）按钮保存分析结果

导线成束设计
　　该步骤基于信号路径敷设结果完成信号网络（Net）级别的预成束分配，该步骤与信号网络（Net）相配合迭代出具有成束可行性的信号网络（Net）敷设方案
　　输入：信号路径敷设结果
　　输出：预成束分配结果
　　角色：EWIS 设计人员（综合）

设计步骤：
　　工具栏→EWIS 综合（EWIS Integration）→导线线束分配（Wire Harness Distribution）

　　<注：该功能基于 CAA 开发＞

在选择对象窗口处选择 28 - 21 - 00、28 - 22 - 00、29 - 11 - 00、29 - 12 - 00、29 - 13 - 00、29 - 30 - 00 等物理网络子系统，单击 OK 确定，在导线线束分配（Wire Harness Distribution）对话框中显示所选子系统中包括的所有导线

选择 2921001011 - 1、2921001011 - 2 导线，单击高亮（Hight Light）按钮，在三维显示区查看信号敷设传递情况

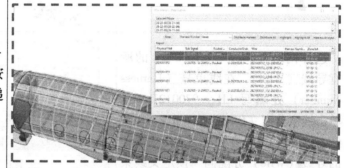

单击过滤（Filter）按钮，在弹出的选择过滤属性（Select Filter Attribute）对话框中依次添加过滤属性（Filter Attribute），如右图所示，之后单击确定 OK

<注：通过导线的属性过滤功能，可以按照导线的不同属性快速过滤出具有相同属性的导线，方便快速选择导线进行成束。导线属性可选有：导线类型（Power Characteristic），隔离代码（EMC Code），功能代码（Function Code），网络余度（Net Redundancy），区域（Zone）。另外，属性信息可以进行配置扩展>

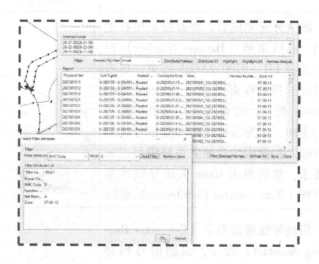

过滤完成后，符合过滤条件的导线显示在导线成束分配（Wire Harness Distribution）对话框中的报告（Report）里，单击高亮所有（Highlight All），在三维显示区域高亮列表中的所有导线

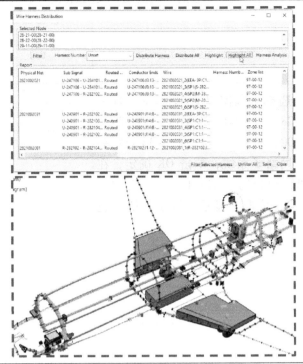

选择网络（Net）2821002021 的所有导线（Wire），在线束号（Harness Number）处填写 LH－970012DA01，单击线束分配（Distribute Harness）按钮，为选择的信号网络（Net）包含的导线（Wire）分配同一预定义线束号 LH－970012DA01，分配完成后单击 Save 保存

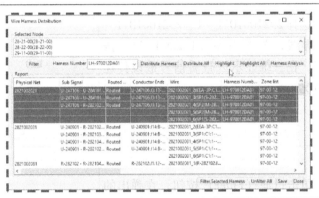

线束分配完成后，查看线束拓扑走向，在线束号（Harness Number）栏中选择 LH－970012AC01 线束，单击过滤选择的线束（Filter Selected Harness）按钮，查看线束在样机中的拓扑走向，认为需要调整部分信号网络（Net）的敷设走向使之更好满足成束要求，然后单击 Close 关闭导线线束分配（Wire Harness Distribution）窗口

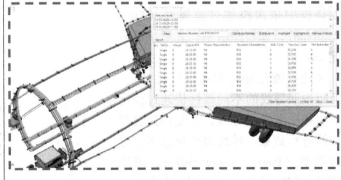

启动导线敷设助手（Conductor Routing Assistant）命令，识别信号网络 2822002171、2822002172、2822002173

单击清除路径（Clear Routing）使信号回至未敷设（Not routed）状态	
选择网络信号 2822002171，单击手动敷设选定导线（Route selected conductor(s) manually）命令对该信号网络（Net）重新约束，选择需要经过的主通道，此时该信号网络（Net）的敷设状态（Route status）变为已断开（Broken） <注：手动敷设可以选择网络信号通过的主通道，从而对网络信号路径进行调整，使其满足成束要求>	
可以将该约束复制到其他相似路径的信号上，单击将选定导线复制到其他导线（Copy selected conductor route onto other conductor(s)）命令	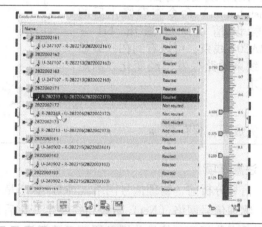
单击自动完成所选导线的敷设（Complete route of selected conductor(s) automatically）命令完成信号网络的敷设调整	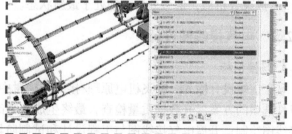
启动信号路径分析助手（Net Routing Analysis Assistant）命令，程序提示刚才调整敷设的三个网络（Net）发生了变化，需要重新分析网络（Net）	

在信号路径分析助手（Net Routing Analysis Assistant）对话框的信号路径分析报告（Net Routing Analysis Report）中显示出刚才调整的三个网络（Net），其分析完整性（Analysis Integrity）状态已经发生变化，由√变成×	
单击分析（Analysis）按钮，完成后依次单击×，此时三个网络（Net）的分析状态变成√ 再单击更新针脚分配（Update Pin Distribution），更新网络上设备针脚信息，单击保存（Save）分析结果	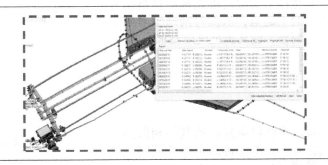
再次启动导线线束分配（Wire Harness Distirbution）命令查看修正后的线束敷设情况，过滤出 LH－970012AC01 线束，可以看到在三维显示区，线束的路径发已经变化，满足成束要求	

设计完成后，保存数据

5. 注意事项

1）信号分析前，物理信号网络（Net）状态是否与逻辑保持一致。

2）物理信号网络（Net）敷设路径发生变化后须更新信号分析状态。

3）成束分析前，信号分析必须处于最新状态。

14.2.2 电气接线图设计

1. 场景目标

基于前端设计输入，在飞机电原理/接线结构树中构建电气接线组件选型的方案；对电气接线组件选型的方案展开数据质量检查，最终生成完整的逻辑线束构型；基于电原理图绘制开展电气接线图绘制；开展电气接线图与工程设计和试制阶段（S）的 EWIS 综合设计方案的关联同步更新；完成最终方案评审并发布数据。

2. 场景范围

电气接线图设计，其主要设计输入条件包括：电原理图与 EWIS 综合预成束分析结果，基于前端设计的预选型方案，自动完成在电原理/电气接线结构树上的电气标准件选型与电缆连接数据，最终结合电原理图生成电气接线图。

3. 场景流程

场景流程如图 14-5 所示。

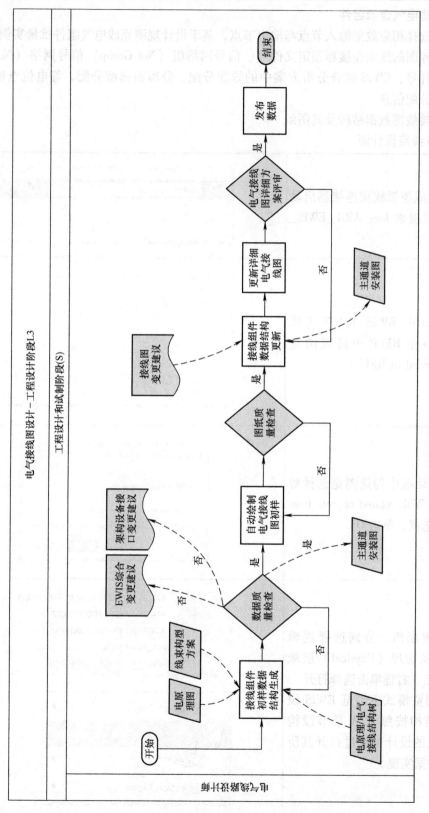

图 14-5　电气接线图设计-工程设计阶段 L3 流程图

4. 主要操作步骤

基于规则创建电气逻辑组件

该步骤通过选择相应数据输入节点与输出节点，基于设计规则完成电气组件批量实例化创建

输入：电原理图的线束连接器预定义件号、信号网络组（Net Group）信号网络（Net）预定义电缆、导线件号、EWIS 综合分析方案中的导线分配、分离面选型分配、等电位点选型分配以及线束选型分配信息

输出：电气接线图数据结构及其图纸

角色：EWIS 线路设计师

设计步骤：	
（1）同步生成逻辑线束连接器启动 3DE，在搜索栏搜索 log：A101_EWIS_ROOT	
右键单击 A101_EWIS_ROOT 选择 Explore With→在 RFLP 中高级浏览（Explore Advanced in RFLP）	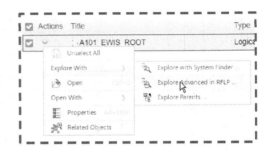
在弹出的对话框中勾选浏览选择对象关联对象（With related objects from selection）复选框，单击 OK	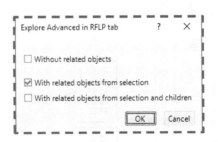
浏览结构树层级，分别选择逻辑（Logical）以及物理（Physical）层级下的 ATA 节点，右键单击选择打开 　＜注：在浏览模式下浏览 EWIS 设计结构，该结构按照 ATA 章节段构建，不同系统的设计可通过打开其所需要的部分数据实现＞	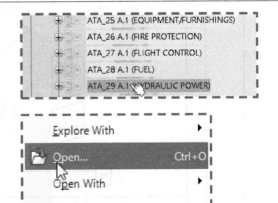

工具栏→原理图到接线图（Net to Wire）→生成线束连接器（Generate Harness Connector）

　　<注：生成线束连接器（Generate Harness Connector）属于 CAA 开发的功能>

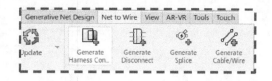

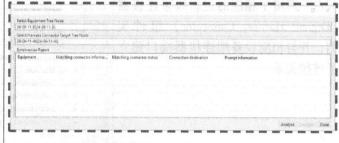

　　弹出同步线束连接器（Synchronize Harness Connector）对话框，在选择设备树节点（Select Equipment Tree Node）栏内选择电原理设备 24 - 09 - 11 - E 节点，在选择线束连接器目标树节点（Select Harness Connector Target Tree Node）栏内选择接线图组件 24 - 09 - 11 - W 节点，单击分析（Analysis）按钮

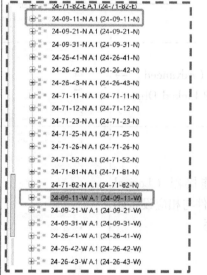

　　在同步报告（Synchronize Report）中显示出电原理设备 24 - 09 - 11 - E 节点相关预定义信息与选择接线图组件 24 - 09 - 11 - W 节点存在数据之间的对比情况，该例中分析结果为新增连接器，确认后单击生成（Generate）按钮

　　<注：分析功能检索的对象是电原理设备端连接器端口内的匹配连接器件号（Matching Connector Part Number）属性值，当其定义了连接器件号，系统在执行同步命令时会从数据库中取得该件号的逻辑线束连接器（Logical Harness Connector）参考，实例至选择线束连接器目标树节点（Select Harness Connector Target Tree Node）下>

执行命令后，目标 24 - 09 - 11 - W 节点下新增了相应的逻辑线束连接器（Logical Harness Connector）组件实例，并与相应设备端连接器端口建立了连接关系	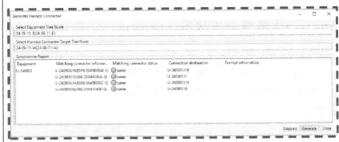 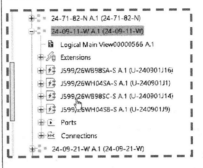
选择工具栏→高级（Advanced）→ RFLP 链接对象（RFLP Linked Object）	
查看到逻辑线束连接器（Logical Harness Connector）组件与相应设备端连接器端口的连接关系	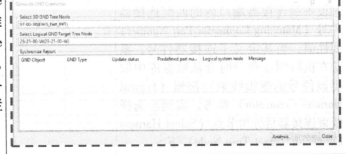
（2）同步生成逻辑接地模块 　　工具栏→原理图到接线图（Net to Wire）→生成逻辑接地连接器（Generate Logical GND Connector） 　　<注：属于 CAA 开发的功能>	
弹出生成接地连接器（Generate GND Connector）对话框，在选择三维接地结构树节点（Select 3D GND Tree Node）栏选择物理 97 - 00 - 96 节点，在选择逻辑接地目标结构树节点（Select Logical GND Target Tree Node）栏选择逻辑 28 - 21 - 00 - W 节点 　　单击分析（Analysis）按钮	

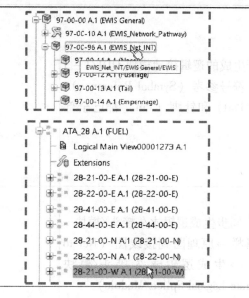

分析完成后，在对话框的同步报告（Synchronize Report）显示逻辑节点 28 - 21 - 00 - W 的更新状态（Update Status）是新增（new），其他逻辑节点的更新状态（Update Status）是不匹配（Not Match）。之后单击同步（Synchronize）按钮

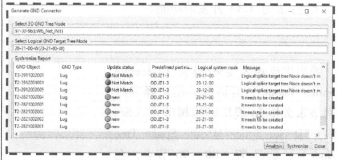

同步完成后，将物理接地结构树节点 97 - 00 - 96 中属于 28 - 21 - 00 节点的接地模块同步到逻辑 28 - 21 - 00 - W 节点中，对话框中的同步报告（Synchronize Report）栏下的 28 - 21 - 00 - W 节点更新状态（Update Status）变成相同（Same），在逻辑 28 - 21 - 00 - W 结构树节点下生成逻辑接地模块

<注：选择的接地模块是样机中全部接地模块实例，而选择的目标逻辑节点是按照子系统（ATA 章节）进行组织的，因此当选择某一个目标逻辑节点进行同步逻辑接地连接器时，其他逻辑节点还未生成逻辑接地连接器时，须各个选中，分别生成>

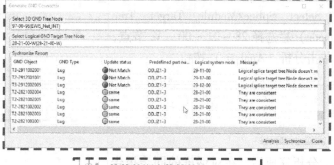

展开生成的逻辑接地模块 ODJZ1 – 3 查看，符号参考（Symbol Reference）、端口（Port）和针脚（Pin）都已全部生成	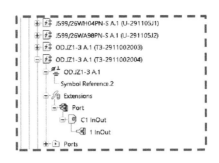
（3）同步生成逻辑永久接头/模块 工具栏→原理图到接线图（Net to Wire）→生成逻辑永久接头/模块（Generate Logical Splice/Module） 　　＜注：属于 CAA 开发的功能＞	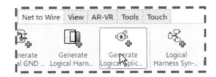
弹出生成永久接头/模块（Generate Splice/Module）对话框，在选择三维网络永久接头/模块结构树节点（Select 3D Net Splice/Module Space Tree Node）栏选择 97 – 00 – 96 节点，在选择永久接头/模块目标结构树节点（Select Splice/Module Target Tree Node）栏选择 28 – 21 – 00 – W 节点，单击分析（Analysis）按钮	
分析完成后，在对话框的同步报告（Synchronize Report）显示逻辑节点 28 – 21 – 00 的更新状态（Update Status）是新增（new），其他逻辑节点的更新状态（Update Status）是不匹配（Not Match）。之后单击同步（Synchronize）按钮	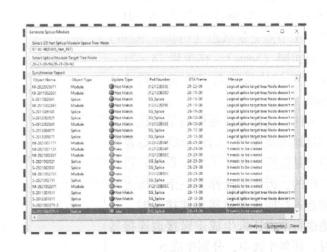

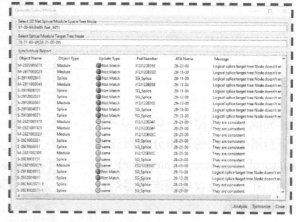

同步完成后，将物理接地结构树节点 97 – 00 – 96 中属于 28 – 21 – 00 节点的永久接头模块同步到逻辑 28 – 21 – 00 – W 节点中，对话框中的同步报告（Synchronize Report）栏下的 28 – 21 – 00 节点更新状态（Update Status）变成相同（Same），在逻辑 28 – 21 – 00 – W 结构树节点下生成逻辑永久接头模块

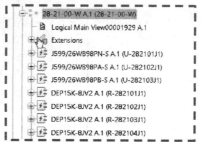

（4）同步生成逻辑分离面连接器

单击工具栏→原理图到接线图（Net to Wire）→生成逻辑分离面（Generate Logical Disconnect）

<注：属于 CAA 开发的功能>

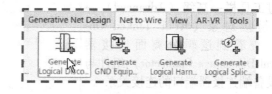

弹出生成分离面（Generate Disconnect）对话框，在选择三维概念分离面结构树节点（Select 3D Concept Disconnect Tree Node）栏选择分离面物理实例模型 22A，在选择分离面目标结构树节点（Select Disconnect Target Tree Node）栏选择逻辑 97 – 00 – 10 – W 节点，之后单击分析（Analysis）按钮

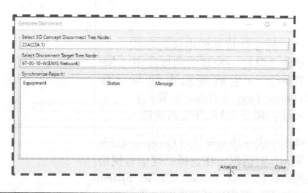

分析完成后，在同步报告（Synchronize Report）中显示出物理分离面实例模型 22A 节点预定义信息与选择的逻辑节点 97 – 00 – 10 – W 节点已存在数据之间的对比情况，该例子分析结果为新增分离面连接器，确认后单击同步（Synchronize）按钮

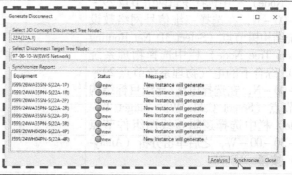

同步完成后，目标 97 - 00 - 10 - W 节点下新增了相应的逻辑分离面连接器（Logical Disconnect Connector）组件实例，并与相应设备端连接器端口建立了连接关系	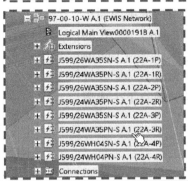
通过工具栏→高级（Advanced）→ RFLP 链接对象（RFLP Linked Object），查看到逻辑分离面连接器（Logical Disconnect Connector）组件与相应设备端连接器端口的连接关系	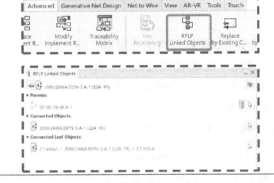
（5）同步生成逻辑电缆与导线 单击工具栏→原理图到接线图（Net to Wire）→生成逻辑电缆与导线（Generate Logical Cable & Wire） 　＜注：属于 CAA 开发的功能＞	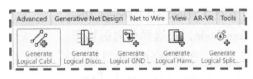
弹出生成电缆与导线（Generate Cable & Wire）对话框，在选择二维信号网络系统结构树节点（Select 2D Net System Tree Node）栏中选择逻辑网络节点 29 - 30 - 00 - N，在选择三维信号网络敷设系统结构树节点（Select 3D Net Routing System Tree Node）栏中选择物理系统 EWIS 综合下的电气物理系统节点 29 - 30 - 00 - N，在选择电缆/导线目标结构树节点（Select Cable/Wire Target Tree Node）栏中选择逻辑接线图组件节点 29 - 30 - 00 - W，之后单击分析（Analysis）按钮	

分析完成后，在同步报告（Synchronize Report）中显示出，二维信号网络系统和三维信号网络系统节点共同定义的导线/电缆信息与选择的目标逻辑节点 29 – 30 – 00 – W 节点中已存在数据之间的对比情况，该例子分析结果为新增导线/电缆，确认后单击生成（Generate）按钮

完成后，逻辑 29 – 30 – 00 – W 节点下新增了相应的电缆和导线实例

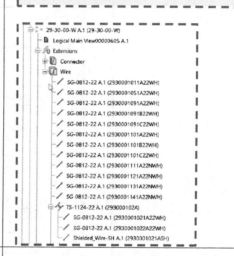

（6）同步生成逻辑线束构型

单击工具栏→原理图到接线图（Net to Wire）→逻辑线束同步（Logical Harness Synchronize）

<注：属于 CAA 开发的功能>

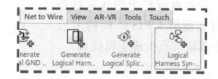

弹出逻辑线束同步对话框，在选择逻辑线束设计根节点（Select Logical Harness Design Root）栏中选取逻辑 EWIS 节点，勾选按照部段分配（Distribute by Zone），之后单击分析（Analysis）按钮

<注：按照部段分配（Distribute by Zone）是可选项，若不勾选，线束会在逻辑 EWIS 结构树的根节点下面生成>

分析完成后，在分析报告（Analysis Report）处显示选中的 EIWS 节点中包含的所有线束信息，勾选需要同步的线束，单击应用（Apply）按钮

完成后，分析报告栏中的线束状态更新，同时在逻辑 EWIS 结构树节点下方的各个部段节点生成逻辑线束

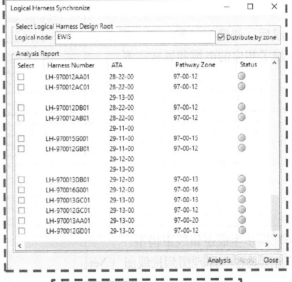

（7）逻辑线束与逻辑导线匹配

单击工具栏→原理图到接线图（Net to Wire）→逻辑线束连接（Logical Harness Link）

＜注：属于 CAA 开发的功能＞

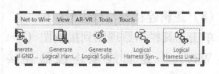

弹出逻辑线束连接组分配（Logical harness link group assignment）对话框，在选择逻辑线束节点（Select Logical harness node）栏中选取逻辑 EWIS 节点的部段节点的逻辑线束 LH－970012AA01，之后单击分析（Analysis）按钮

分析完成后，对话框的分析报告（Analysis Report）处显示出该线束包含的导线信息，确认无误后单击应用（Apply）按钮

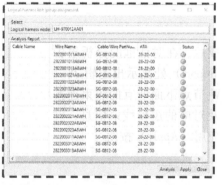

完成后，对话框中导线状态更新，同时在结构树中逻辑线束 LH－970012AA01 节点下生成对应的逻辑导线

（8）逻辑连接器与线束号匹配 单击工具栏→原理图到接线图（Net to Wire）→逻辑线束连接器连接（Logical Harness Connector Link） <注：属于 CAA 开发的功能>	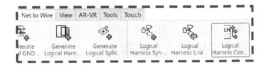
弹出逻辑连接器与线束号连接（Logical Connector Harness Number Link）对话框，在选择逻辑线束 ATA 节点（Select Logical Wiring ATA Node）栏中选取逻辑 28 – 21 – 00 – W 节点，之后单击分析（Analyse）按钮	
分析完成后，在对话框的分析报告（Analysis Report）处显示出逻辑 28 – 21 – 00 – W 节点下面所有的线束连接器信息以及对应的逻辑线束信息，确认后单击应用（Apply）按钮	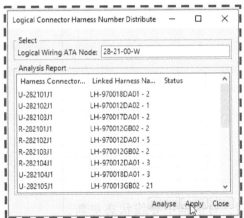
完成后，对话框中的线束连接器状态更新	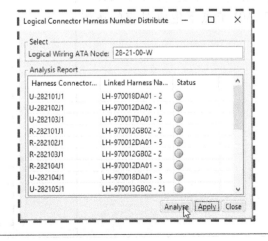

选择结构树上逻辑 28 – 21 – 00 – W 节点下的线束连接器 U – 282101J1，右键单击查看属性，在线束信息（Harness Information）属性栏中已经写入该连接器连接的线束号 LH – 970018DA01

（9）自动生成接线图

在结构树逻辑节点的 29 – 12 – 00 – W 节点下插入接线图集 29 – 12 – 00 – W，并在图集下方插入新图纸 0001，双击结构树中的空白图纸 0001 将其选中

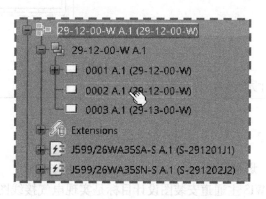

单击工具栏 – > 编辑（Edition）– > 生成接线图（Generate Wiring Diagram）功能，展开结构树逻辑节点 29 – 12 – 00 – N 节点下的原理图集 29 – 12 – 00 – N 的 0001 图纸，单击设计视图（DesignView），在弹出的接线图生成确认窗口中选择 YES（确认）

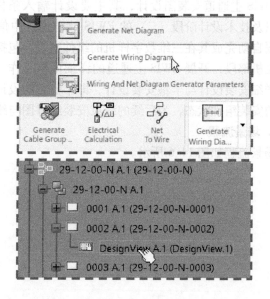

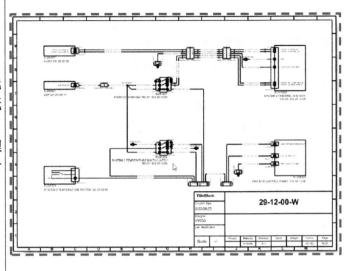

之后单击结构树中刚才创建的接线图集 29 - 12 - 00 - W 下方的图纸 0001，接线图自动图纸区域生成

＜注：接线图自动生成是利用原理图已有的元素，按照逻辑关系添加对应的连接器，最终形成接线图＞

设计完成后，保存数据

14.2.3 EWIS 主通道安装图设计

1. 场景目标

EWIS 主通道安装图设计目标是实现电气接线图组件在三维数字样机中的安装状态，作为线束安装与展平制造工艺详细设计的参考。

2. 场景范围

EWIS 主通道安装图设计，其主要设计输入条件包括：电气接线图组件定义及逻辑线束构型，以及技术设计阶段（C）的 EWIS 综合设计中信号网络（Net）的敷设方案。基于电气接线图数据自动完成其在三维数字样机的组件安装，包括电连接器与导线，并完成一致性审查；而后基于飞机部段，开展 EWIS 主通道的详细调整工作，包括通道的详细安装路径设计、EWIS 综合组件详细安装设计与卡箍安装设计，即半安装图设计；半安装设计完成后，根据线束构型抽取出线束的安装组件状态，为后续的线束安装组件图与线束展平组件图做准备。

3. 场景流程

场景流程如图 14-6 所示。

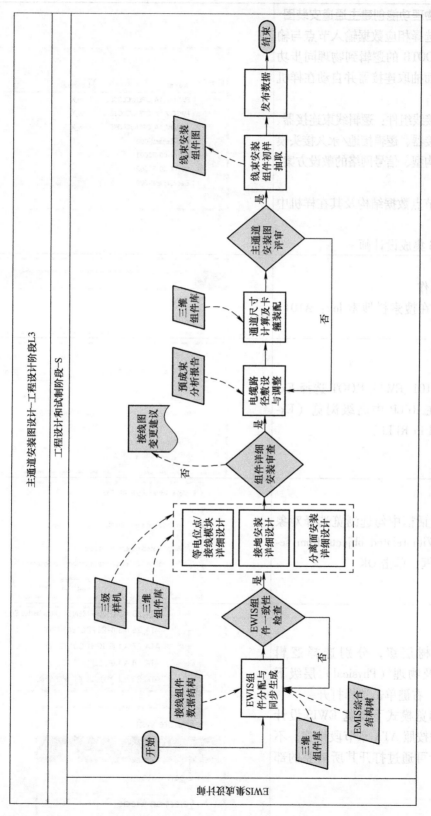

图 14-6　主通道安装图设计－工程设计阶段 L3 流程图

4. 主要操作步骤

基于逻辑到物理功能创建主通道安装图

该步骤通过选择相应数据输入节点与输出节点，基于 OOTB 的逻辑到物理同步功能从成品库里面抽取连接器并自动在样机上生成

输入：电气接线组件：逻辑线束连接器、逻辑分离面连接器、逻辑接地/永久接头模块、逻辑线束构型、信号网络的敷设方案、三维成品库

输出：物理节点数据结构及其在样机中的三维模型

角色：EWIS 集成设计师

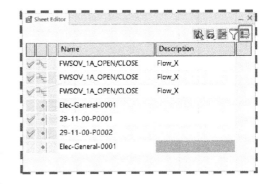

设计步骤：

（1）初始操作

启动 3DE，在搜索栏搜索 log：A101_EWIS_ROOT

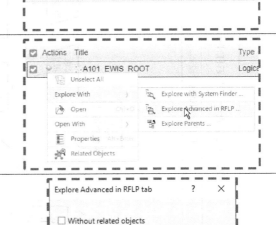

右键单击 A101_EWIS_ROOT 选择 Explore With→在 RFLP 中高级浏览（Explore Advanced in RFLP）

在弹出的对话框中勾选浏览选择对象关联对象（With related objects from selection）复选框，单击 OK

浏览结构树层级，分别选择逻辑（Logical）以及物理（Physical）层级下的 ATA 节点，右键单击选择打开

<注：在浏览模式下浏览 EWIS 设计结构，该结构按照 ATA 章节段构建，不同系统的设计可通过打开其所需要的部分数据实现>

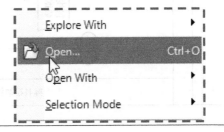

（2）逻辑线束组件同步到物理 单击工具栏→EWIS 综合（EWIS Integrate）→逻辑到物理助手（Logical to Physical Assistant）	
弹出逻辑到物理助手（Logical to Physical Assistant）对话框，在分析元素（Elements to anslyze）栏中选择逻辑接线节点 28 - 21 - 00 - W，在分析类型（Types to analyze）中选择电气设备（Electrical Device），在搜索（Search）栏中选择在数据库中搜索（Search in database），之后单击左下角分析按钮	
分析完成后，在对话框中显示出逻辑接线节点 28 - 21 - 00 - W 下面全部的线束组件，选择其中类型为电气设备的对象，之后单击左下角的设置父节点（Set Parent）按钮	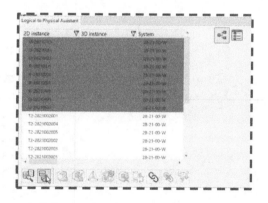
在结构树上选择 EWIS 综合接线节点下面对应的电气几何模型（Electrical Geometry）节点 28 - 21 - 00 - W	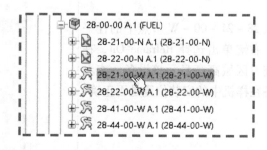
之后单击弹出的对话框中的确认选择父节点按钮	

在弹出的逻辑到物理助手（Logical to Physical Assistant）对话框中选择自动放置（Auto Place）按钮	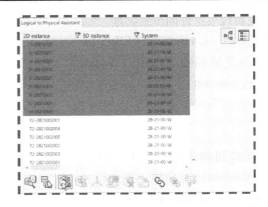
程序执行完成后，在结构树上的电气几何模型（Electrical Geometry）28 – 21 – 00 – W 节点下面生成了物理电气设备	
选取 28 – 21 – 00 – W 节点下的任一设备，右键单击选择 Reframe On，在三维查看区域高亮显示该设备，查看该设备在样机中的安装位置是否正确	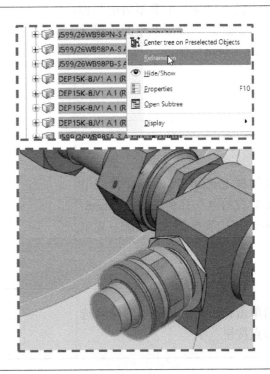

展开 28 – 21 – 00 – W 节点下实施关系（Implement Relations）节点，选中 28 – 21 – 00 – W 节点下面的所有物理设备，实施关系节点下面的对象同时高亮显示，说明实施关系连同电气设备一起被带到物理节点下面

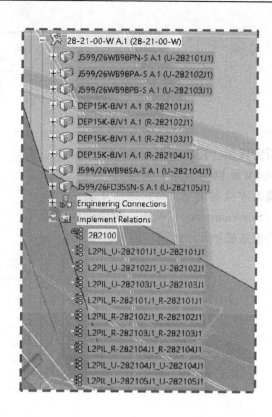

（3）逻辑分离面连接器同步到物理
单击工具栏→设备（Device）→逻辑到物理同步管理（Logical to Physical Synchronization Manager）

弹出逻辑到物理同步管理（Logical to Physical Synchronization Manager）对话框，在选择元素（Selected Elements）栏选中结构树上的逻辑 EWIS 网络 97 – 00 – 10 节点，之后单击分析（Analyze）按钮

＜注：逻辑 EWIS 网络节点 97 – 00 – 10（EWIS Network）存放的是逻辑分离面连接器对象＞

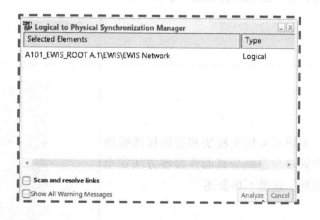

分析完成后，在对话框中显示出所选逻辑 EWIS 网络节点下面所有的逻辑分离面连接器信息，确认之后单击同步（Synchronization）按钮，对话框下部进度条显示同步过程

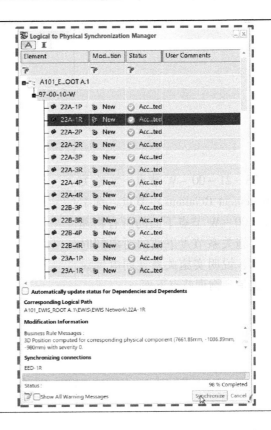

同步完成后，在物理结构树 97－00－00 EWIS 节点处生成分离面连接器三维实例模型，选择 22A－1P 连接器模型，右键单击选择 Reframe On，在三维查看区域高亮显示该设备，查看该设备在样机中的安装位置是否正确，若不正确则需要进行手动调整

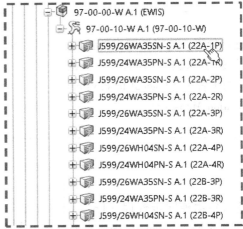

逻辑永久接头模块和逻辑接地模块的同步与逻辑分离面连接器方法完全相同，这里不再赘述

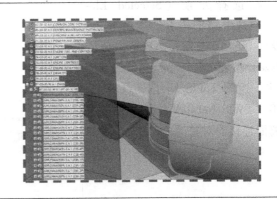

（4）逻辑导线及其敷设同步到物理

单击工具栏→设备（Device）→逻辑到物理同步管理（Logical to Physical Synchronization Manager）

弹出逻辑到物理同步管理（Logical to Physical Synchronization Manager）对话框，在选择元素（Selected Elements）栏选中结构树上物理 EWIS 节点下方 Fuselage 部段下线束 LH－970012GA01，单击分析（Analyze）按钮

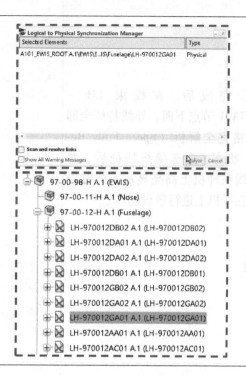

分析完成后，在对话框中显示出选择线束 LH－970012GA01 包含的所有导线信息，确认之后单击同步（Synchronization）按钮进行线束同步

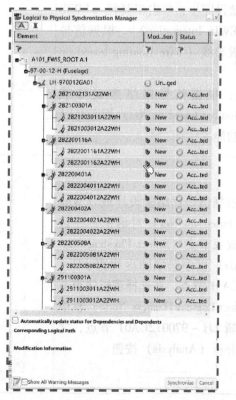

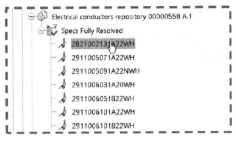

同步完成后，在线束 LH－970012GA01 节点下面，导线特征全部变为规格完全解析（Specs Fully Resolved）状态，全选导线特征后，对应的导线在样机上高亮显示，此时导线还未在样机上进行敷设同步

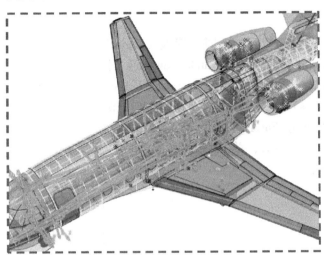

导线敷设同步，单击工具栏→EWIS综合（EWIS Integration）→根据信号网络敷设导线（Wire Routing based on Net）

< 注：根据信号网络敷设导线（Wire Routing based on Net）属于CAA开发的功能 >

弹出根据信号网络敷设导线（Wire Routing based on Net）对话框，在选择物理线束节点（Select Physical Harness Node）栏中选取物理线束 LH－970012GA01 节点，在选择逻辑线束节点（Select Logical Harness Node）栏中选取逻辑 LH－970012GA01 节点，之后单击分析（Analysis）按钮

分析完成后，对话框中显示出所选
线束中导线的信息，包括导线名称、
导线组以及参考敷设路径，之后单击
更新（Update）按钮

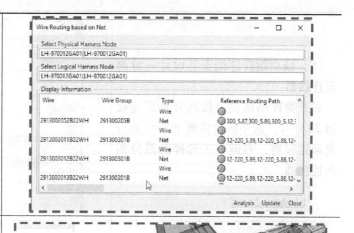

完成后，导线参考敷设路径状态更
新，在结构树中选择物理 EWIS 节点
下面的导线 LH－970012GA01，导线
在样机中高亮显示，可以看到导线已
经按照预设的路径进行了三维敷设

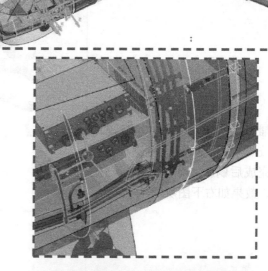

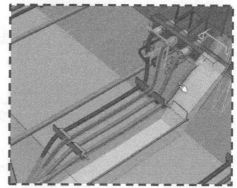

设计完成后，保存数据

（5）线束组件详细安装设计 – 分离面连接器

展开物理结构树，找到分离面连接器 23A – 1，选中该分离面下所有的分离面连接器，右键单击选择隐藏分离面连接器

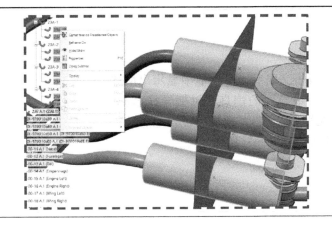

使用捕捉（Snap）功能，将分离面连接器按照对应分离面孔的位置进行装配，完成后刷新，分离面连接器安装完成，效果如右下图所示

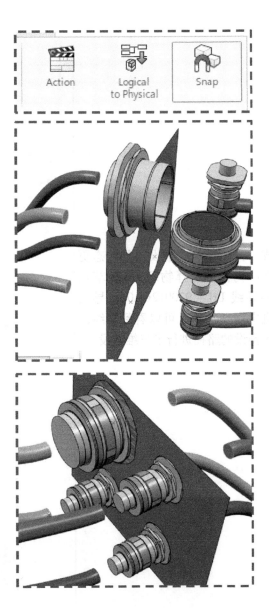

之后在物理结构树上找到分离面连接器 23A-1，选中该分离面下所有的分离面连接器，右键单击选择取消隐藏，在三维显示区域显示如右图所示	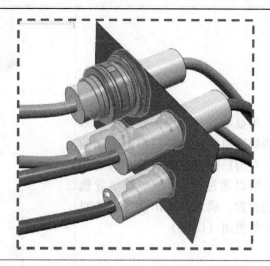
（6）线束组件详细安装设计-等电位模块 选择结构树上 EWIS 节点下面 Fuselage 部段节点下的模块导轨（Module Guide）节点 MG09712031001，将在此节点下生成模块导轨实例	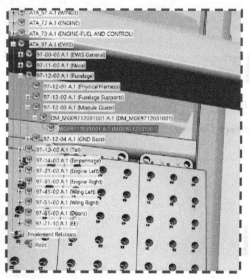
工具栏→设备（Device）→设备放置（Place Equipment）→从目录中智能放置（Smart Place from Catalog）	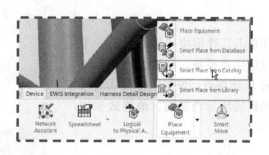
弹出模块和接地导轨 Module_GND_Guide Base 目录，选择模块导轨 J12-DG1A-03 A.1	

在三维显示区域，用鼠标单击用来放置模块导轨的结构件模型下表面的一点，单击后设备将被放置在所选的位置，可以通过 Robot 调整模块导轨放置的位置，确认后单击放置设备对话框中的关闭（Close）

工具栏→设备（Device）→连接设备（Connect Devices）

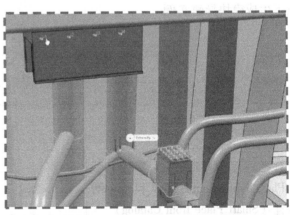

鼠标单击选择模块导轨附近的一个等电位连接器模块，然后再选择模块导轨的 J1 连接点，该等电位模块会自动移动到模块导轨里面，最终效果如右图所示

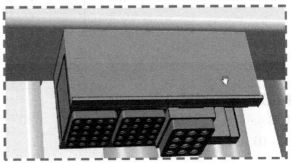

（7）线束组件详细安装设计 – 接地模块 在三维显示区域找到接地模块连接器，由于从逻辑同步到物理的模型并不在合理的位置，与样机结构体发生干涉，需要将接地模块移动到合理的位置	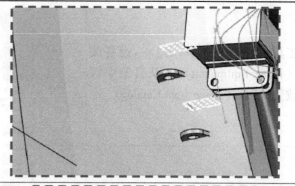
单击工具栏→设备（Device）→智能移动（Smart Move）	
鼠标选中接地模块后，出现白色坐标随鼠标移动，单击样机结构体表面上的一点，此位置即是设备移动到的位置	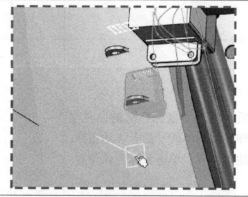
之后使用 Robot 功能微调接地模块到合理的位置，对于接地端子使用同样的方法调整位置，最终效果如右图所示	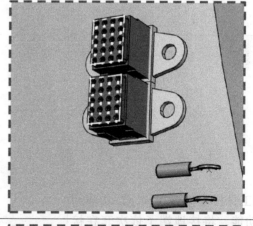
选中并激活结构树中存储接地桩的节点 DM_GI – 09712041001，将在此节点下导入接地桩模型	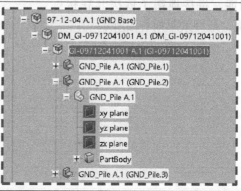

工具栏→设备（Device）→设备放置（Place Equipment）→从目录中智能放置（Smart Place from Catalog）	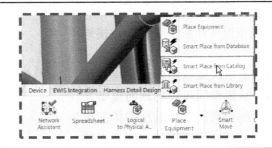
弹出模块和接地导轨（Module_GND_Guide Base）目录，找到并选择接地桩（GND_Pile A.1）	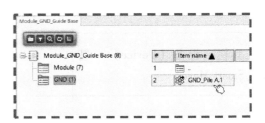
选择后，出现随鼠标移动的白色坐标，在样机结构体的平面上移动鼠标，确定接地桩位置，单击鼠标确认位置	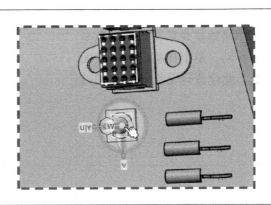
使用工具栏中捕捉（Snap）功能和Robot功能，将接地端子依次套在接地桩上面，最终效果如右图所示	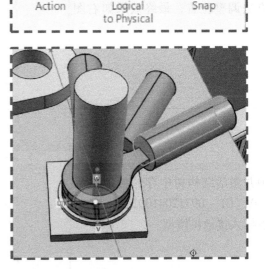

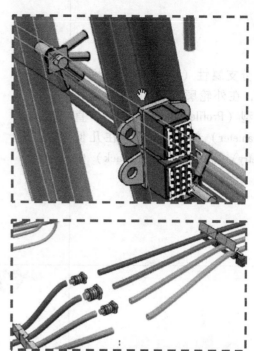

（8）连接器模型和导线进行连接

　　当上面的线束连接器组件全部按照设计需求安装在样机模型上以后，此时线束组件和导线之间还处于断开状态，需要在主通道和连接器之间创建连接，将以分离面连接器为例进行连接操作

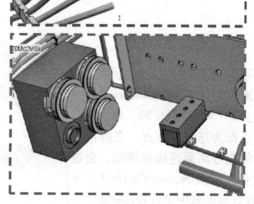

　　在三维显示区域找到分离面连接器位置，双击黄色的主通道，此时工具栏下会进入分支（Branch）功能，选择沉浸式分支定义（Immersive Branch Definition）

弹出分支属性（Branch Properties）对话框，在外轮廓（Profile）中选择轮廓类型（Profile type）为圆形，直径（Diameter）输入 10mm，在几何（Geometry）栏的松弛度（Slack）中输入 0，其他保持默认

首先将鼠标悬停在黄色分支端点处，会显示出该分支末端点 SegmentEnd.2 > > 12-220_DC.77 > >Branch.39，单击选中该末端点作为连接的起点，之后再将鼠标悬停在分离面连接器尾端，会显示出设备连接点 SegmentCnctPt.1 > > 31A-3P，单击选中该设备连接点

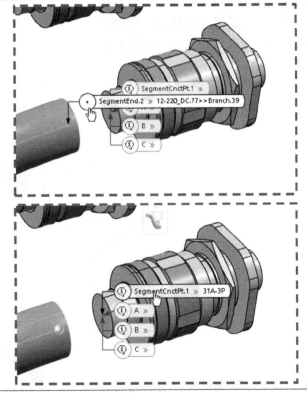

完成后，将在黄色主通道和一侧的分离面连接器之间创建连接

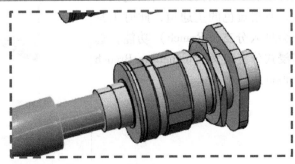

之后，使用同样的方法在另一侧分离面连接器和主通道之间创建连接，之后再重复连接其他分离面连接器和主通道，完成后如右图所示

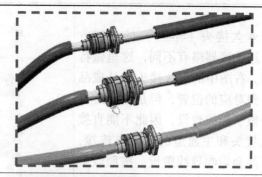

其他线束组件连接器的连接方法与分离面连接器的方法相同，不再赘述，最终完成的连接效果如右图所示

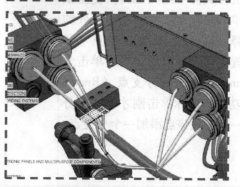

对于永久接头（Splice）的安装方法与上述连接器略有不同，这里做特殊说明。右图中的永久接头是从成品库同步到对应的位置，但是主通道上面已经做了导线敷设，因此不能直接把永久接头和主通道的分叉点连接，否则可能会影响导线敷设。按照以下方法进行永久接头安装

双击橙色主通道，选择沉浸式分支定义（Immersive Branch Definition）功能，单击主通道的分支点 4，该点也是几个主通道的分叉点

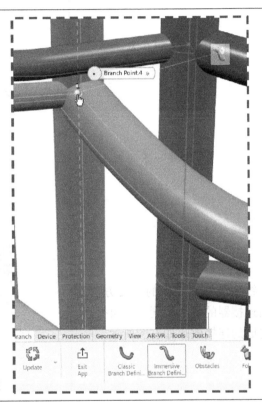

出现沉浸式分支定义工具，使用鼠标右键单击并拖动罗盘到主通道外的位置，释放鼠标右键，在分支点 4 和拖动位置之间新建分支。之后单击分支（Branch）栏中的分支点（Branch Point）功能，鼠标单击刚才新建的分支上的一点，在该点添加一个分支点

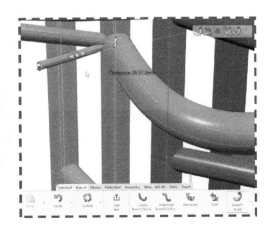

工具栏 – >分支（Branch） – >分支点（Branch Point）工具，选择永久接头位置点（Splice Position Point）功能	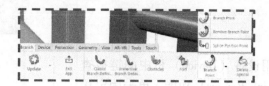
之后使用鼠标选中上一步添加的分支点，在弹出的对话框中单击 OK 确认选择	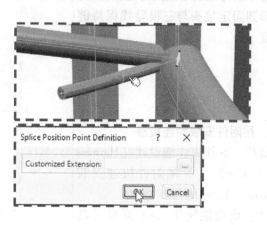
选择设备（Device）栏中的连接设备（Connect Device）功能，鼠标单击选中永久接头模型，之后再选中上一步添加的固定接头点，完成后固定接头将自动移动到添加的固定接头位置点	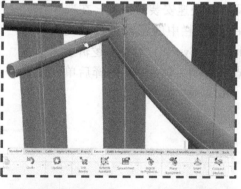

使用设备（Device）栏中的链接查看（Link Review）功能，单击固定接头，显示出与该固定接头的链接关系，可以看到固定接头与三根导线保持链接不变

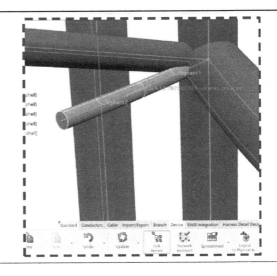

（9）尾附件安装到连接器

工具栏－＞线束详细设计（Harness Detail Design）－＞尾附件快速安装（Backshell Rapid Install）

＜注：该功能属于 CAA 开发的功能＞

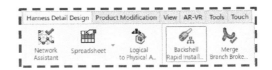

弹出尾附件快速安装对话框，在选择（Selection）栏中的逻辑接线系统（Logical Wiring System）处选择逻辑接线图节点 28－41－00－W，选择后单击分析（Analyse）按钮

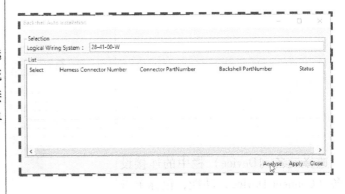

对话框中的列表（List）栏中显示出选中的逻辑接线图节点 28－41－00－W 中包含的线束连接器序列号（Harness Connector Number）和件号（Connector Part Number），以及连接器对应的尾附件编号（Backshell Part Number），之后单击应用（Apply）按钮

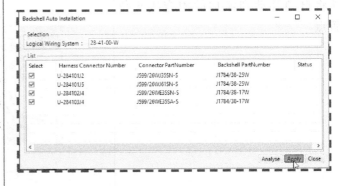

完成后，尾附件将自动安装在对应的线束连接器上。此时由于连接到连接器接入点的分支段并没有完全通过尾附件的接入点，需要手动调整分支段，使其经过尾附件的接入点

双击与连接器连接的分支段，工具栏中自动进入到分支编辑工具栏，选择沉浸式分支定义（Immersive Branch Definition）功能

单击分支端点的通过点，显示手动传递模式工具栏，之后将鼠标悬停在尾附件接入点位置，捕捉到尾附件的接入点后单击鼠标，此时分支便会经过选中的尾附件接入点

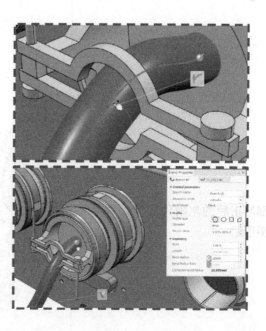

之后使用沉浸式分支定义功能中的相切模式工具，单击尾附件的接入点，使得分支在通过点处相切	
单击分支（Branch）栏中的局部松弛（Local Slack）工具，鼠标单击选中尾附件接入点和连接器接入点之间的线段，在局部松弛管理（Local Slack Management）对话框中选择忽略松弛（Ignore Slack），之后单击 OK 确定	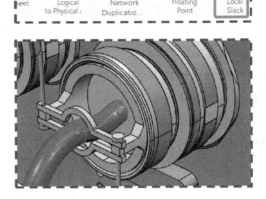 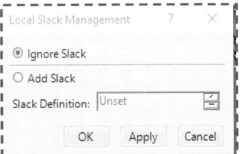
局部修正后的尾附件安装最终效果如右图所示	

（10）线束抽取

按住 Ctrl/Shift 键，依次选中所有物理结构树中 EWIS 节点下面存放物理卡箍模型的节点，可以看到样机模型上的卡箍在三维显示区域高亮显示

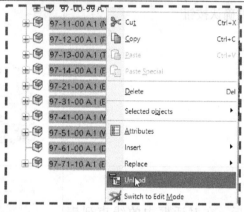

单击鼠标右键，选择卸载（Unload），并在弹出的提示框中选择 OK

＜注：此操作将选中的卡箍模型节点从结构树中卸载掉，保证线束抽取成功＞

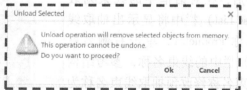

单击工具栏 – ＞导入/导出（Import/Export） – ＞线束配置（Harness Configuration）启用线束抽取命令

选择物理结构树中 EWIS 综合节点下的 EWIS 预定义线束节点里面的线束 LH – 970012AA01，该电气物理系统（EPS）节点包含导线实例

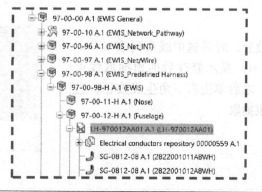

选择线束后，线束 LH – 970012AA01 包含的全部导线信息在线束配置（Harness Configuration）对话框中显示。使用 Ctrl/Shift 键和鼠标，全选对话框列表中的导线，在样机的三维显示区域高亮显示所有导线，之后单击对话框左下角的确认按钮

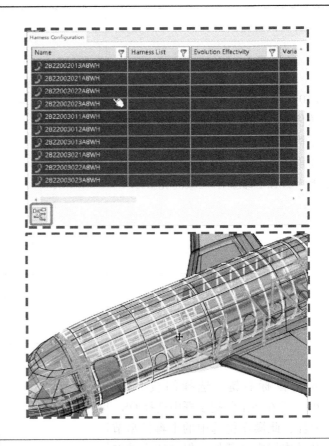

单击后，在对话框中的线束列表（Harness List）栏中将显示出抽取线束的名称 Product. 1，单击右侧名称（Name）栏中的线束名称，参考结构树中线束名称修改预抽取线束名称为 PH – 970012AA01，单击√确认修改

修改后，对话框中线束列表（Harness List）显示修改后的预抽取线束名称，之后单击右下角生成按钮，进行线束抽取

线束抽取完成后，将在新的页面生成抽取后的线束结构树模型，并在三维显示区域显示抽取出来的线束。可以看到，该线束关联的所有连接器和导线全部抽取出来

选中抽取线束的 EPS 节点，之后单击工具栏 – > 导线（Conductors） – > 导线敷设助手（Conductor Routing Assistant）

对话框显示导线的敷设信息，过滤显示敷设状态（Route status）为断开（Broken）的导线，可以看到部分导线处于断开状态，因此该线束需要做调整，使得导线的敷设状态全部变成 Routed

单击工具栏 – > 导线（Conductors） – > 网络助手（Network Assistant），并在三维显示区域单击该线束模型

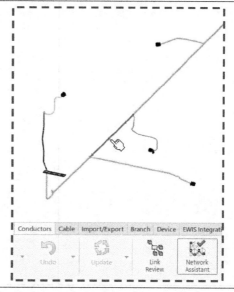

结果显示部分导线连接状态是红色，表示导线处在断开连接状态

将鼠标放在连接断开处的连接段末端（Link segment extremity）标志上，选择 Edit route 功能

弹出分支定义对话框，找到分支断开的点 1132，使用替换（Replace）功能，替换点 1132 为点 1134，之后单击 OK 确定

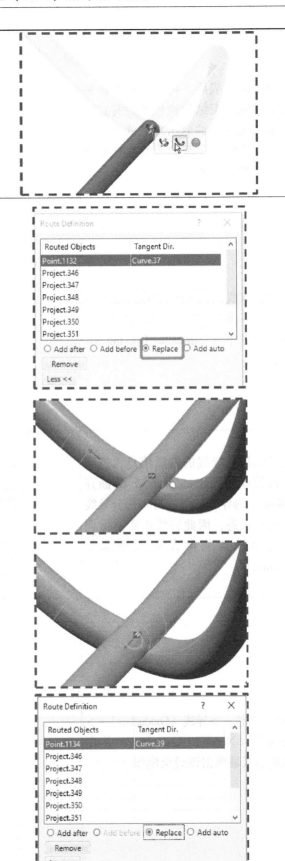

再次使用网络助手（Network Assistant）功能，单击选中线束，可以看到刚才修复的导线连接颜色发生变化，全部是绿色，表明导线已经全部连通

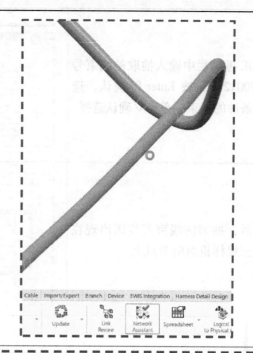

依次修复其他导线直至所有导线变成连通状态，之后使用导线敷设助手（Conductor Routing Assistant），查看导线敷设状态全部变为 Routed 状态

选择物理 Fuselage 部段节点，右键单击物理线束子节点，选择插入（Insert），插入存在的产品（Existing Product）

在 3DE 搜索栏中输入抽取的线束号 PH - 970012 ＊，按 Enter 键确认，选择符合条件的线束，单击√确认选择	
选择后，抽取的线束安装图出现在对应的三级样机对应节点上	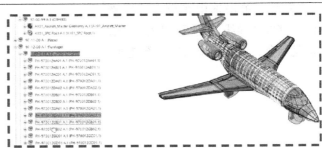
重复操作，将所有线束安装图按照部段信息，挂在对应的部段节点下面，之后保存数据	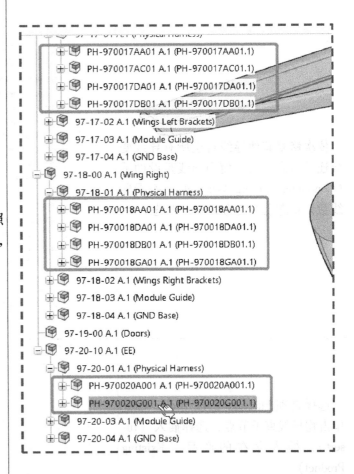

设计完成后，保存数据

14.3　面向工艺的 EWIS 详细设计用例实践

14.3.1　线束安装组件图设计

1. 场景目标

基于抽取的线束模型，完成线束在样机中进行详细三维安装设计，包括线束穿墙工艺、卡箍安装、详细工艺路径设计等工作。对空间协调的过程及结果数据开展多专业空间样机的校核与检查，确定是否满足 EWIS 规章要求，给出线束修改建议；最终形成经过修改的线束安装组件模型与详细的电气接线图，开展最终的一致性校核并调整后，开展安装图相关工艺标注、工艺要求、BoM（物料清单）等工作，通过评审后发布最终数据用于飞机制造。

2. 场景范围

线束安装组件图设计的主要设计输入条件包括：抽取的线束模型、飞机样机、卡箍支架等标准件库，最终完成线束在样机中详细的三维安装设计。

3. 场景流程

场景流程图如图 14-7 所示。

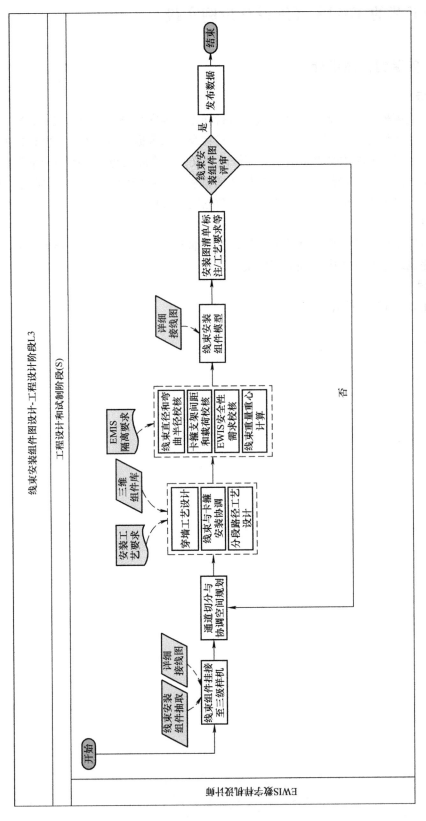

图 14-7 线束安装组件图设计－工程设计阶段 L3 流程图

4. 主要操作步骤

线束三维安装设计

该步骤使用 3D Electrical Design App 进行线束详细安装设计

输入：线束模型、飞机样机、卡箍支架

输出：线束安装组件模型

设计步骤：	
（1）初始操作 启动 3DE，在搜索栏搜索 log：A101_EWIS_ROOT	
右键单击 A101_EWIS_ROOT 选择 Explore With→在 RFLP 中高级浏览（Explore Advanced in RFLP）	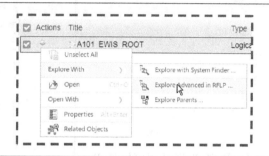
在弹出的对话框中勾选浏览选择对象关联对象（With related objects from selection）复选框，单击 OK	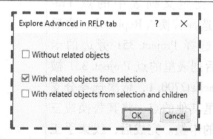
浏览结构树层级，分别选择逻辑（Logical）以及物理（Physical）层级下的 ATA 节点，右键单击选择打开 ＜注：在浏览模式下浏览 EWIS 设计结构，该结构按照 ATA 章节段构建，不同系统的设计可通过打开其所需要的部分数据实现＞	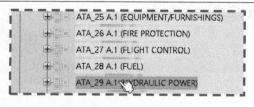 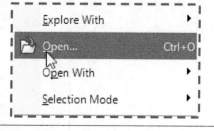

（2）线束分段敷设

以物理 ATA-97 节点下面的 Fuselage 部段为例，进行线束部段敷设安装

1）手工操作方法：选中结构树中的线束模型 PH－970012AA01，在三维显示区域双击线束模型，弹出分支定义对话框，单击 Route Definition 按钮进入分支定义

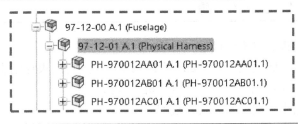

选中分支定义列表中的点 Project. 351，选择替换（Replace），之后在模型中选择 Project. 351 旁边的卡箍。完成后列表里的点 Project. 351 被替换成 Bracket2700. 1，依次选择分支定义列表里其他的点，将其替换成三维区域中的卡箍。完成后，线束手工分段敷设完成

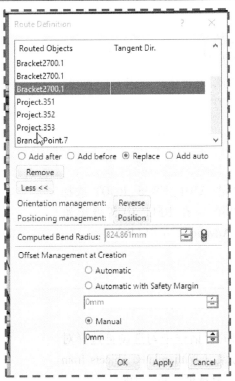

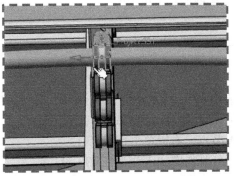

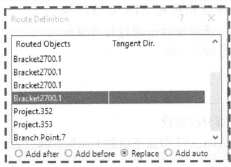

2）自动敷设方法：单击工具栏下方的 Branch To Support Auto Installation 功能，弹出功能对话框 ＜注：该功能经过 CAA 二次开发＞	
单击对话框 Select 栏，鼠标点选模型区域中的线束 12 - 200_S.1	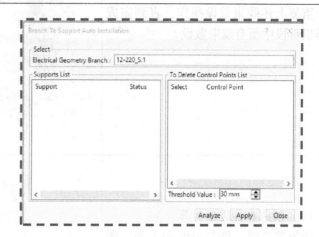
在三维显示区域依次选择线束需要穿过的卡箍支架，选中的卡箍会在对话框的支架列表中显示	
单击对话框中的分析（Analyze）按钮，列表中显示出线束原先通过的控制点。最后单击应用（Apply），线束 12 - 220_S.1 会自动通过的卡箍	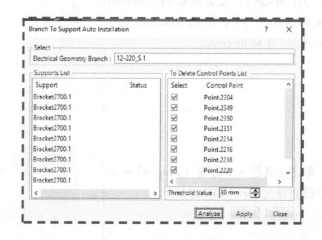

重复上述线束敷设操作，直到完成样机部段中所有线束敷设

（3）线束直径更新计算

设置首选项，单击 3DE 右上角的账号，在弹出的设置列中选择首选项（Preferences）

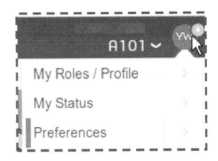

依次单击主首选项（Main Preferences）－＞三维建模（3D Modeling）－＞电气电子系统（Electrical and Electronics Systems）－＞电气三维设计（Electrical 3D Design），在分段影响（Impact on Segment）栏中勾选 Diameter and bend radius to its content

单击工具栏－＞分支（Branch）－＞分段直径（Segment Diameter）

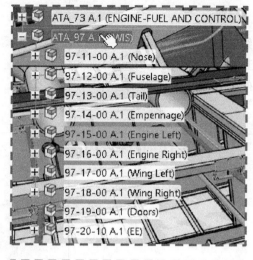

选中结构树中存放线束模型的物理节点 ATA_97（EWIS），再单击工具栏 − > 标准（Standard）− > 更新（Update）按钮，对线束直径进行重新计算并更新模型显示

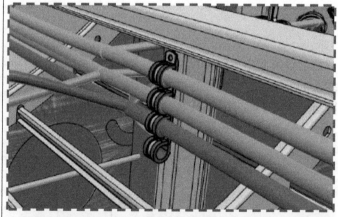

更新完成后，线束直径会根据包含的导线实际直径进行计算并更新线束线径。比较更新前后的线束，可以看到更新过后的橙色线束直径变小

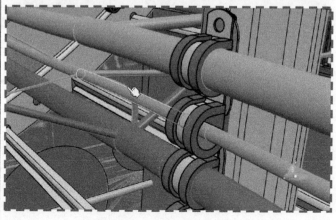

（4）线束分段卡箍排布

单击工具栏 - >分段（Branch）- >
分段排布（Arrange Segments）

之后单击选中三维模型中包含多个
线束的卡箍。弹出分段排布（Arrange
Segments）对话框，并且在卡箍截面
显示出通过线束的轮廓形状

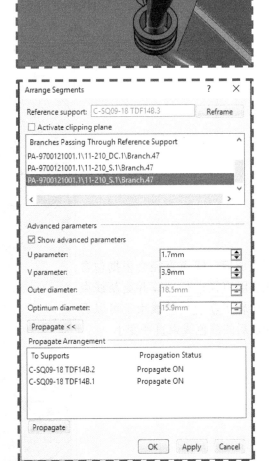

选中分段排布（Arrange Segments）对话框中线束穿过支架列表（Branch Passing Through Reference Support）里面的某一根线束，在三维显示区域对应的线束外形轮廓上会出现向上的箭头，使用鼠标选中并拖动箭头来移动线束轮廓，调整轮廓相对位置，直到卡箍穿过的所有线束轮廓不发生干涉。单击 OK 关闭对话框

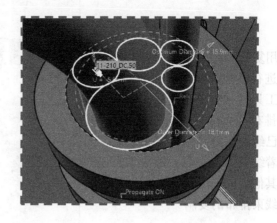

如果发现模型中的卡箍尺寸不合适，可以对卡箍进行替换

在结构树中选中需要替换的卡箍模型，右键单击选择替换（Replace）－ > 替换为已有项目（Replace Items by Existing）

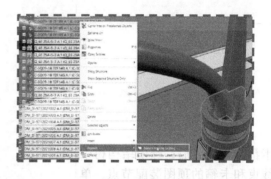

在搜索框中输入卡箍的零件号，单击选择直径合适的卡箍。弹出的替换报告（Replace Reporter）显示替换的项目，单击 OK 关闭

< 注：卡箍替换的直径可以参考排布对话框中高级参数给出的最佳直径（Optimum Diameter），例如案例中卡箍横截面显示的最佳直径为 15.9mm，因此将直径为 18mm 的卡箍替换为直径为 16mm 卡箍 >

使用复制排布命令对线束上的卡箍排布进行复制，从而实现快速排布。单击工具栏－＞分支（Branch）－＞复制排布（Copy Arrangement）命令，选中已经排布好线束的卡箍模型，之后沿着线束方向查看，依次单击该线束上其他相同的卡箍（显示为黄色），实现线束排布的复制

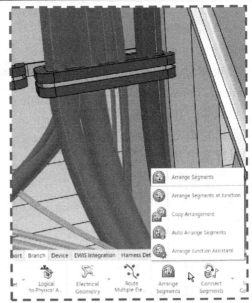

当卡箍排布完成后，选中结构树中存放线束和卡箍的顶图装配节点，单击工具栏－＞标准（Standard）－＞更新（Update）功能，对模型进行更新，模型显示调整排布后的线束穿越卡箍

（5）线束末端详细设计

1）支架自动安装。单击工具栏－＞线束详细设计（Harness Detail Design）－＞支架安装（Bracket Installation），弹出支架安装对话框

＜注：该功能是 CAA 开发的功能＞

在对话框中的选择父节点（Select Parent Node）栏中选择结构树中样机部段中存放支架的父节点 SI – 9712021001。之后在支架选项中展开下拉列表，选择需要安装在线束末端的支架 Q _ 6S25A – 5 – 3 | 1 | 90degBracketM5

在对话框右侧区域可以预览支架模型

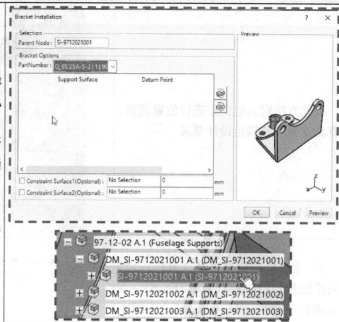

单击对话框中的添加支架按钮，之后单击样机模型结构件表面的某一位置，出现坐标。单击对话框中的预览（Preview）按钮，选择的支架模型出现在坐标所在位置。通过转动和移动三维坐标来调整支架模型的方向和位置，单击预览（Preview）按钮查看效果

使用工具栏中的对齐（Snap）功能进行支架详细设计

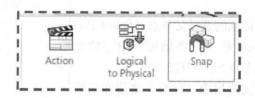

单击对齐（Snap）功能，选择支架的边线（表面），再选择结构件的边线（表面），支架便会与结构件对齐

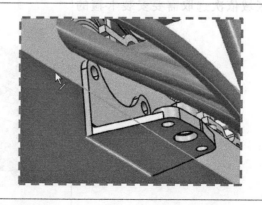

以此方法对其他支架进行位置调整，直至支架安装满足设计要求	
2）卡箍自动安装。单击工具栏－>线束详细设计（Harness Detail Design）－>卡箍自动安装（Smart Support Installation），弹出卡箍自动安装对话框 　<注：该功能是 CAA 开发的功能>	
在对话框的选择父节点（Select Parent Node）栏中选择结构树中存放支架的父节点 SI－9712021001 　单击支架列表（List），之后在三维显示区域依次选取需要安装卡箍的支架	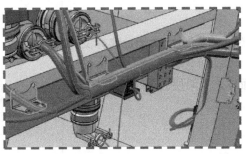

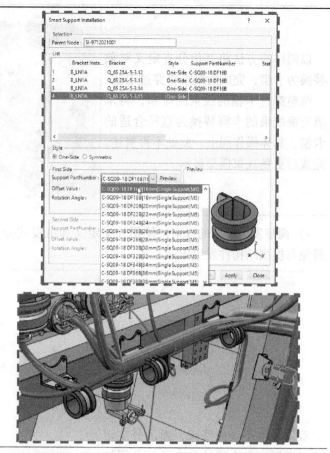

选中列表中的支架，选择类型为单边（One – Side），然后在对话框中的卡箍件号（Support Part Number）下拉菜单中选择相应的卡箍

之后全选列表中的卡箍，单击对话框中的应用（Apply），卡箍自动安装在对应的支架上

3）末端线束穿过卡箍。当支架和卡箍安装在线束末端位置后，需要调整末端线束，使其穿过卡箍

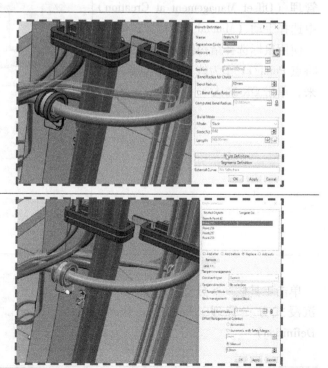

双击模型中末端的线束模型，弹出分支定义对话框，选择分支定义，弹出分支点定义对话框

选择分支定义点 Point255，选择替换（Replace）功能，之后将鼠标放在旁边的卡箍上，识别出卡箍的连接点 Section1，单击 Section1

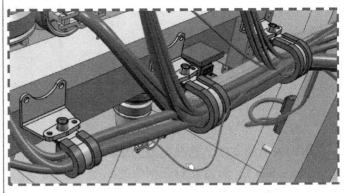

以同样的方法将其他分支定义对象替换为卡箍，完成后线束将穿过卡箍

调整穿过卡箍的线束的排布，将未填充满线束的卡箍替换为直径合适的卡箍。具体操作同上，此处不再赘述。完成后更新线束模型显示

4）调整发生干涉的线束。使用分支定义和沉浸式分支定义调整发生干涉的线束位置，使其避免与模型结构件发生干涉

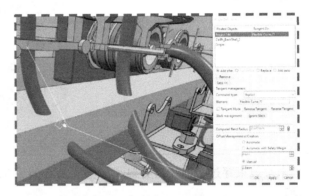

双击发生干涉的线束，弹出分支定义对话框，在合适的分支通过点添加新点，在对话框下面的创建时的偏移管理（Offset Management at Creation）中选择手动（Manual）

使用鼠标选择结构件棱边上的一点，将点 Point711 作为线束通过点添加进来，单击 OK 确认

单击工具栏－＞分支（Branch）－＞沉浸式分支管理（Immersive Branch Definition）

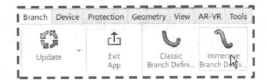

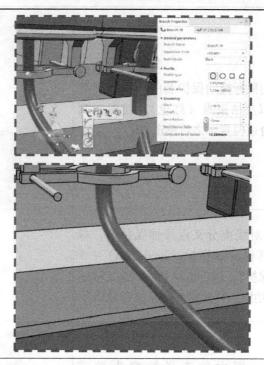

选择创建的点 Point711，选择移动模式（Move Model），之后拖动坐标的轴来移动点 Point711 的位置，直至其不与结构件发生干涉

5）添加线束保护套。给与结构件接触的线束添加保护套可以减缓线束在使用中的磨损

单击工具栏 - > 保护（Protection） - > 保护套（Protective Covering）功能，弹出实例化保护套（Instantiate Protective Covering）对话框

对话框中的选择类型为胶带（Tape），给定厚度为 1mm，长度为 20mm，之后单击需要添加保护套的线束

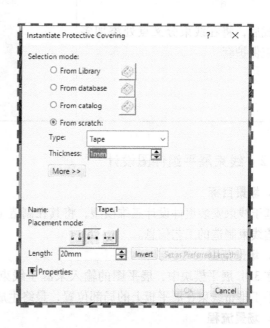

使用鼠标拖动保护套的开始点（绿色）以及结束点（红色），使保护套处在合适位置，之后单击 OK	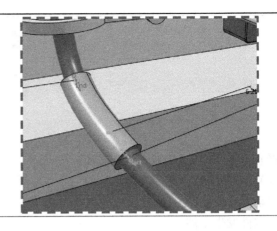
6）对线束分叉点添加保护套。单击工具栏 - >保护（Protection）- >多个保护套（Multiple Protective Covering）功能，弹出实例化保护套对话框	
对话框中的选择类型为胶带（Tape），给定厚度为 1mm，长度为 5mm，之后单击需要添加多个保护套的线束分叉点	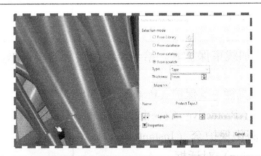
完成后，将在线束分叉点处添加多个线束保护套	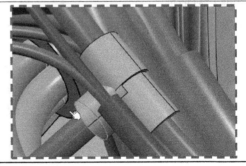

14.3.2　线束展平组件图设计

1. 场景目标

基于线束安装组件设计三维模型，将其在制造工艺钉板上进行二维展开，生成展平图纸，完整表达线束制造的工艺信息。

2. 场景范围

在 3DE 展平模块中，展平图的输入来源于线束安装组件设计模型，进行自动展平操作后，经过手工排布线束在展平板上的局部位置，最终生成带完整制造信息的二维线束展平图。

3. 场景流程

场景流程图如图 14-8 所示。

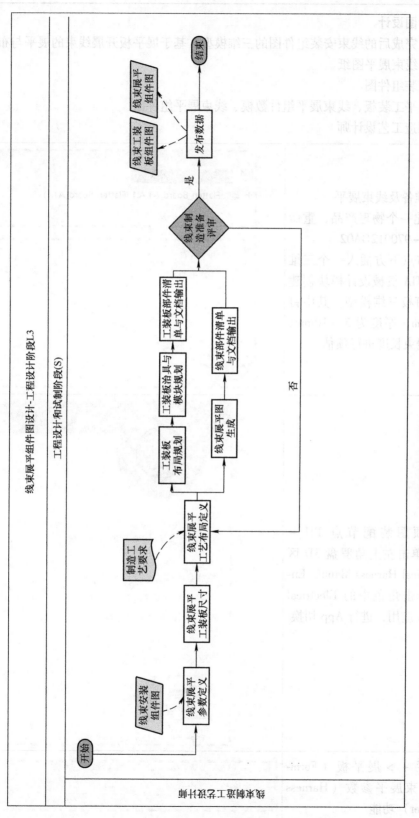

图 14-8　线束展平组件图设计－工程设计阶段 L3 流程图

4. 主要操作步骤

线束展平组件图设计

该步骤提取自完成后的线束安装组件图的三维模型，基于展平板开展线束的展平与布局设计，最终生成1:1的线束展平图纸

输入：线束安装组件图

输出：线束展平工装板、线束展平组件数模、线束展平组件图

角色：线束制造工艺设计师

（1）展平板准备及线束展平 在 3DE 中创建一个物理产品，重命名为线束号 PH – 970012GA02 在物理产品节点下方插入一个三维零件，使用 CATIA 机械设计模块创建如右图所示的钉板三维模型，其中钉板宽度为 800mm，厚度为 5 ~ 10mm，长度按照实际线束长度进行预估	
双击激活顶图装配节点 PH – 970012GA02，单击左上角罗盘 3D 区域，找到 Electrical Harness Manuf. Engineer 角色，单击角色中的 Electrical Mfg. Preparation 应用，进行 App 切换	
单击工具栏 – > 展平板（Formboard）– > 线束展平参数（Harness Flatting Parameter）功能	

在弹出的线束展平参数对话中，设置激活平面为 XY 平面，选择角度模式为标准以及给定两个线束分支之间的最小夹角 15deg，之后单击 OK 确认，将在顶图装配节点下生成展平参数库模型

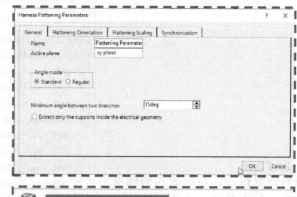

激活生成的展平参数库模型，单击工具栏 - > 展平板（Formboard） - > 提取（Extract）功能，进入选择状态

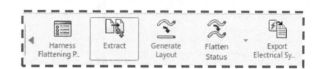

在打开的样机模型 A101_EWIS_Root 的结构树中，单击线束模型节点 PH - 970012GA02 下面的 EPS 对象，选中后将自动转回到展平模型页面

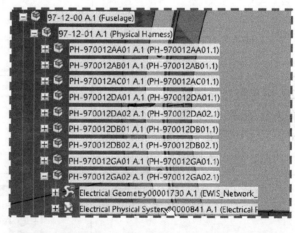

在展平模型节点下方，将自动插入刚才选中的线束模型及对应的卡箍以及主通道模型

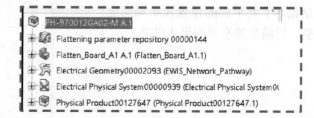

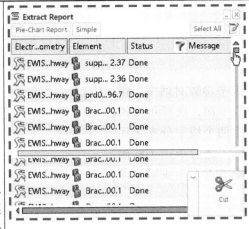

查看提取报告，显示插入的线束组件列表，包含导线、主通道模型、连接器、支架卡箍，单击右上角的叉号关闭报告。插入的线束组件如右图所示

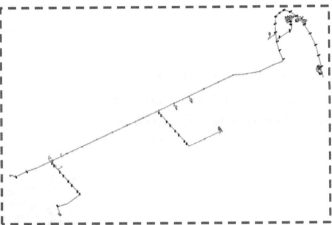

（2）展平板布局调整

单击工具栏 - > 展平板（Formboard） - >生成布局（Generate Layout）功能，进入选择状态

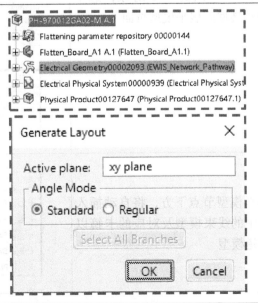

选中结构树中的 EG 节点，弹出对话框，选择角度模式为标准，单击 OK 确定后，线束组件变成展平状态，但是相对于展平板的位置和布局需要调整，以满足展平板的尺寸要求

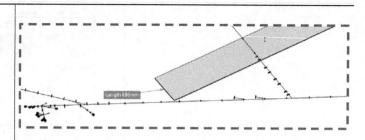

激活根节点，并选中 EG 节点和卡箍支架所在的物理产品节点，使用罗盘移动展平的线束模型位置，使其最长的线束分支沿着展平板长度方向展开，其他分支将做处理

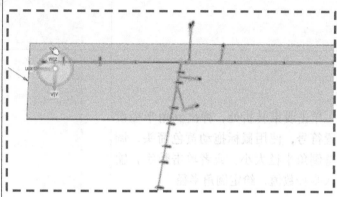

单击工具栏 – > 展平板（Formboard） – > 准备布局（Prepare Layout）功能，进入选择状态

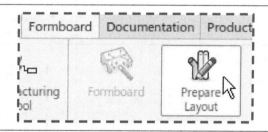

选择线束的主干，单击工具箱中的旋转（Rotate）功能 📝，之后单击展平板的上边，弹出拾取方向的快捷键，单击小图钉标志确认，使线束主干方向与之平齐

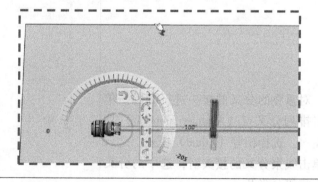

在线束的另一头，由于主干长度超出展平板的长度，需要对其进行弯折

单击工具箱中的弯折（Roll）按钮，之后单击线束主干内部靠近边界的地方，弹出角度调整符号，使用鼠标拖动角度调整符号进行扭转操作，直到将线束调整为合适角度

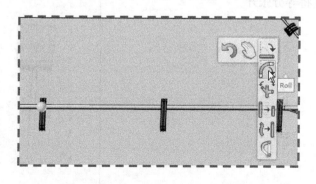

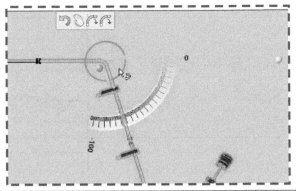

单击线束转折处，弹出倒角半径设置符号，使用鼠标拖动黄色箭头，调整倒角半径大小，或者单击数字，输入半径数值，给定倒角半径

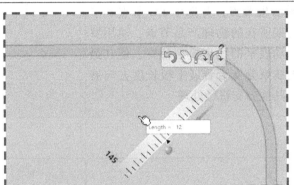

对重叠的分叉的接头进行调整。单击排列分叉点（Arrange Junction）功能，选择相等（Equal）模式，之后单击线束分叉的接头对，选中的分叉点将等分张开

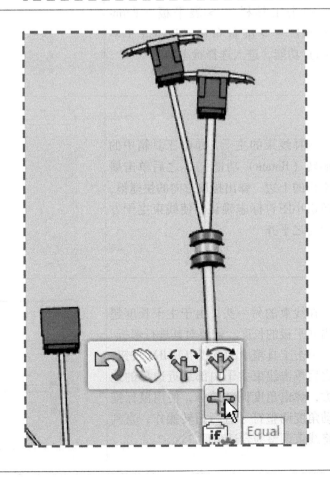

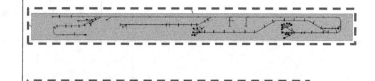

使用上述方法调整线束展平布局，直到将所有的线束组件全部调整在展平板投影面内部，局部放大图如右图所示

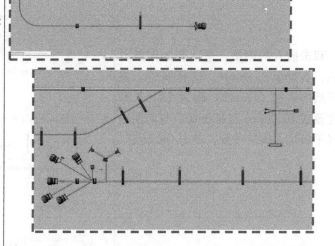

展平板设计完成后，保存数据

（3）生成二维展平图纸

单击结构树顶节点，右键单击选择插入（Insert）– >图纸（Drawing），在顶节点下插入新的图纸并重命名图纸为 PH –970012GA02 – M

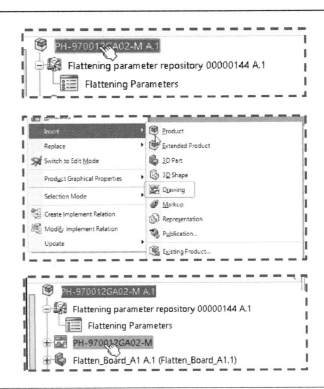

双击插入的图纸，进入新的图纸页面，右键单击 sheet1，选择属性，将图纸的格式（Format）改为 AX，长和宽改成 10000mm 与 800mm，与前面的展平板尺寸保持一致，单击 OK 确定

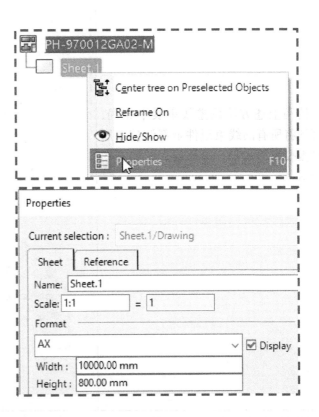

单击工具栏 - >视图布局（View Layout）- >前视图（Front View），进入选择状态	
切换页面栏到展平板页面，使用鼠标单击展平板模型，完成后自动切回二维图纸页面	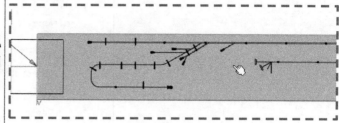
使用罗盘对图纸页面进行调整，使其按照正确的方向布置，确认后使用鼠标单击图纸空白处，进行图纸生成	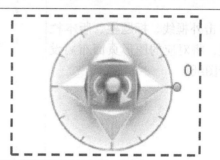
生成的二维展平图纸如右图所示，连接器针脚详细的从到信息表格会自动生成在对应连接器旁边	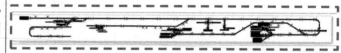
将图纸放大，使用鼠标拖动生成的连接器针脚信息表格，使其不与其他表格或图形元素发生干涉	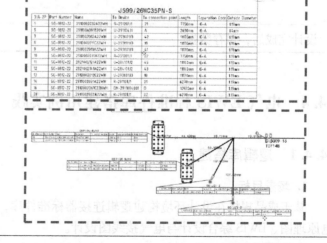
单击工具栏 - >视图布局（View Layout）- >页面布局（Page Layout），弹出对话框	

依次单击外框线、标题栏、版本栏中的按钮，将对应的图形页面布局设置应用于图纸

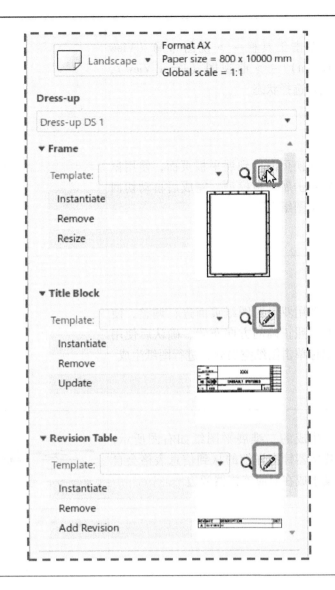

设计完成后，保存数据

14.4　电气 EWIS 标准件库搭建用例实践

14.4.1　逻辑库搭建

1. 场景目标

基于成品规格在设计环境构建逻辑连接器标准件库，用于支撑物理架构的设备连接器选型、电原理图、EWIS 综合设计与电气接线图设计。

2. 场景范围

场景包括逻辑连接器零件批量构建、针脚参数批量构建以及入库操作。

3. 场景流程

场景流程图如图 14-9 所示。

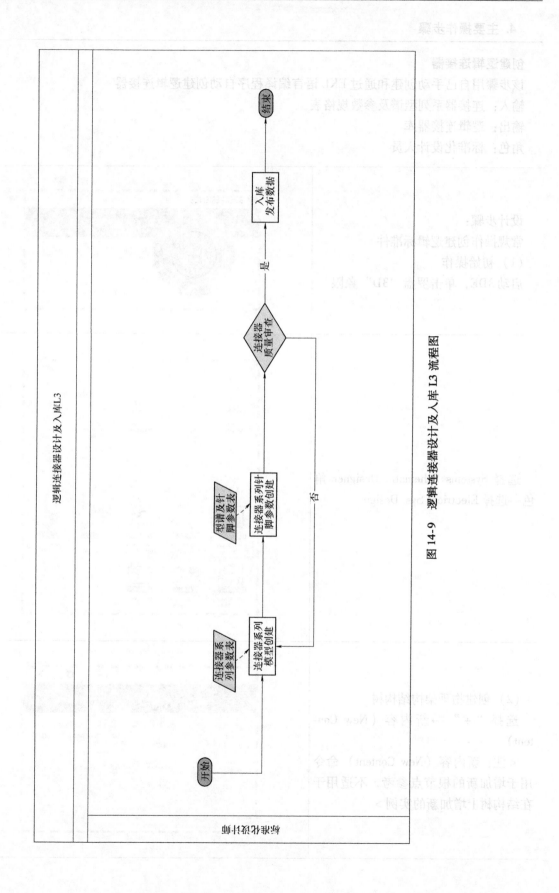

图 14-9 逻辑连接器设计及入库 L3 流程图

4. 主要操作步骤

创建逻辑连接器

该步骤用自己手动创建和通过 EKL 语言编译程序自动创建逻辑连接器

输入：连接器系列型谱及参数规格表

输出：逻辑连接器库

角色：标准化设计人员

设计步骤： 常规操作创建逻辑标准件 （1）初始操作 启动3DE，单击罗盘"3D"象限	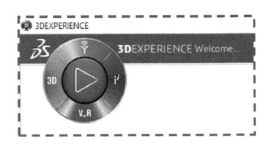
选择 Systems Schematic Designer 角色→选择 Electrical Sys. Design	
（2）创建物理架构结构树 选择"＋"→新内容（New Content） <注：新内容（New Content）命令用于增加新的根节点参考，不适用于在结构树上增加新的实例＞	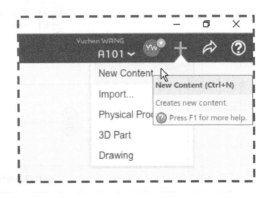

创建根节点类型为逻辑参考（Logical Reference）

<注：可右键单击 Logical Reference 选择添加至收藏（Add to Favorites），方便下次使用>

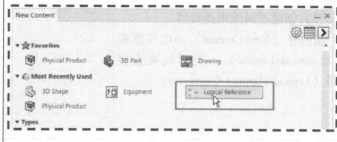

完成命名

<注：该界面来自于激活创建时设置属性（Set attributes at creation），命令通过右键单击后勾选激活>

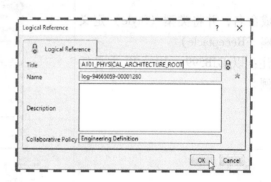

在逻辑层产生初始界面

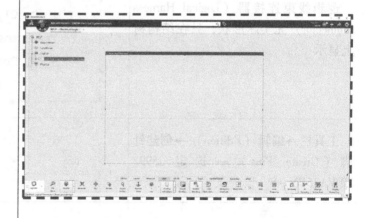

双击选定创建的逻辑参考（Logical Reference）

工具栏→编辑（Edition）→创建新参考（Create New Reference）

（3）创建逻辑线束连接器

新内容（New Content）→电气逻辑（Electrical Logical）→逻辑线束连接器（Logical Harness Connector）

完成命名，并将类型（Style）定义为插座（Receptacle）

＜注：以 GJB599 - III - 20 方盘插座为例＞

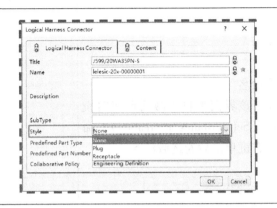

逻辑线束连接器（Logical Harness Connector）无实际形状，只在结构树上显示

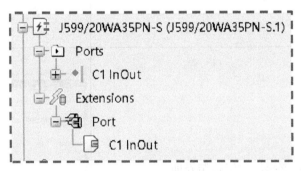

工具栏→编辑（Edition）→创建针脚（Create Pins）→选定 J599/20WA35PN - S

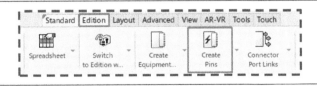

将对应信息填入编号（Number）、名称（First name）、前缀（Prefix）、后缀（Suffix），单击添加（Add），需要创建的针脚就会在右侧的针脚待创建窗口中显示出来

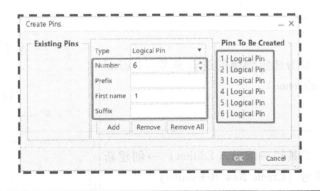

单击 OK 后，针脚就创建在连接器中	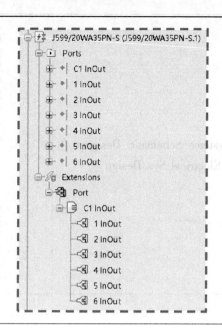
右键选择属性（Properties），按照需求将每个针脚的具体属性填入对应栏中 　　完成并保存数据	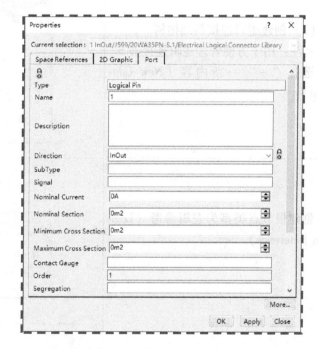
使用 EKL 开发创建逻辑线束连接器 （1）初始操作 启动 3DE，单击罗盘"3D"象限	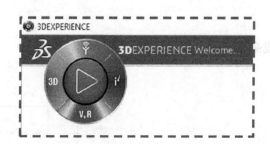

选择 Systems Schematic Designer 角色→选择 Electrical Sys. Design	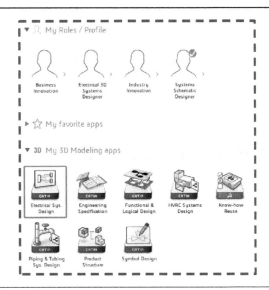
（2）创建逻辑连接器结构树 <注：用于方便管理逻辑连接器> 选择"＋"→新内容（New Content）	
创建根节点类型为逻辑参考（Logical Reference）	
完成命名	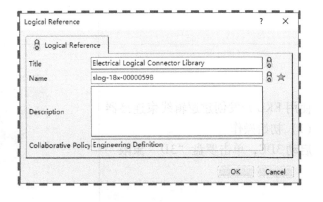

（3）编写 EKL 代码 启动 3DE，单击罗盘"3D"象限	
选择 Product Optimization Designer 角色→选择 Engineering Rules Capture	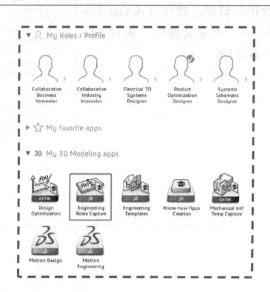
工具栏→工程规则捕捉（Engineering Rules Capture）→操作（Action）	
创建知识工程规范逻辑（Knowledge Engineering Specification Logical）→单击 OK	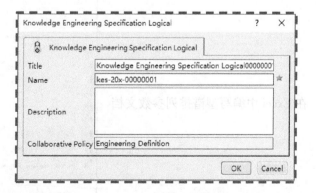

在操作编辑器：操作（Action Editor：Action）中定义参数、编写 EKL 代码→单击 OK

（4）创建逻辑线束连接器
在 Excel 中编写连接器参数文档

在 Excel 中编写型谱排列参数文档

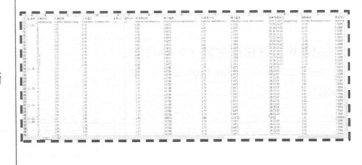

右键单击操作指令（Action），将编写好的连接器参数文档和型谱排列参数文档路径填入对应的属性框中→单击 OK

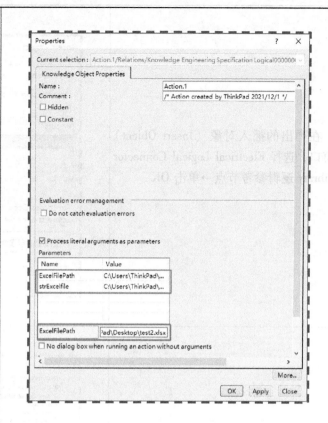

右键单击操作指令（Action），选择操作指令 .1 对象（Action.1 object）中的运行（Run）

在弹出的插入对象（Insert Object）窗口，选择 Electrical Logical Connector Library 逻辑参考节点→单击 OK	
逻辑线束连接器、针脚及针脚属性一次性创建成功	

设计完成后，保存数据

14.4.2　三维连接器模板零件建模示例

1. 场景目标

基于成品规格在设计环境构建三维连接器标准件库，用于支撑线束主通道半安装图设计及线束安装和展平组件图设计。

2. 场景范围

场景包括三维连接器主模型定义、解析、针脚批量构建以及入库操作。

3. 场景流程

场景流程图如图 14-10 所示。

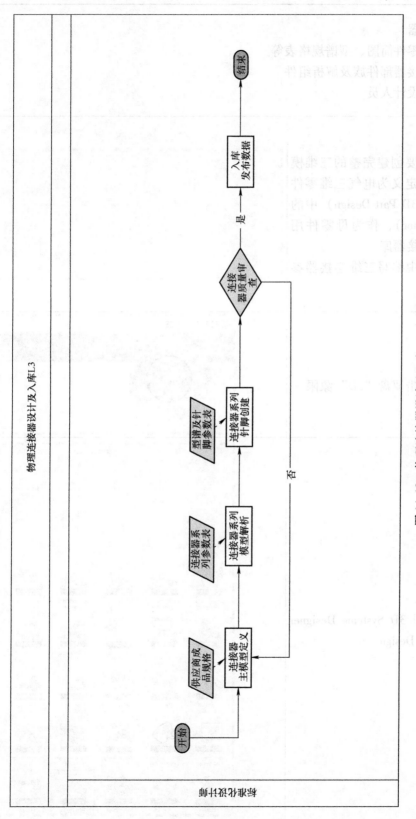

图 14-10　物理连接器设计及入库 L3 流程图

4. 主要操作步骤

创建三维连接器

输入：连接器零件简图、型谱规格表等

输出：三维连接器部件族及解析组件

角色：标准化设计人员

设计步骤：	
三维连接器需要创建完整的三维模型，并将其类型定义为电气三维零件设计（Electrical 3D Part Design）中的连接器（Connector），作为母零件用以解析实例化连接器库 （1）在 Excel 中编写三维连接器参数表格	
（2）初始操作 启动 3DE，单击罗盘"3D"象限	
选择 Electrical 3D Systems Designer 角色→选择 Part Design	

（3）创建三维连接器母零件 选择"＋"→新内容（New Content）	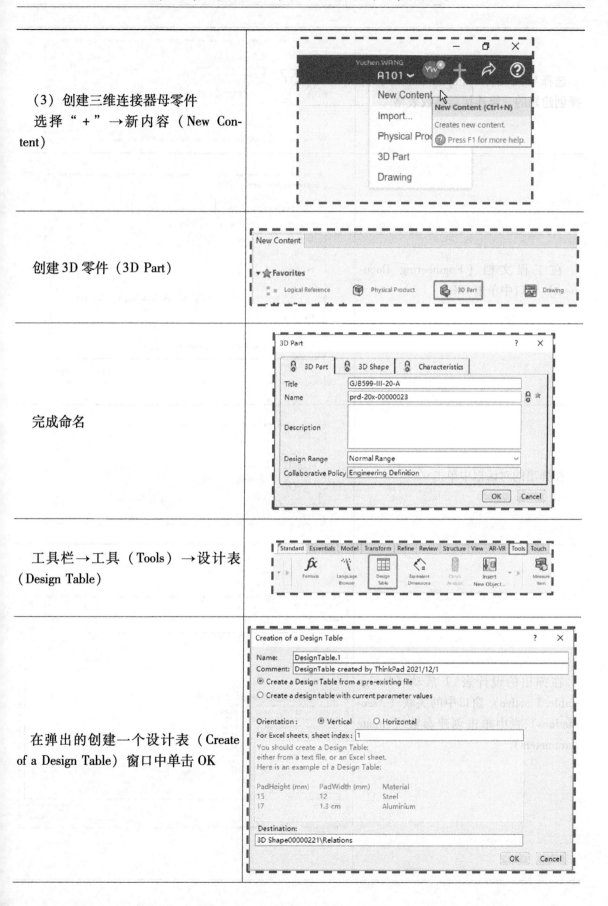
创建 3D 零件（3D Part）	
完成命名	
工具栏→工具（Tools）→设计表（Design Table）	
在弹出的创建一个设计表（Create of a Design Table）窗口中单击 OK	

选择导入文件（Import a file），选择创建好的三维连接器参数表格	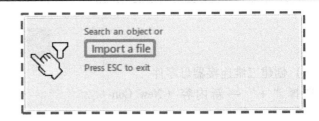
在工程文档（Engineering Document）窗口中单击 OK	
在弹出的对话框中单击√	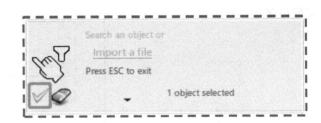
在弹出的设计表.1 活动（Design Table.1 active）窗口中的关联（Associations）栏中单击创建参数（Create parameters）	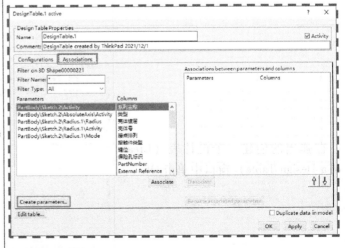

在成功为选定的行创建参数（OK Creates Parameters For Selected Lines）对话框中创建所需参数，完成后单击 OK	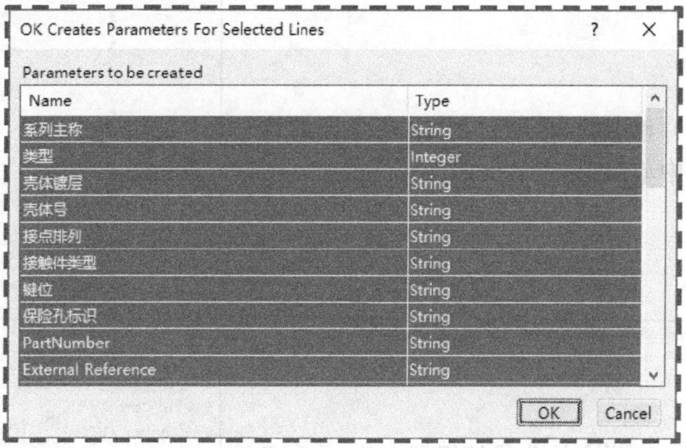
单击配置（Configurations）栏，查看已创建的参数，单击 OK 设计表创建成功	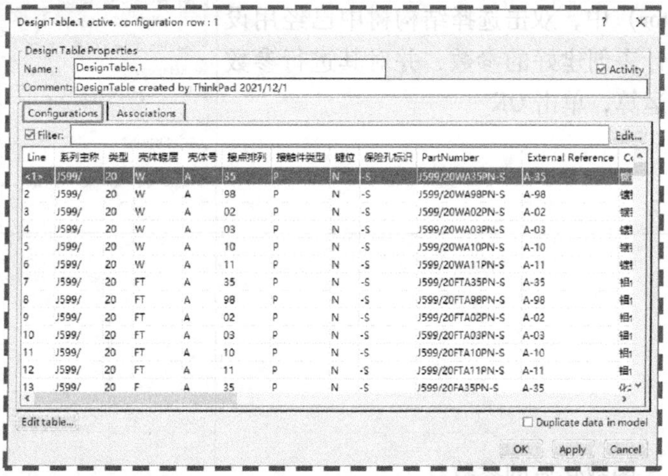
工具栏→基本工具（Essentials）→定位草图（Positioned Sketch）	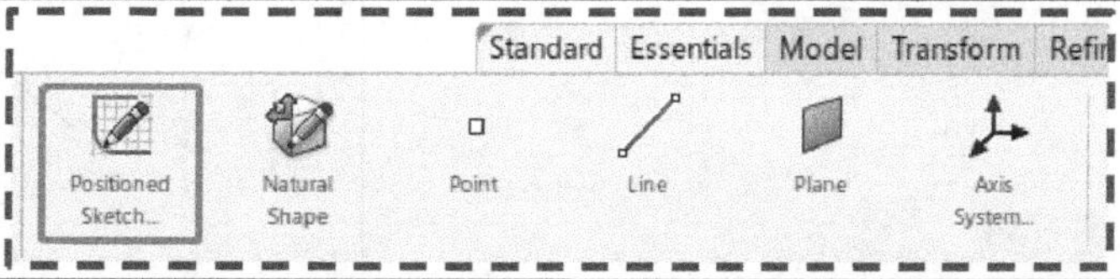
弹出草图定位（Sketch Positioning）对话框后选定 xy 平面进入草图模式	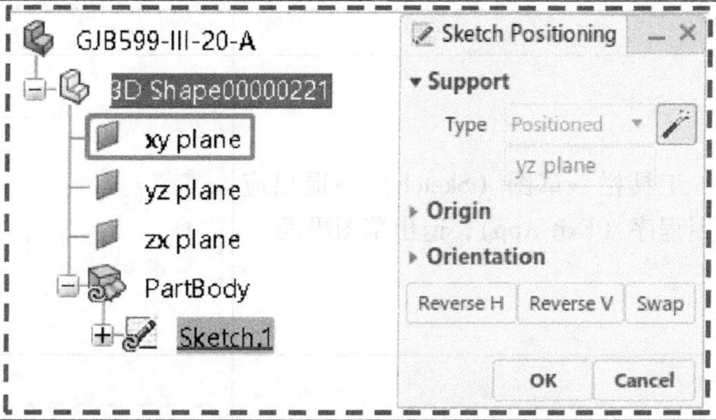
工具栏→草图（Sketch），运用草图中的命令绘制所需形状，并进行尺寸约束（Constraint）	

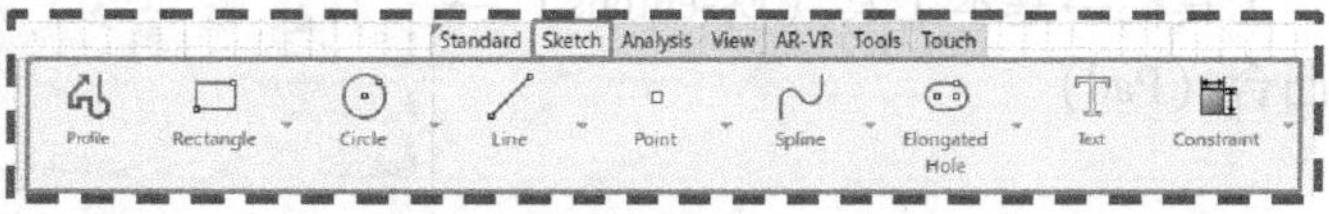

单击约束好的尺寸，在弹出的窗口中单击 *fx*	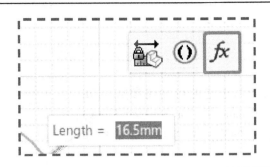
在弹出的公式编辑器（Formula Editor）中，双击选择结构树中已经用设计表创建好的参数，并对其进行参数运算，单击 OK	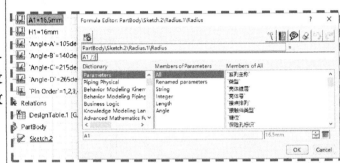
函数化后的参数	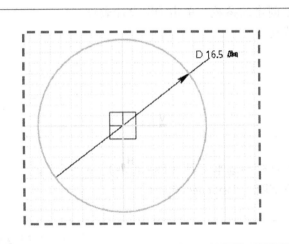
工具栏→草图（Sketch）→退出应用程序（Exit App），退出草图界面	
工具栏→基本工具（Essentials）→凸台（Pad）	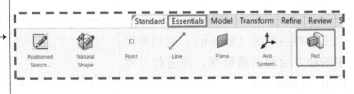

弹出凸台 . 1（Pad. 1）窗口后选择所画草图	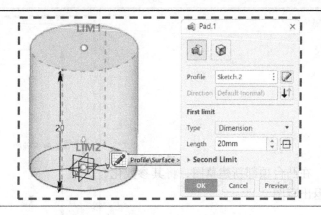
右键单击长度（Length）栏，选择编辑公式（Edit formula）	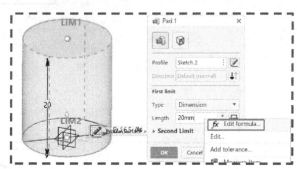
同样，将长度参数化，单击 OK	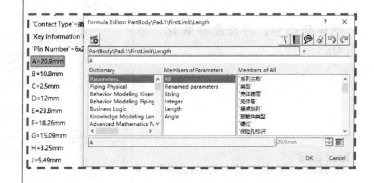
参数化成功后，单击 OK，创建凸台（Pad）成功	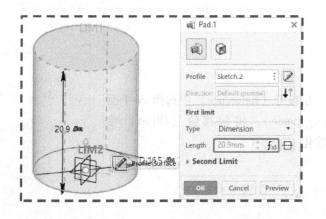

在凸台顶部新建草图，将其参数化，退出草图	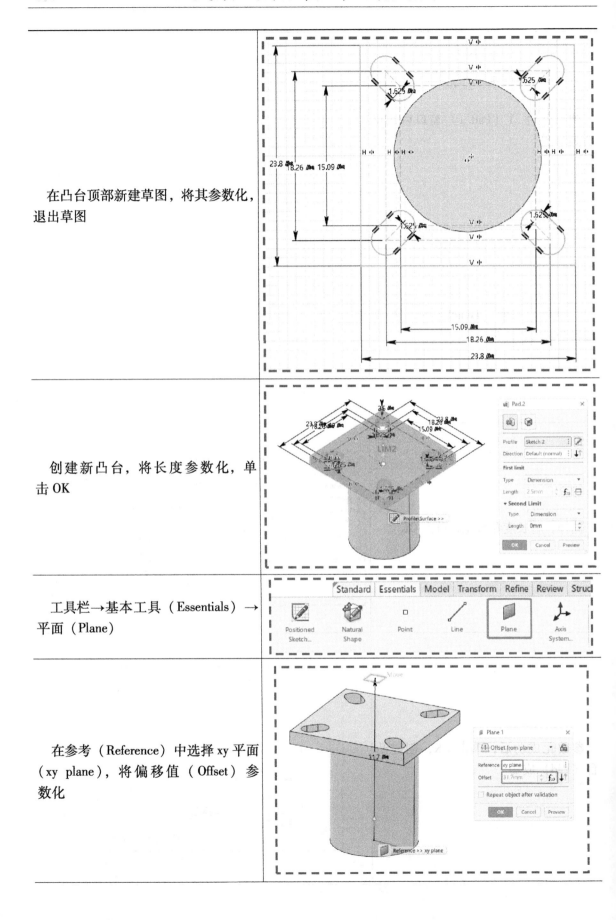
创建新凸台，将长度参数化，单击 OK	
工具栏→基本工具（Essentials）→平面（Plane）	
在参考（Reference）中选择 xy 平面（xy plane），将偏移值（Offset）参数化	

工具栏→基本工具（Essentials）→定位草图（Positioned Sketch）	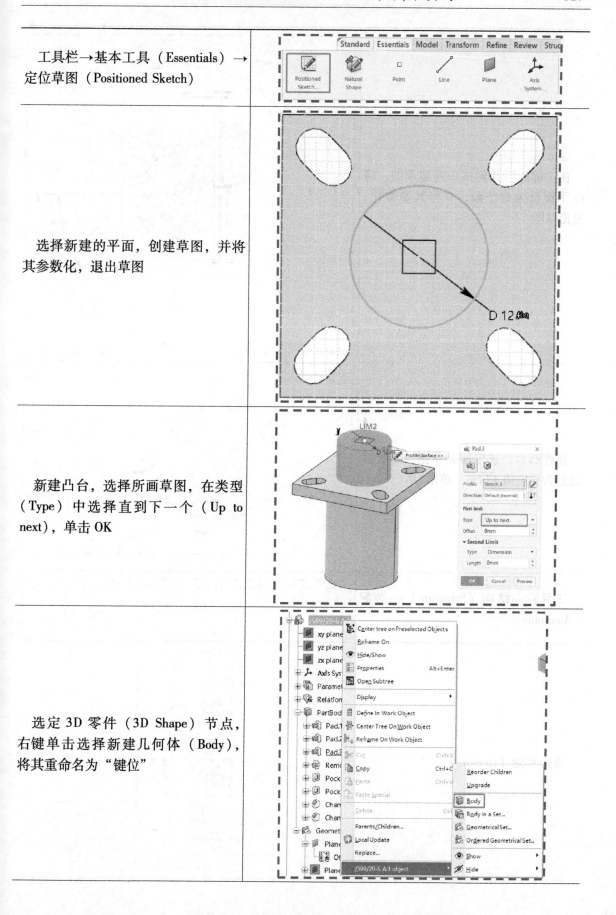
选择新建的平面，创建草图，并将其参数化，退出草图	
新建凸台，选择所画草图，在类型（Type）中选择直到下一个（Up to next），单击 OK	
选定 3D 零件（3D Shape）节点，右键单击选择新建几何体（Body），将其重命名为"键位"	

在"键位"几何体中新建草图，将 xy 平面设为定位面，并将其参数化，退出草图	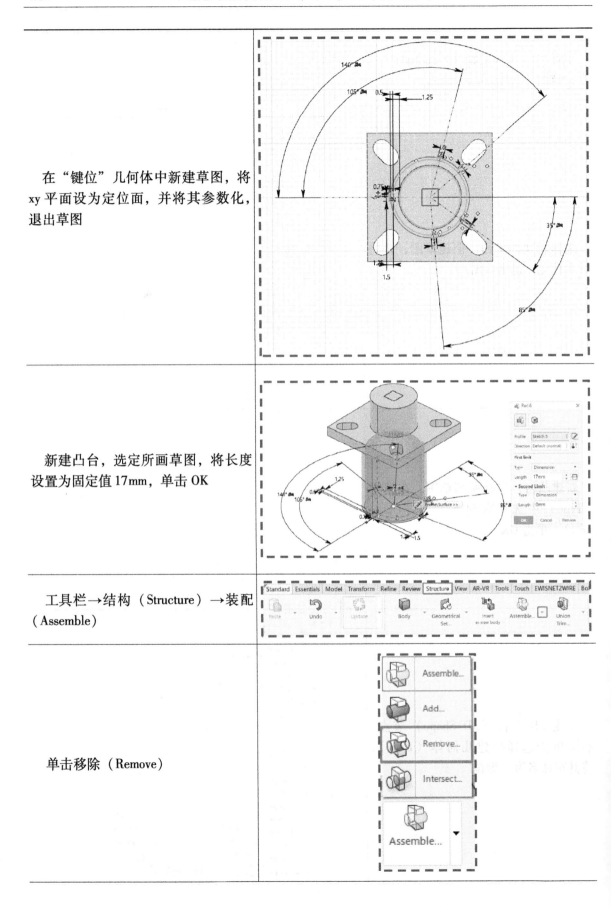
新建凸台，选定所画草图，将长度设置为固定值 17mm，单击 OK	
工具栏→结构（Structure）→装配（Assemble）	
单击移除（Remove）	

在移除（Remove）中选择键位，在源（From）中选择零件几何体（Part Body），在弹出的窗口中单击 Yes，再单击 OK	
新建草图，定位面为 xy 平面，单击模型中间凸起部分，在弹出的窗口中选择投影 3D 元素，将草图直接投影出来，退出草图	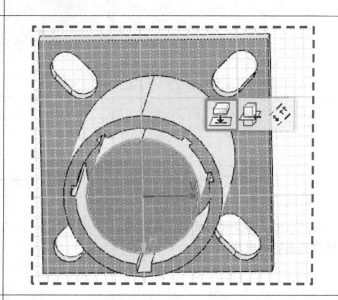
工具栏→基本工具（Essentials）→凹槽（Pocket）	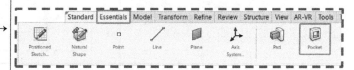
在轮廓（Profile）中选择投影出来的草图，并将长度参数化，单击 OK	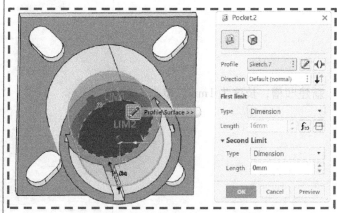

新建平面，将高亮面定义为定位面，偏移 15.2mm，单击 OK

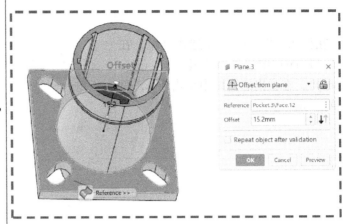

新建草图，将新建平面设为定位面，创建完成后退出草图

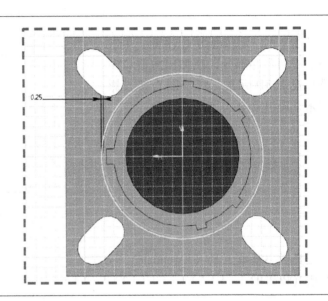

新建凹槽，长度为 1mm，单击 OK

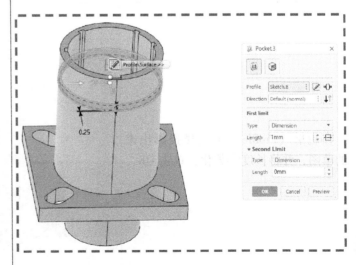

工具栏→优化（Refine）→倒角（Chamfer）	
选择所需倒角的线条，将长度设置为 0.5mm，角度设为 45deg，单击 OK	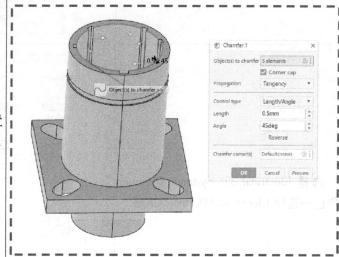
同样，选定其他需要倒角的线条，将长度参数化，单击 OK	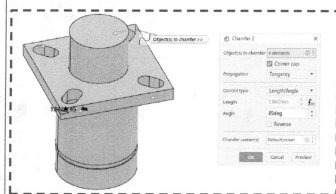
三维连接器母零件建模完成完成并保存数据	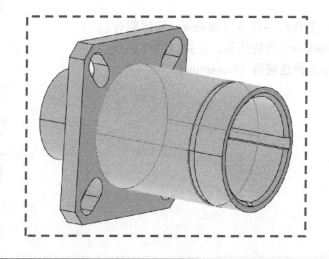

（4）添加电气属性
启动 3DE，单击罗盘"3D"象限

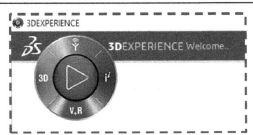

选择 Electrical 3D Systems Designer
角色→选择 Electrical 3D Part Design

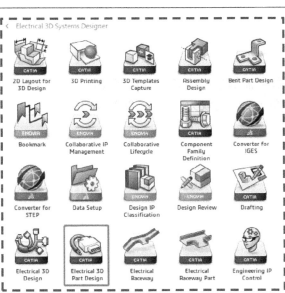

工具栏→设备（Device）→尾附件
Backshell 旁的箭头，在弹出的对话框
中选择连接器（Connector）

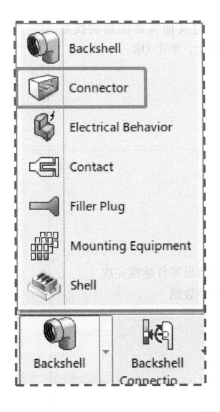

在弹出的连接器定义（Connector Definition）对话框中，单击自定义扩展（Customized Extension）旁的 ··· 按钮	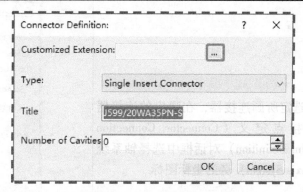
在弹出的类型浏览器（Types browser）对话框中双击单插式连接器（Single Insert Connector），单击 OK	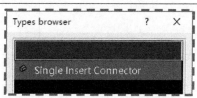
连接器类型定义成功	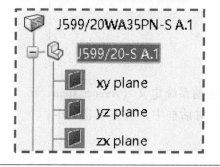
工具栏→设备（Device）→尾附件连接点（Backshell Connection Point）旁的箭头	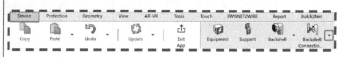
选择连接器连接点（Connector Connection Point）	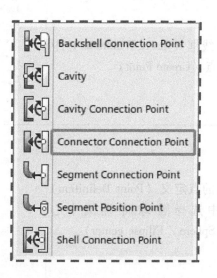

选定所画连接器，在弹出的连接器连接点定义（Connector Connection Point Definition）对话框中选择轴系统（Axis System）旁的坐标图标	
在弹出的轴系统定义（Axis System Definition）对话框中，右键单击 Origin 栏	
在插入线框（Insert Wireframe）中选择创建点（Create Point）	
在弹出的点定义（Point Definition）对话框中选择圆/球面/椭圆中心（Circle / Sphere / Ellipse center）	

将点定义到相应位置，单击 OK	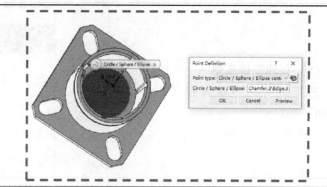
选择相应的定位面，单击 OK	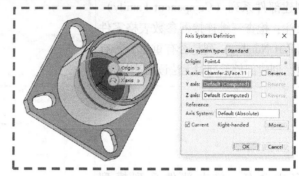
连接器连接点定义成功	
同样，将段连接点（Segment Connection Point）和尾附件连接点（Backshell Connection Point）定义到相应位置 完成并保存数据	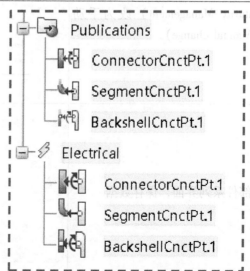

（5）创建部件系列 选择"+"→新内容（New Content）	
创建部件系列（Component Family） ＜注：检查三维连接器参数表格零件号（Part Number）列是否有重复，若有重复，创建部件系列时无法读取表格＞	
完成命名，单击部件系列模型（Component Family Model）	
将系列类型（Family type）改为设计系列（Design Family），将成熟度管理（Maturity Management）改为手动更改（Manual change）	
进入部件系列界面，保存数据	

工具栏→部件系列（Component Family）→赋值属性（Valuate Attributes）	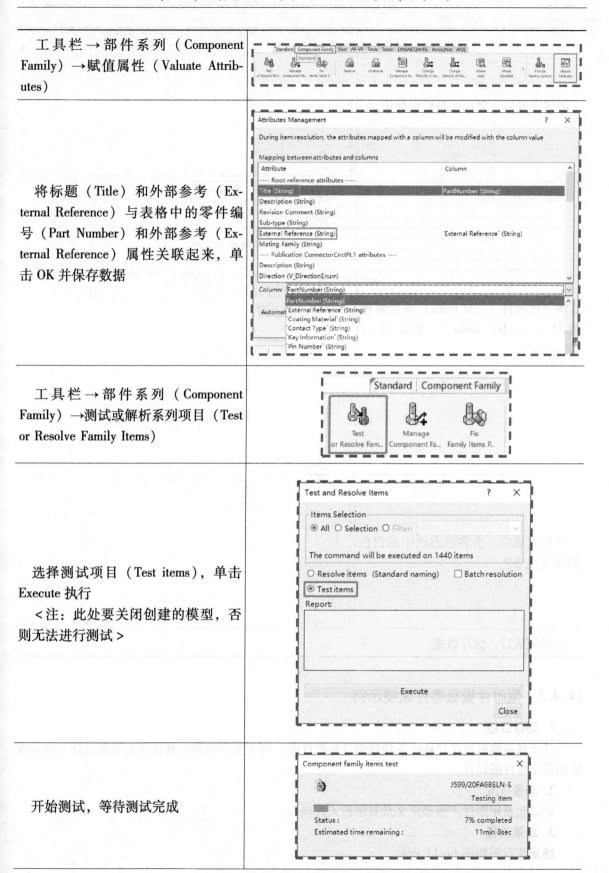
将标题（Title）和外部参考（External Reference）与表格中的零件编号（Part Number）和外部参考（External Reference）属性关联起来，单击 OK 并保存数据	
工具栏→部件系列（Component Family）→测试或解析系列项目（Test or Resolve Family Items）	
选择测试项目（Test items），单击 Execute 执行 ＜注：此处要关闭创建的模型，否则无法进行测试＞	
开始测试，等待测试完成	

測試完成後，会在状態栏里標記√	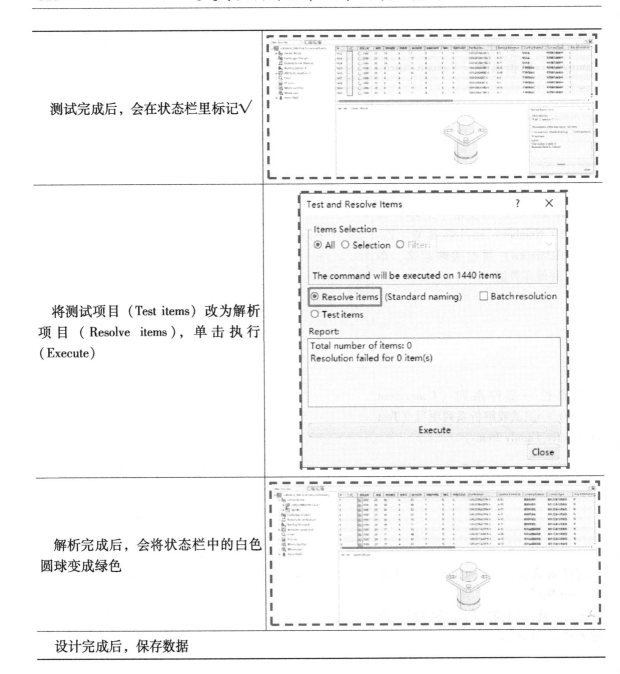
将測試項目（Test items）改为解析項目（Resolve items），単击執行（Execute）	
解析完成後，会将状態栏中的白色圆球変成緑色	

設計完成後，保存数据

14.4.3　尾附件模板零件建模示例

1. 場景目標

基于成品規格在設計環境構建尾附件標準件庫，用于支撐線束主通道半安装図設計及線束安装和展平組件図設計。

2. 場景範囲

場景包括尾附件主模型定义及其解析入庫操作。

3. 場景流程

場景流程図如図 14-11 所示。

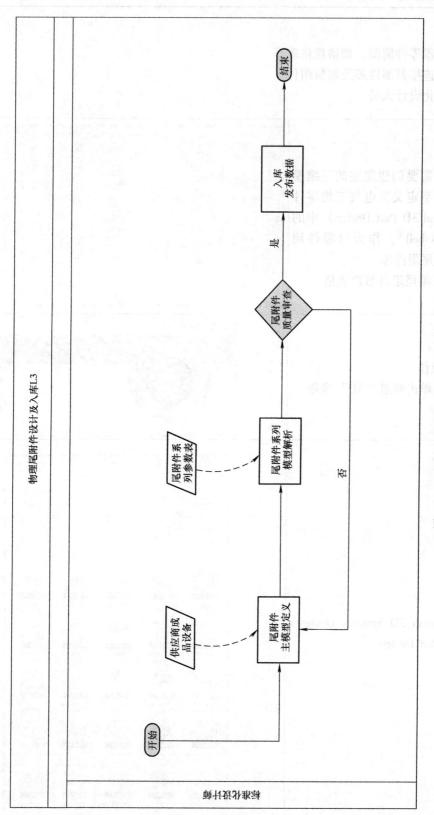

图 14-11 物理尾附件设计及入库 L3 流程图

4. 主要操作步骤

创建尾附件

输入：连接器零件简图、型谱规格表等

输出：三维连接器部件族及解析组件

角色：标准化设计人员

设计步骤：

三维尾附件需要创建完整的三维模型，并将其类型定义为电气三维零件设计（Electrical 3D Part Design）中的尾附件（Backshell），作为母零件用以解析实例化尾附件库

（1）编写三维尾附件参数表格

（2）初始操作

启动 3DE，单击罗盘"3D"象限

选择 Electrical 3D Systems Designer 角色→选择 Part Design

（3）创建三维尾附件母零件 选择"+"→新内容（New Content）	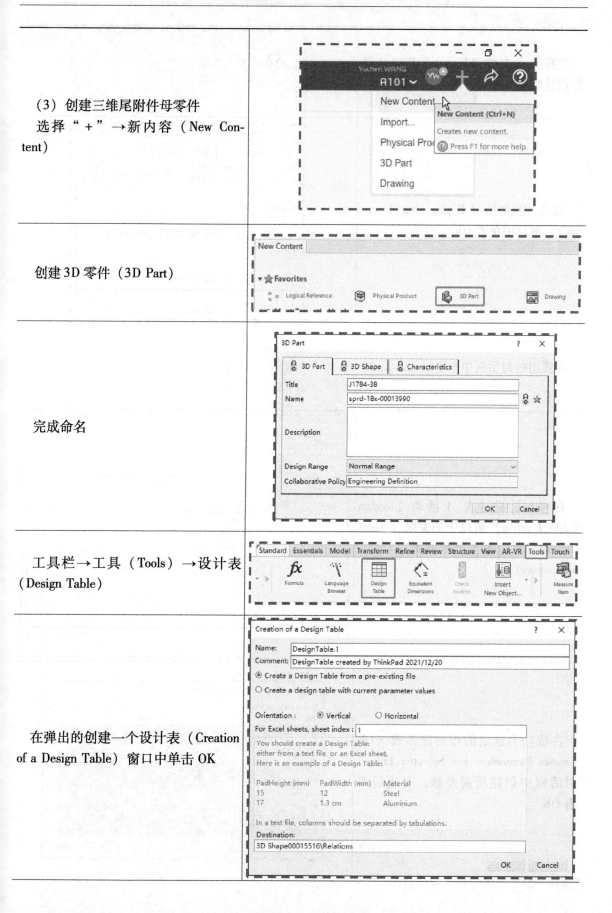
创建3D零件（3D Part）	
完成命名	
工具栏→工具（Tools）→设计表（Design Table）	
在弹出的创建一个设计表（Creation of a Design Table）窗口中单击 OK	

选择导入文件（Import a file），选择创建好的三维尾附件参数表格	
在工程文档（Engineering Document）窗口中单击 OK	
在弹出的对话框中单击√	
在弹出的设计表.1活动（Design Table.1 active）窗口中的关联（Associations）栏中单击创建参数（Create parameters）	
在成功为选定的行创建参数（OK Creates Parameters For Selected Lines）对话框中创建所需参数，完成后单击 OK	

单击配置（Configurations）栏，查看已创建的参数，单击 OK 将设计表创建成功	
工具栏→基本工具（Essentials）→定位草图（Positioned Sketch）	
弹出草图定位（Sketch Positioning）对话框后选定 yz 平面（yz plane）进入草图模式	
工具栏→草图（Sketch），运用草图中的命令绘制所需形状，并进行尺寸约束（Constraint）	
单击约束好的尺寸，在弹出的窗口中单击 fx	

在弹出的公式编辑器（Formula Editor）中，双击选择结构树中已经用设计表创建好的参数，并对其进行参数运算，单击 OK	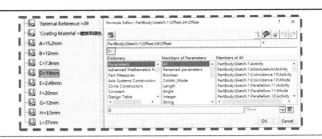
函数化后的参数	
工具栏→草图（Sketch）→退出应用程序（Exit App），退出草图界面	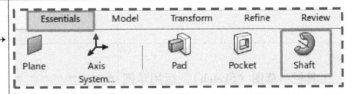
工具栏→基本工具（Essentials）→旋转体（Shaft）	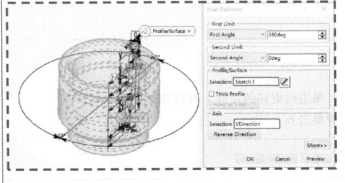
在弹出旋转体.1（Shaft.1）窗口后选择所画草图，第一角度、第二角度均为默认，将轴定义为纵向，单击 OK	

工具栏→基本工具（Essentials）→定位草图（Positioned Sketch）	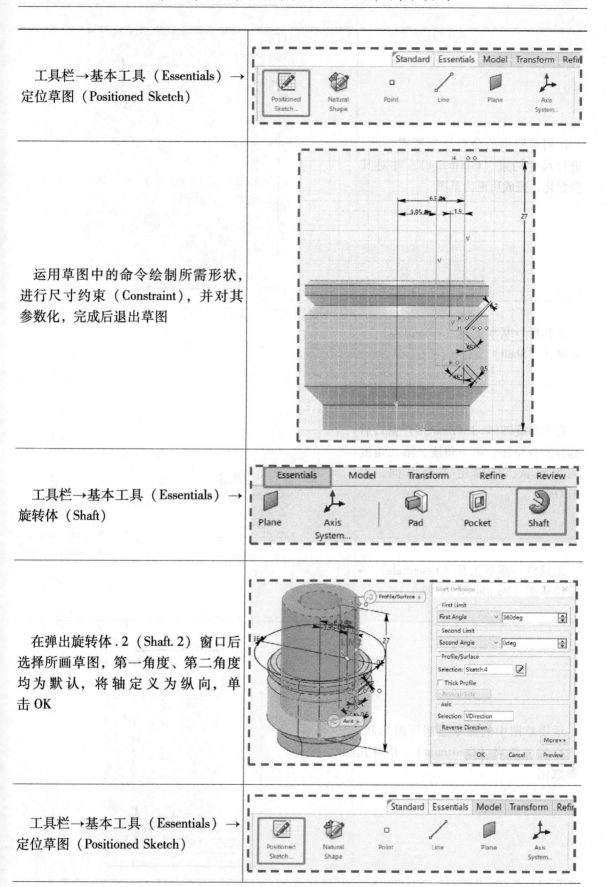
运用草图中的命令绘制所需形状，进行尺寸约束（Constraint），并对其参数化，完成后退出草图	
工具栏→基本工具（Essentials）→旋转体（Shaft）	
在弹出旋转体.2（Shaft.2）窗口后选择所画草图，第一角度、第二角度均为默认，将轴定义为纵向，单击 OK	
工具栏→基本工具（Essentials）→定位草图（Positioned Sketch）	

运用草图中的命令绘制所需形状，进行尺寸约束（Constraint），并对其参数化，完成后退出草图	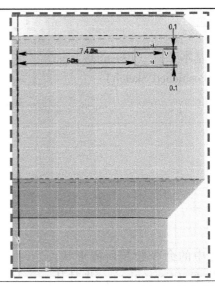
工具栏→基本工具（Essentials）→旋转体（Shaft）	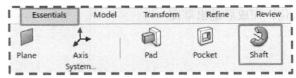
在弹出旋转体.3（Shaft.3）窗口后选择所画草图，第一角度、第二角度均为默认，将轴定义为纵向，单击 OK	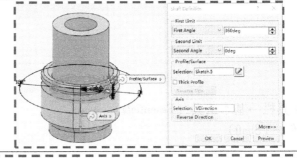
工具栏→基本工具（Essentials）→定位草图（Positioned Sketch）	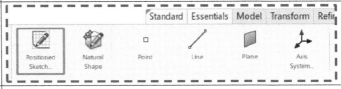
运用草图中的命令绘制所需形状，进行尺寸约束（Constraint），并对其参数化	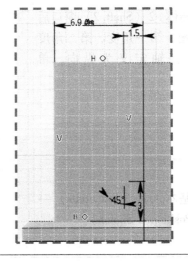

工具栏→草图（Sketch）→镜像（Mirror）	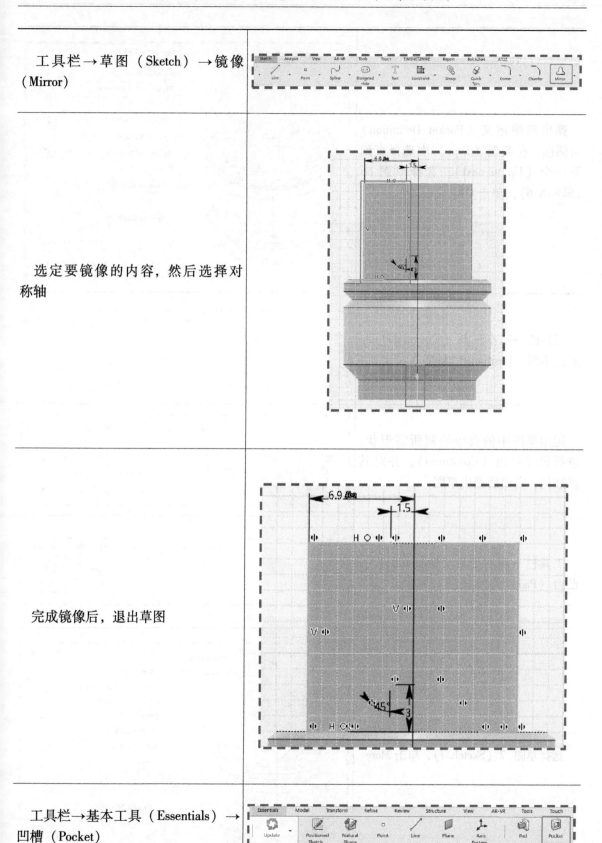
选定要镜像的内容，然后选择对称轴	
完成镜像后，退出草图	
工具栏→基本工具（Essentials）→凹槽（Pocket）	

弹出凹槽定义（Pocket Definition）对话框，在类型（Type）中选择直到下一个（Up to next），选择草图.6（Sketch.6），单击 OK	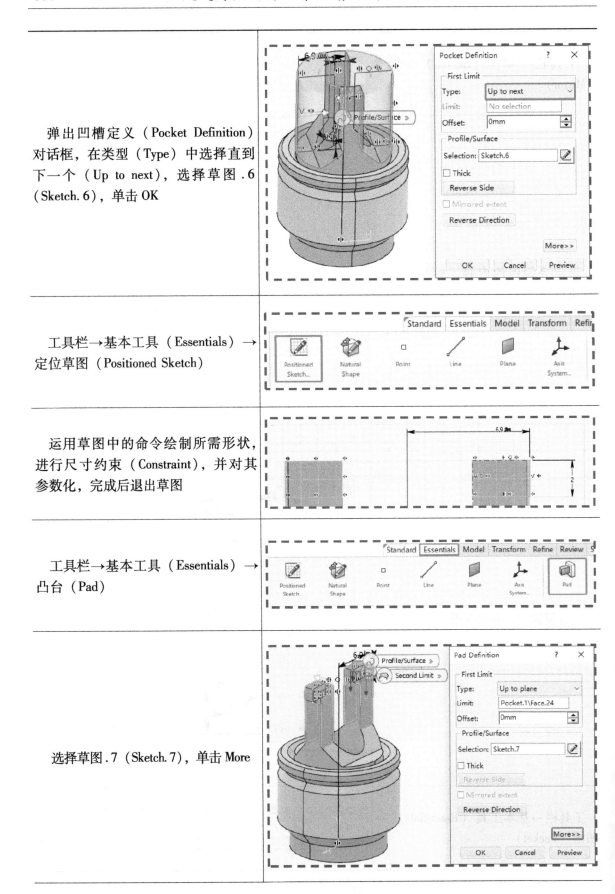
工具栏→基本工具（Essentials）→定位草图（Positioned Sketch）	
运用草图中的命令绘制所需形状，进行尺寸约束（Constraint），并对其参数化，完成后退出草图	
工具栏→基本工具（Essentials）→凸台（Pad）	
选择草图.7（Sketch.7），单击 More	

在类型（Type）中选择直到平面（Up to plane），将限制（Limit）定义完，单击 OK	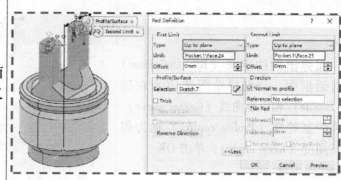
工具栏→基本工具（Essentials）→定位草图（Positioned Sketch）	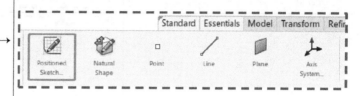
运用草图中的命令绘制所需形状，进行尺寸约束（Constraint），并对其参数化，完成后退出草图	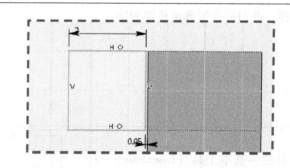
工具栏→基本工具（Essentials）→定位草图（Positioned Sketch）	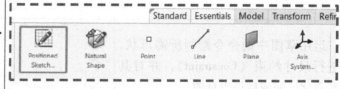
运用草图中的命令绘制所需形状，进行尺寸约束（Constraint），并对其参数化，完成后退出草图	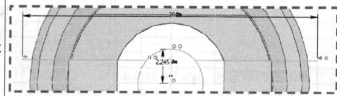
工具栏→基本工具（Essentials）→肋（Rib）	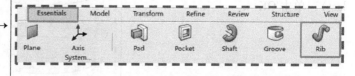

在弹出的肋定义（Rib Definition）对话框中，分别将草图选定为轮廓（Profile）和中心曲线（Center curve），将控制轮廓（Profile control）选为保持角度（Keep angle），单击 OK	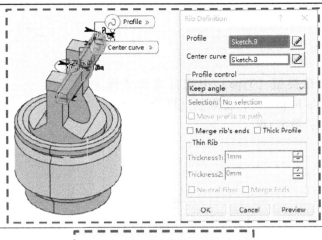
同样，在对应位置画出相同的肋	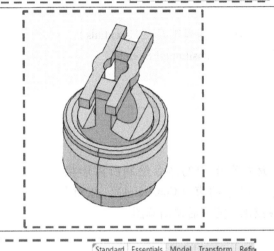
工具栏→基本工具（Essentials）→定位草图（Positioned Sketch）	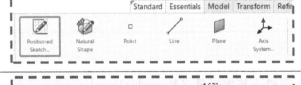
运用草图中的命令绘制所需形状，进行尺寸约束（Constraint），并对其参数化，完成后退出草图	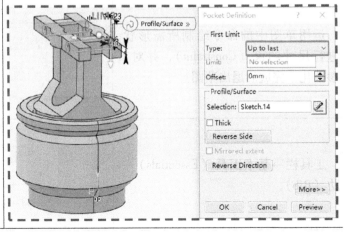
在弹出的凹槽定义（Pocket Definition）对话框中选择草图，将类型（Type）选择为直到最后（Up to last），单击 OK	

工具栏→基本工具（Essentials）→定位草图（Positioned Sketch）	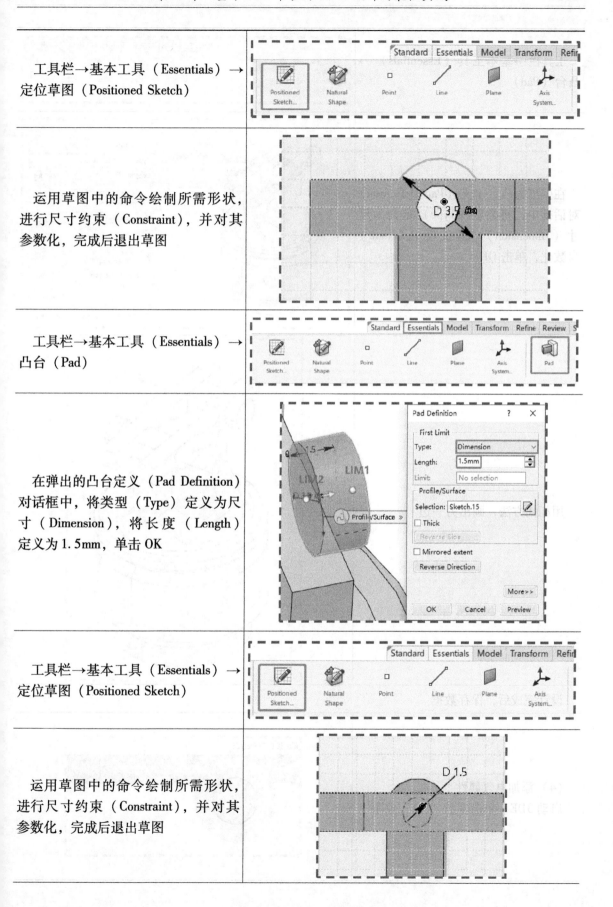
运用草图中的命令绘制所需形状，进行尺寸约束（Constraint），并对其参数化，完成后退出草图	
工具栏→基本工具（Essentials）→凸台（Pad）	
在弹出的凸台定义（Pad Definition）对话框中，将类型（Type）定义为尺寸（Dimension），将长度（Length）定义为 1.5mm，单击 OK	
工具栏→基本工具（Essentials）→定位草图（Positioned Sketch）	
运用草图中的命令绘制所需形状，进行尺寸约束（Constraint），并对其参数化，完成后退出草图	

工具栏→基本工具（Essentials）→凸台（Pad）	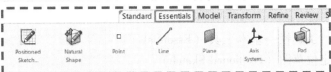
在弹出的凸台定义（Pad Definition）对话框中，将类型（Type）定义为尺寸（Dimension），将长度（Length）参数化，单击 OK	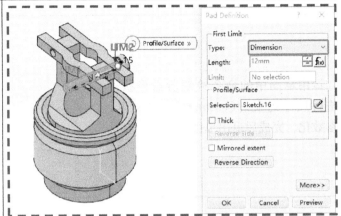
用相同方法，画出另一边	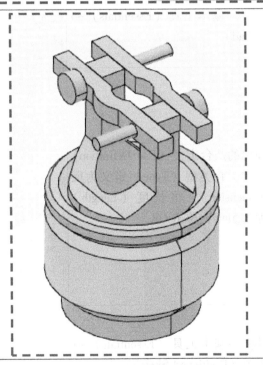
设计完成后，保存数据	
（4）添加电气属性 启动 3DE，单击罗盘"3D"象限	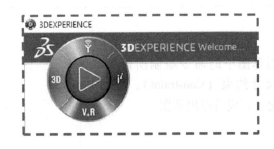

选择 Electrical 3D Systems Designer 角色→选择 Electrical 3D Part Design	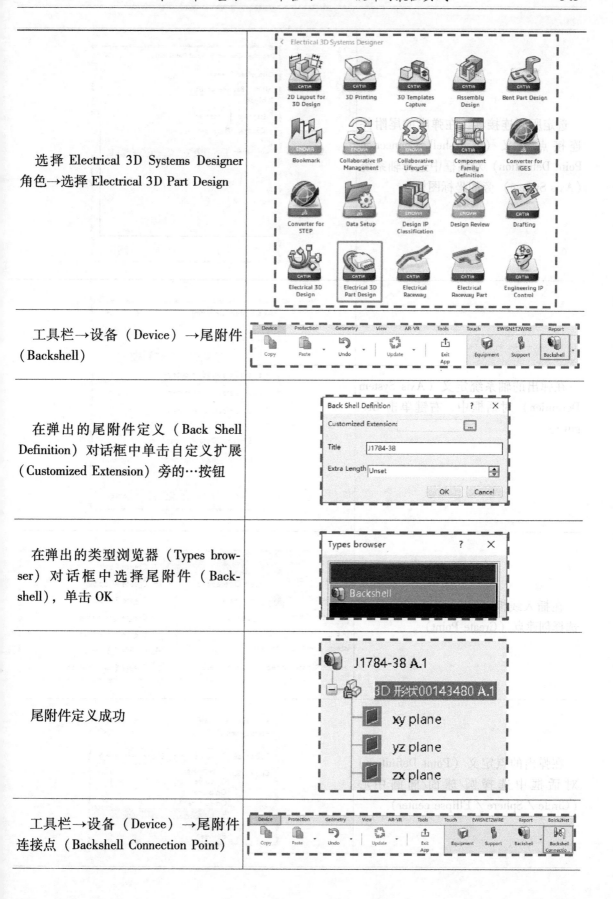
工具栏→设备（Device）→尾附件（Backshell）	
在弹出的尾附件定义（Back Shell Definition）对话框中单击自定义扩展（Customized Extension）旁的···按钮	
在弹出的类型浏览器（Types browser）对话框中选择尾附件（Backshell），单击 OK	
尾附件定义成功	
工具栏→设备（Device）→尾附件连接点（Backshell Connection Point）	

选定所画连接器，在弹出的尾附件连接点定义（Backshell Connection Point Definition）对话框中选择轴系统（Axis System）旁的坐标图标	
在弹出的轴系统定义（Axis System Definition）对话框中，右键单击 Origin 栏	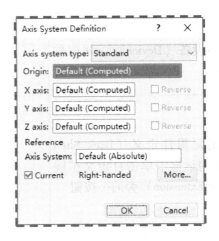
在插入线框（Insert Wireframe）中选择创建点（Create Point）	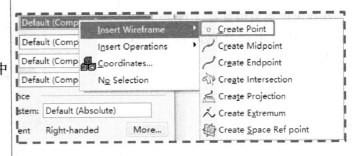
在弹出的点定义（Point Definition）对话框中选择圆/球面/椭圆中心（Circle / Sphere / Ellipse center）	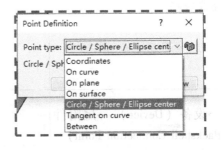

将点定义到相应位置，单击 OK	
选择相应的定位面，单击 OK	
尾附件连接点定义成功	

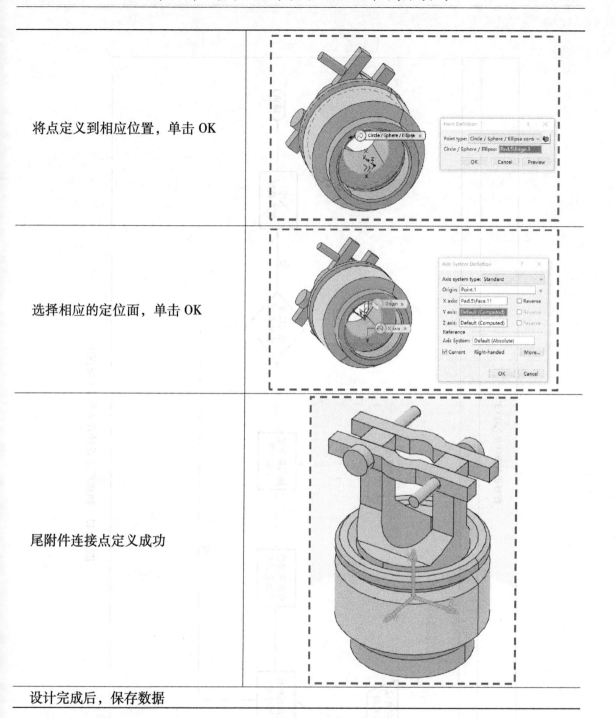

设计完成后，保存数据

14.4.4　设备的电气化处理

1. 场景目标
基于供应商提供的飞机设备机械模型，成品主管开展设备收集及入库工作。

2. 场景范围
场景包括设备机械模型导入，设备模型预处理与抽取，设备电气化处理与入库范围。

3. 场景流程
场景流程图如图 14-12 所示。

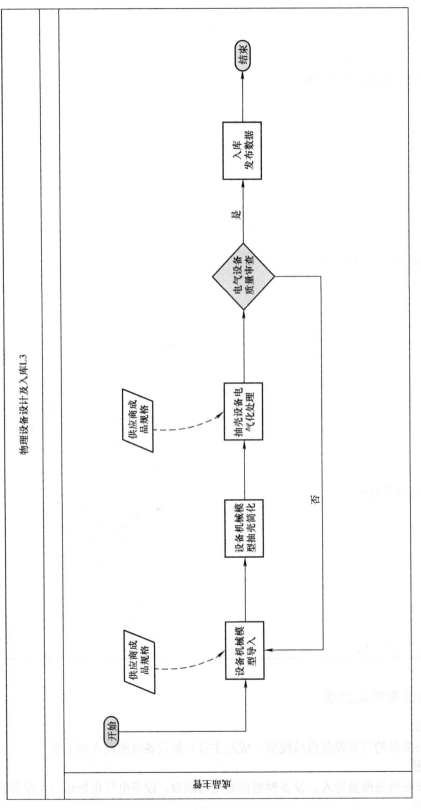

图 14-12 物理设备设计及入库 L3 流程图

4. 主要操作步骤

设备的电气化处理

输入：供应商设备机械模型

输出：用于布置的设备电气模型

角色：成品主管

设计步骤： 打开导入至 3DE 的设备模型	
展开结构树，找到连接器插座所在位置，展开连接器插座零件下的坐标系（Axis Systems）的连接器连接点 ConnectorCnctPt. 1	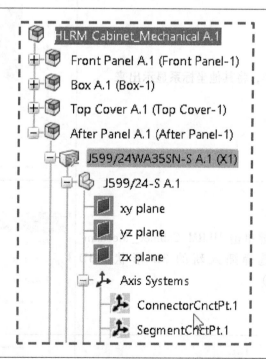
右键单击选择隐藏/显示（Hide/Show）	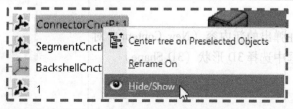

将连接器连接点的坐标系显示出来	
同样，将其他坐标系显示出来	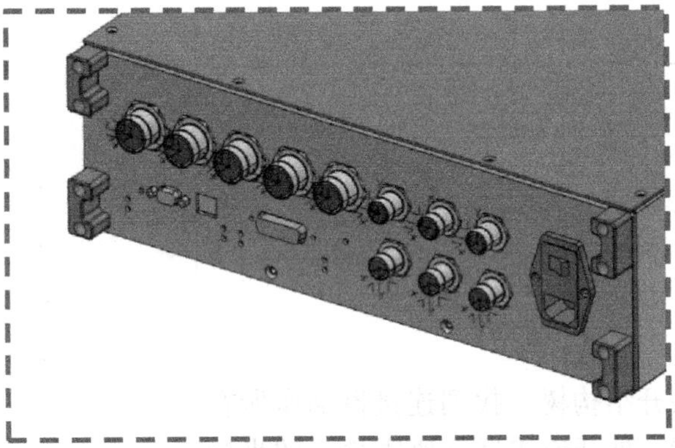
右键单击 HLRM Cabinet_Mechanical，选择插入新的 3D 形状（3D Shape）	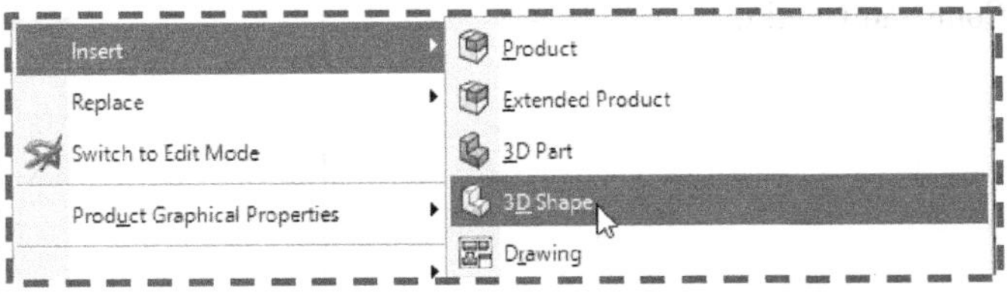
在弹出的新内容（New Content）对话框中选择 3D 形状（3D Shape）	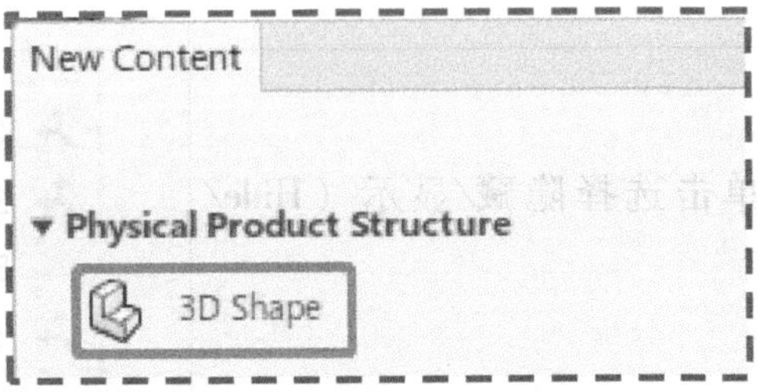

右键单击新建的 3D 形状，将其重命名为 HLRM Shell	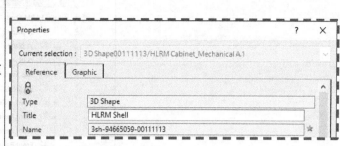
在 Assembly Design App 中，选择工具栏→装配（Assembly）→衍生展示（Derived Representation）	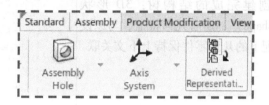
在弹出的衍生展示（Derived Representation）对话框中，将目标形状（Target shape）定义为 HLRM Shell，将选项（Options）中的内容都勾选上，单击 OK	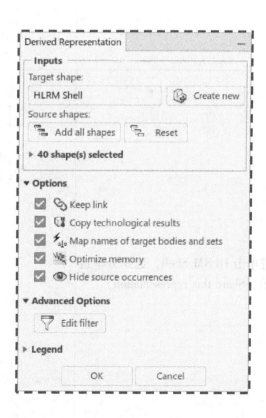

已创建完成的结构树：3D 形状（3D Shape）的所有几何特征，与原设备装配下的几何零件保持上下文关联

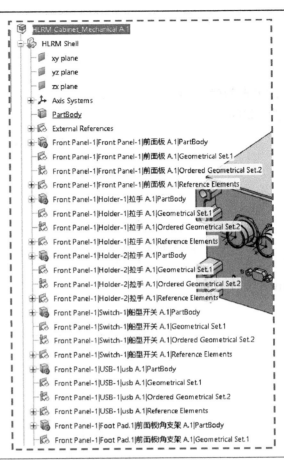

右键单击 HLRM Shell，选择分享这个展示（Share this representation）

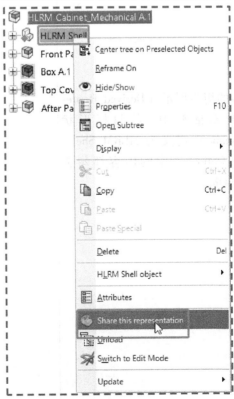

弹出衍生展示（Derived Representation）对话框，等待进度条读完	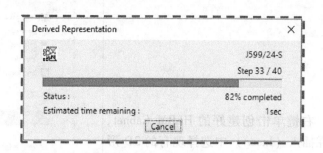
选择" + "→新内容（New Content）	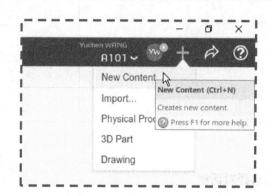
选择新建物理产品（Physical Product）	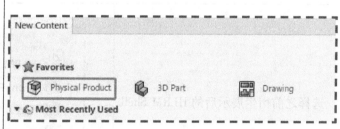
在弹出的物理产品（Physical Product）对话框中，重命名为 HLRM Cabnet，单击 OK	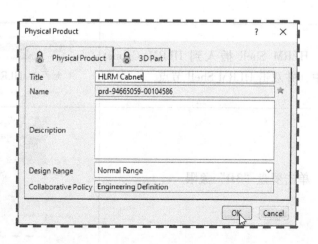

右键单击创建好的 HLRM Cabnet，在插入（Insert）中选择现有的 3D 形状（Existing 3D Shape）	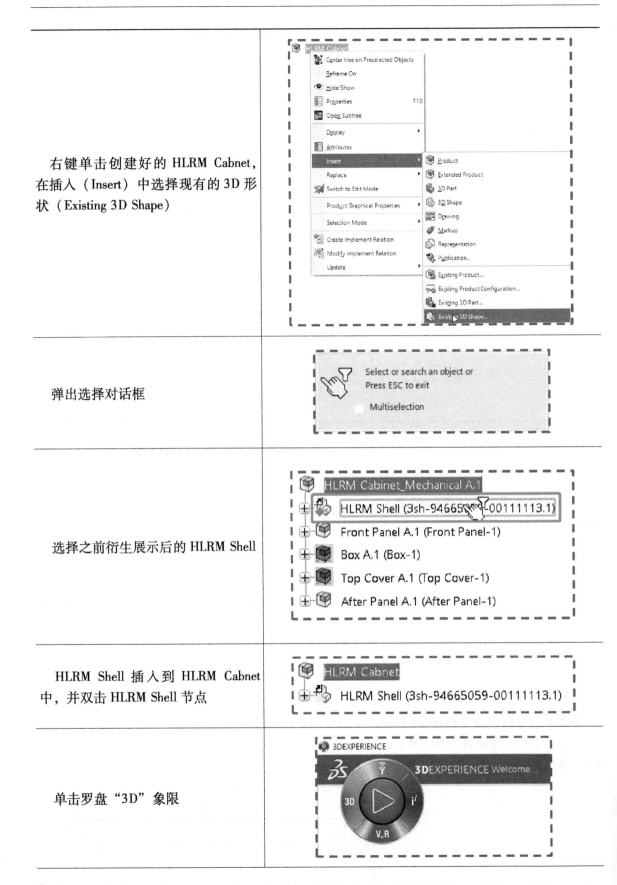
弹出选择对话框	
选择之前衍生展示后的 HLRM Shell	
HLRM Shell 插入到 HLRM Cabnet 中，并双击 HLRM Shell 节点	
单击罗盘"3D"象限	

选择 Electrical 3D System Designer 角色→选择 Electrical 3D Part Design	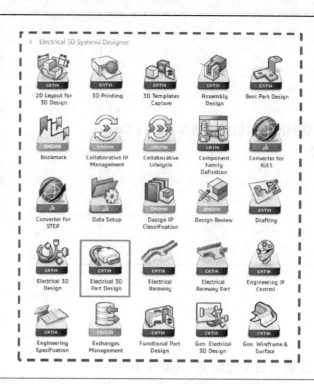
工具栏→设备（Device）→设备（Equipment）	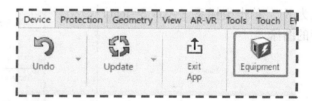
选择 HLRM Cabnet 节点，在弹出的电气设备（Electrical Equipment）对话框中单击 OK	
此时 HLRM Cabnet 已经设置为设备（Equipment）类型	
工具栏→设备（Device）→Back-shell Connection 旁的箭头	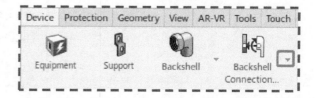

在弹出的对话框中选择空腔（Cavity）	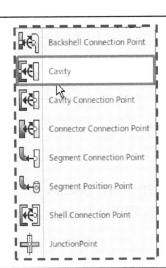
在弹出的空腔定义（Cavity Definition）对话框中，将名称（Name）定义为 X1，单击坐标系（Axis System）旁的图标	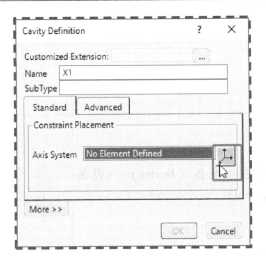
在弹出的坐标系定义（Axis System Definition）对话框中，单击坐标系（Axis System）栏	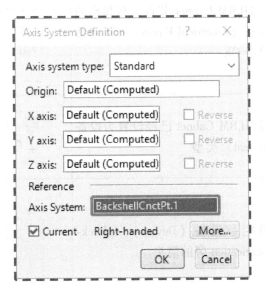

将坐标系定义为图中的连接器连接点	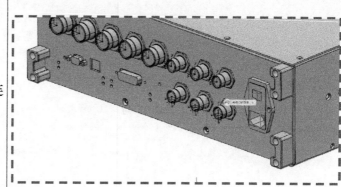
选择完成后，单击 OK	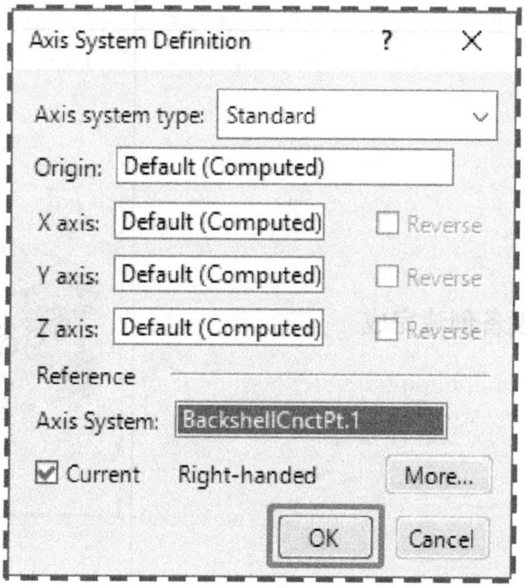 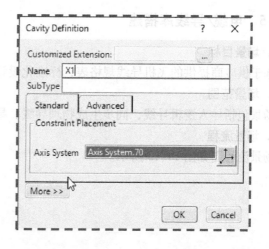
在空腔定义（Cavity Definition）对话框中，单击 OK	

| 同样，创建其余空腔（Cavity）与剩余坐标系一一对应 | 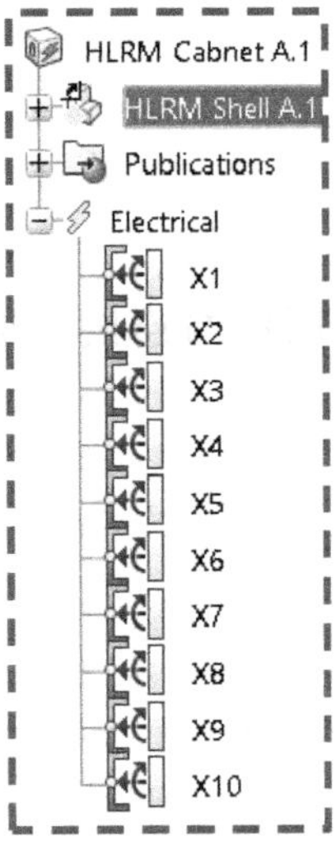 |
| 电气设备创建完成 | 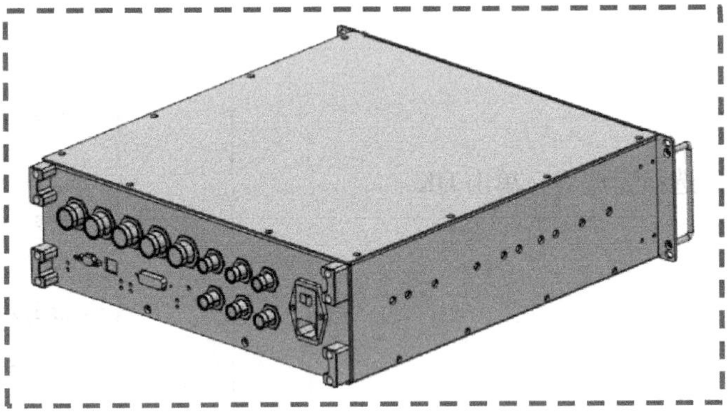 |

设计完成后，保存数据

14.4.5　电缆/导线库搭建

1. 场景目标

基于供应商提供的飞机导线规格表，标准化设计师开展导线收集及入库工作。

2. 场景范围

场景包括导入逻辑导线，同步生成物理导线，导线入库工作。

3. 场景流程

场景流程图如图 14-13 所示。

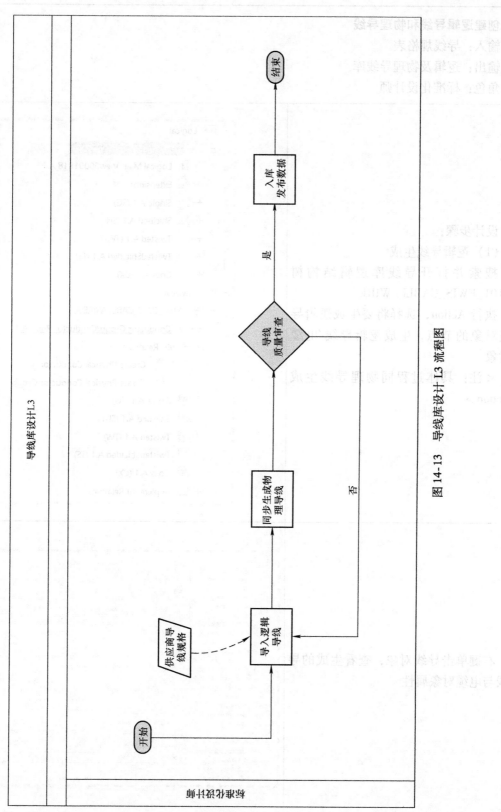

图 14-13　导线库设计 L3 流程图

4. 主要操作步骤

创建逻辑导线和物理导线

输入：导线规格表

输出：逻辑及物理导线库

角色：标准化设计师

设计步骤：

（1）逻辑导线生成

搜索并打开导线库逻辑结构树 A101_EWIS_CABLE/WIRE

执行 Action，选择将要生成逻辑导线对象的节点，生成逻辑导线/电缆对象

＜注：具体过程同物理导线生成 Action＞

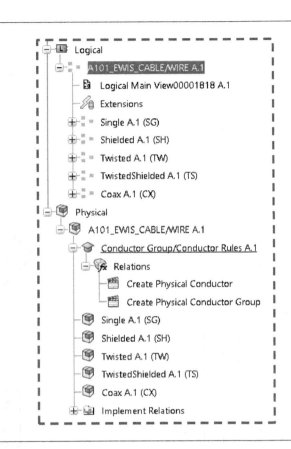

右键单击导线对象，查看生成的导线与电缆对象属性

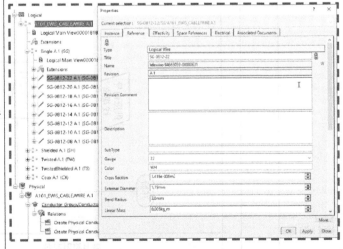

（2）同步生成物理导线 查看 Excel 表格内的导线库内容	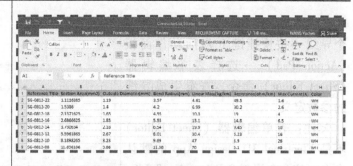
双击物理节点 A101_EWIS_CABLE/ WIRE，单击 Create Physical Conductor 并进入执行界面	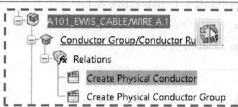
选择相应的逻辑及物理节点，执行 Action，从指定的文件路径读入 Excel 表并在结构树生成导线模型	
生成导线模型	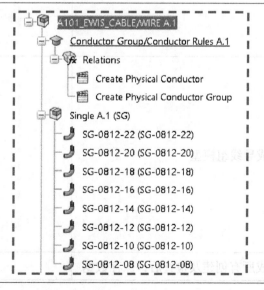

在结构树中按 Ctrl 或 Shift 键选择多个导线→按快捷键 B 激活动作面板（Action Pad）→选择表单编辑器（Sheet Editor）命令，查看生成导线的参数定义

<注：表单编辑器（Sheet Editor）不是 Electrical 3D Design App 的默认命令，该命令属于 Collaborative & Life-cycle App，该命令在 Customize 中通过设置 Action Pad 得到>

同样地，单击 Create Physical Conductor Group 并进入执行界面生成电缆类型库

选择相应的逻辑及物理节点，执行 Action，从指定的文件路径读入 Excel 表并在结构树生成导线模型

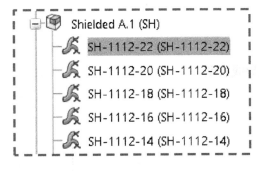

生成导线组模型

完成所有创建及检查后，保存数据

后　记

近年来，达索联合攻关团队在基于模型的系统工程（MBSE）的应用框架下，开展了基于模型的 EWIS 设计方法与实践的探索与应用：在 EWIS 端到端数据架构、EWIS 与多系统的协同设计流程与场景定义、EWIS 综合设计方案定义、面向全模型量的 EWIS 发图新方法等诸多方面取得了一系列成果，构建了"EWIS 1.0 方案"，具有里程碑意义。

在建立了全关联的 EWIS 模型体系后，攻关团队同时也发现新体系在飞机设计与制造领域凸显了数据规模大、环节多、标准化与规范化要求高等一系列特点。攻关团队面对新问题、新挑战，用发展的办法解决发展中的问题，提出了未来阶段的探索目标，即 EWIS 数据库结构优化、基于关联的 EWIS 变更管控流程、EWIS 模型量简化与关联变更方法、EWIS 协同场景规范化应用等课题，希望实现"EWIS 2.0 方案"迭代，助力飞机 EWIS 在多方案、多架次工程应用的精简与规范。

本书主要技术指导者为

总技术方案审阅：刘看旺、郑党党。

编写指导：颜学专、温宏宇、王晓红。

总体结构指导：刘俊堂。

本书各章主要作者分别为

第 1~3 章：王雨辰、陈海峰、李欢。

第 4~6 章：王雨辰、龙娟、李欢。

第 7~10 章：王雨辰、李欢、张冉、龙娟。

第 11、12 章：郝广鑫、闫安、王雨辰。

第 13 章：张冉、安亚宁、陈伟。

第 14 章：李欢、闫安、安亚宁。

后记：王雨辰。

本书的完稿及顺利出版是所有相关人员共同努力的结果，最后再次感谢所有给予指导和帮助的人们。书中纰漏与不当之处在所难免，恳请读者能够谅解并予以指正。

参 考 文 献

［1］蔡军. 产品设计阶段的成本管理研究［D］. 长沙：中南大学，2012.

［2］张一哲. 航空线束工艺知识系统研究与实现［D］. 北京：北京理工大学，2016.

［3］肖乾，黄铭媛. 民用飞机研制阶段 EWIS 构型管理［J］. 民用飞机设计与研究，2016（4）：74 - 79.

［4］王茜，周珺. 飞机电气线路互联系统设计研发体系研究［J］. 飞机设计，2018，38（6）：18 - 21，31.

［5］谢惠玲，霍亮，孙颖. 军用飞机线束综合及隔离技术研究［J］. 飞机设计，2018，38（6）：46 - 48，53.

［6］李程辉，肖楚琬. 军用飞机 EWIS 适航工作体系建立初探［J］. 航空标准化与质量，2015（6）：28 - 31.

［7］陈志达. 探讨飞机 EWIS 数字化设计下遇到的问题［J］. 技术与市场，2015，22（8）：11 - 12，14.

［8］张玉金. 商用航空发动机协同研制模式与应用研究［D］. 南京：南京航空航天大学，2019.

［9］颜思源. 基于 UML 的软件需求分析过程及其实现［D］. 重庆：重庆大学，2003.

［10］李文正. 飞机设计流程解析［M］. 北京：航空工业出版社，2013.

［11］邢卓异，等. 软件定义航天器系统架构设计［J］. 航天器工程，2021，30（5）：1 - 8.

［12］杨洋，严俊，谷青范. 航空电子系统接口控制文档工具的设计与实现［J］. 航空电子技术，2014，45（1）：24 - 29.

［13］查奇峰. 航空电气线路互联系统网络架构与布线优化设计研究［D］. 上海：上海交通大学，2016.

［14］方亚杰. 飞机电气线路的接地设计探讨［J］. 科技视界，2018（11）：1 - 3.

［15］陈俊. 民用飞机接线模块选用研究［J］. 航空科学技术，2014，25（11）：27 - 30.

［16］曹鹏飞. 民用飞机电气线路互联系统（EWIS）卡箍选用研究［J］. 技术与市场，2017，24（11）：4 - 6.

［17］齐海英，等. 关于线束组装用柔性工装的介绍［J］. 汽车实用技术，2019（19）：168 - 169.

［18］闫亮亮，等. 汽车线束装配工艺介绍与分析［J］. 汽车电器，2013（10）：22 - 25.

［19］齐鹏斌，拜明星，张尚安. 飞机构型管理及其控制技术研究与应用［J］. 航空制造技术，2013（13）：86 - 89.

［20］吕潇超. 基于模块的民机全面构型管理研究及应用［J］. 航空制造技术，2015（18）：98 - 101.

［21］刘雅星，郑晶晶. 飞机产品数据模块化构型管理［J］. 航空制造技术，2010（3）：57 - 60.

［22］刘丹. 基于 PLM 的飞机构型管理系统研究与实现［D］. 上海：上海交通大学，2015.